体育工艺专项检测指南

陈　戎　钱　俊◎编

ZHEJIANG UNIVERSITY PRESS
浙江大学出版社
·杭州·

图书在版编目（CIP）数据

体育工艺专项检测指南 / 陈戎, 钱俊编. -- 杭州 : 浙江大学出版社，2023.9
ISBN 978-7-308-21940-2

Ⅰ.①体… Ⅱ.①陈… ②钱… Ⅲ.①体育建筑—质量检验—国家标准—中国 Ⅳ.①TU245-65

中国国家版本馆CIP数据核字（2023）第050026号

体育工艺专项检测指南
陈 戎 钱 俊 编

责任编辑 杨 茜
责任校对 许艺涛
封面设计 周 灵
出版发行 浙江大学出版社
（杭州天目山路148号 邮政编码：310007）
（网址：http://www.zjupress.com）
排　　版 浙江大千时代文化传媒有限公司
印　　刷 浙江新华印刷技术有限公司
开　　本 787mm×1092mm 1/16
印　　张 14.5
字　　数 337千
版 印 次 2023年9月第1版 2023年9月第1次印刷
书　　号 ISBN 978-7-308-21940-2
定　　价 98.00元

浙江大学出版社市场运营中心联系方式：（0571）88925591；http://zjdxcbs.tmall.com

编委会

序

杭州亚运会及亚残运会共设竞技项目 40 个大项、61 个分项、481 个小项，拥有 56 个竞赛场馆、31 个训练场馆、1 个亚运村和 4 个分村，分布在主办城市杭州以及宁波、温州、绍兴、金华、湖州 5 个协办城市。2017 年 10 月、2018 年 4 月，杭州市域内外亚运场馆及设施建设行动大会分别召开，标志着杭州亚运会场馆建设工作的全面启动。2022 年 3 月和 5 月，56 个竞赛场馆和 31 个训练场馆分别竣工并通过赛事功能验收，标志着杭州亚运会场馆建设工作的全面完成。按照“亚组委统筹、属地负责、部门协同”的原则，杭州亚运会场馆建设由杭州第 19 届亚运会组委会场馆建设部牵头组织推进，主要负责标准制定、计划编制、进度管理、组织验收、设施运维等。与一般工程项目建设不同的是，亚运场馆建设有其特殊的体育工艺要求，必须得到国际体育单项协会认可，因此场馆建设部积极引入体育工艺第三方检测作为赛事功能验收的前置条件，大大提升了验收工作的质量与效率，保证了验收结果的公正与客观。

国内体育工艺检测服务行业从北京奥运会起步，历经十余年的茁壮发展，如今为杭州亚运会及亚残运会场馆建设提供了科学、专业、规范的服务，同时也留下了一份宝贵的遗产。相信随着国内体育产业的不断发展，我国举办的国际性体育赛事将会越来越多，国内体育工艺检测服务行业将迈向更高的台阶，走向更广的舞台。

杭州第 19 届亚运会组委会场馆建设部部长

2023 年 9 月 19 日

目　录

1 体育工艺介绍

1.1 体育工艺定义

体育工艺是指使体育场馆符合体育活动，特别是体育竞赛功能要求的方法和技术，是对体育场馆内涉及比赛的场地、流程、空间、设备和器材等内容进行的描述和说明，是体育竞赛需求与建筑设计规范相结合的技术要求。体育工艺涵盖了场地布置及构造、辅助用房、场馆智能化系统、声、光、屏、运动面层等系统化的技术要求。

1.2 体育工艺来源

我国的体育工艺从 20 世纪 80 年代起步与探索，以 1986 年北京亚运会场馆设计为起点，到 2002 年逐步与国际接轨。再经过 2008 年北京奥运会场馆的设计与建设，我国的体育工艺体系逐渐成熟，发展至今已逐渐形成了一套完善、全方位、系统化的体育场馆工艺体系。

1.3 国际惯例

目前，国际上建造大型比赛场馆除了要满足常规建筑的建筑结构要求外，还需要根据在其中所要举行的相关比赛项目的竞赛要求、单项协会的要求以及当地建筑指令来进行设计和建造，并通过相关的第三方机构进行检测。

1.4 体育工艺分类

目前体育工艺主要涵盖：

（1）扩声系统；

（2）照明系统；

（3）LED 显示屏系统；

（4）标准时钟系统；

（5）升降旗系统；

（6）智能化系统；

（7）运动面层系统；

（8）设施设备；

（9）规格及画线。

2　体育工艺检测的意义

2.1　公平公正

第三方检测机构需要在 CNAS（China National Accreditation Service for Conformity Assessment，中国合格评定国家认可委员会）及 CMA（China Metrology Accreditation，中国计量认证）行政部门监管下，按照 ISO 17025 和 ISO 17020 体系运行，并通过组织机构和管理、相关人员的承诺，以及避免商业、财务或其他压力损害公正性等的制度性措施，保证其检测行为公平公正。

因此，独立的第三方检测机构能够在公平公正的原则下进行体育工艺检测并出具检测结果。这在行业中既是对政府监管的补充（其检测结果可以帮助政府摆脱信任危机），又能避免行业内出现豆腐渣工程；在生产上既能为产业转型升级提供支持，又能为产业的发展提供强有力的服务平台。

2.2　成绩互认前提

对于举办大型赛事的场所、场地来说，所举办的赛事成绩获得相应各界的认可是一个关键问题。只有满足国际体育单项协会的相关竞赛规则及要求，且经过国际认可的独立的第三方机构检测并合格后，才能证明在该场所、场地比赛的运动员没有受到场地环境的影响，在其中举办的赛事的成绩是可以在国际、国内比赛中进行横向对比的。

2.3　质量保障

场所、场地只有经过独立的第三方检测机构依据国家标准、行业标准及运动协会标准进行的规范检测并合格后，才能证明其符合某项运动的必备要求。检测项目涵盖相应的运动性能、安全性能、材料性能等。

2.4　考核建设成果

体育工艺专项检测是项目建设全过程中最后的程序，是项目转入使用的必要环节，是全面考核建设成果、确保项目达到设计要求的各项技术经济指标的重要过程。

3　体育工艺专项检测机构资质要求

3.1　第三方检测机构应具备的资质

第三方机构检测又称公正检测，指两个相互联系的主体之外的某个客体进行的检测，我们把这个客体称为第三方。第三方可以是和两个主体有联系，也可以是独立于两个主体之外，即处于买卖利益之外的第三方（如专职监督检测机构），其以公正、权威的非当事人身份，根据有关法律、标准或合同进行商品检测活动。

在我国，承接体育工艺检测工作的第三方检测机构应具有中国计量认证证书和中国合格评定国家认可委员会的实验室认可证书，且认可证书中的检测能力范围包含了场馆相关检测项目，并且具备主要国际单项运动协会认可的资质。

3.2　CMA 资质认定

中国计量认证（CMA）是根据《中华人民共和国计量法》的规定，由计量行政部门对检测机构的检测能力及可靠性进行的一种全面的认证和评价。获得中国计量认证合格证书的检测机构被允许在检测报告上使用 CMA 标识。带有 CMA 标识的检测报告具有法律效力。

3.3　CNAS 认可

中国合格评定国家认可委员会（CNAS）按照约定标准对实验室的管理能力和技术能力进行评价，并将评价结果向社会公告以正式承认其能力。经过认可的实验室具有从事特定任务的能力。

3.4　主要国际单项协会认可的实验室

国际体育单项协会对具备能力的检测机构进行审核评价，对管理体系、质量体系、人员能力符合其要求的检测机构进行认可。所以具备国际体育单项协会认可的实验室出具的检测数据及报告受到国际单项协会的认可。

4 体育工艺第三方专项检测程序

4.1 委托有资质的第三方检测机构现场检测

运动场馆、场地完工后，建设主体按照设计要求，委托具有国家、国际权威机构认可的相关资质的第三方检测机构进行现场检测。请参考本书 3.1 节对于有资质的第三方检测机构的要求。

4.2 第三方检测机构现场考察及提交检测方案

接到建设单位的检测委托之后，在赴现场检测之前，第三方检测机构的工作人员须熟悉该项目的体育工艺相关设计图纸，并到现场考察场馆是否具备检测条件，核对场馆的用途及规模等相关检测信息，并根据现场条件制定相应的现场检测方案。检测方案应包括检测人员名录及各人员的相应资质、检测设备名录及其校准有效期信息、现场检测流程及整个检测周期。现场检测前将该方案提交给委托方。

委托方根据第三方检测机构提供的检测方案，协调参与单位和各相关方的时间，如有变动，须反馈给检测机构修改方案并最终确定。

4.3 入场会谈

第三方检测机构检测项目组到达场馆现场后，建设方应组织业主、监理及施工单位与第三方检测机构对接，确定各体育工艺设施的现场调试对接人员。第三方检测机构的现场工作人员须出示工作证明并说明工作流程。对于需要现场工作人员配合的项目，须进行事前沟通。

4.4 现场测试

第三方检测机构根据事先提交的检测方案进行现场测试，其中应携带检测用仪器校准证书复印件以备查验。

监理应全程跟踪检测流程，确保检测人员、方法和仪器合规。

建设方及业主在检测过程中应旁站，以确保各方合规，测试准确。

4.5 现场纸质记录会签

检测结束后，对于非仪器存储的，现场有纸质记录的检测项目，建设方、业主方、监理方应在原始记录上会签。

对于受检测仪器限制并存储在其中，不适合现场记录的数据，应打印出部分数据以供现场会签，确保每个体育工艺项目有至少10%的原始数据经过现场会签。

4.6 复测

对于未满足检测条件和现场检测不合格的项目，第三方检测机构根据检测结果出具检测反馈单，相关项目应在建设单位整改后进行复测。建设方根据第三方检测机构提供的测试反馈单及测试数据制定整改方案，确定整改周期并实施整改。相关方根据建设方整改方案及计划，重复上述4.1至4.6节的流程，直至测试结果符合规范要求。

4.7 报告发放

检测完成后，第三方检测机构根据检测结果出具检测报告。

第三方检测机构的检测工作是整个工程当中的重要环节，对场地的使用性能进行准确的评估，能验证建设方是否达成设计目标，并进行工程验收，具体工作程序见图4.1。

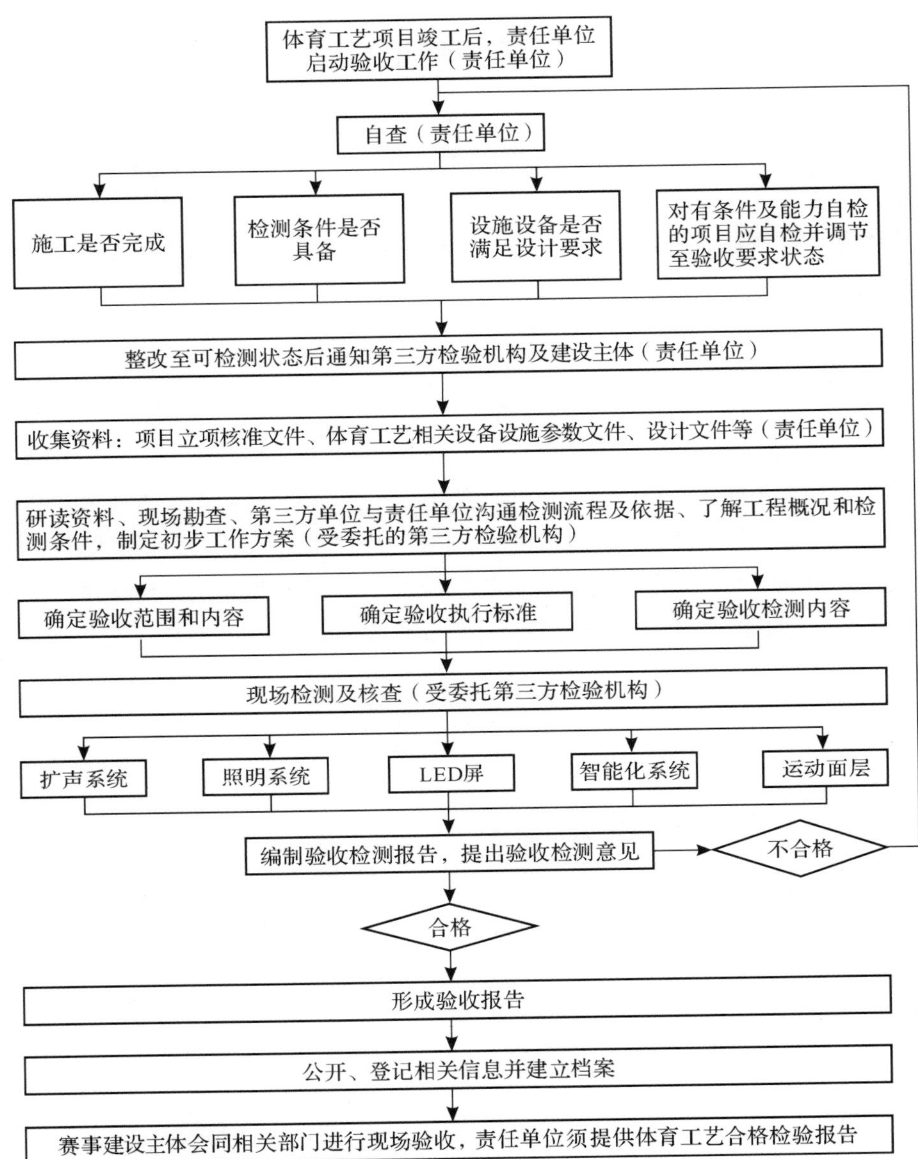
体育工艺项目竣工后，责任单位启动验收工作（责任单位）
自查（责任单位）
施工是否完成
检测条件是否具备
设施设备是否满足设计要求
对有条件及能力自检的项目应自检并调节至验收要求状态
整改至可检测状态后通知第三方检验机构及建设主体（责任单位）
收集资料：项目立项核准文件、体育工艺相关设备设施参数文件、设计文件等（责任单位）
研读资料、现场勘查、第三方单位与责任单位沟通检测流程及依据、了解工程概况和检测条件，制定初步工作方案（受委托的第三方检验机构）
确定验收范围和内容
确定验收执行标准
确定验收检测内容
现场检测及核查（受委托第三方检验机构）
扩声系统
照明系统
LED屏
智能化系统
运动面层
编制验收检测报告，提出验收检测意见
不合格
合格
形成验收报告
公开、登记相关信息并建立档案
赛事建设主体会同相关部门进行现场验收，责任单位须提供体育工艺合格检验报告
图 4.1　验收程序

5　各类体育赛事场地体育工艺检测情况概述

目前，国内举办大型体育赛事的场馆的体育工艺检测主要依据场馆设计相关技术要求文件中的标准。

5.1　篮球比赛场馆的体育工艺检测项目指标

一、扩声系统

篮球比赛场馆的扩声系统现场检测程序依据附录 A，扩声系统检测要求见表 5.1。

表 5.1　篮球比赛场馆扩声系统检测要求

<table>
<tr><th>检测类别</th><th>检测依据</th><th>检测内容</th><th>指标</th><th>级别</th></tr>
<tr><td rowspan="9">扩声系统</td><td rowspan="9">JGJ/T 131—2012
体育场馆声学设计及测量规程</td><td rowspan="3">最大声压级</td><td>≥ 105dB</td><td>一级</td></tr>
<tr><td>≥ 100dB</td><td>二级</td></tr>
<tr><td>≥ 95dB</td><td>三级</td></tr>
<tr><td rowspan="3">传输频率特性</td><td>125 ~ 4000Hz：−4 ~ +4dB
100Hz、5000Hz：−6 ~ +4dB
80Hz、6300Hz：−8 ~ +4dB
63Hz、8000Hz：−10 ~ +4dB</td><td>一级</td></tr>
<tr><td>125 ~ 4000Hz：−6 ~ +4dB
100Hz、5000Hz：−8 ~ +4dB
80Hz、6300Hz：−10 ~ +4dB
63Hz、8000Hz：−12 ~ +4dB</td><td>二级</td></tr>
<tr><td>250 ~ 4000Hz：−8 ~ +4dB
200Hz、5000Hz：−10 ~ +4dB
160Hz、6300Hz：−12 ~ +4dB
125Hz、8000Hz：−14 ~ +4dB</td><td>三级</td></tr>
<tr><td rowspan="3">传声增益</td><td>125 ~ 4000Hz：≥ −10dB</td><td>一级</td></tr>
<tr><td>125 ~ 4000Hz：≥ −12dB</td><td>二级</td></tr>
<tr><td>250 ~ 4000Hz：≥ −12dB</td><td>三级</td></tr>
</table>

续表

检测类别	检测依据	检测内容	指标	级别
扩声系统	JGJ/T 131—2012 体育场馆声学设计及测量规程	稳态声场不均匀度	1000Hz、4000Hz：≤ 8dB	一级
			1000Hz、4000Hz：≤ 10dB	二级
			1000Hz：≤ 10dB	三级
		系统噪声	扩声系统不产生明显可察觉的噪声干扰	一级
			扩声系统不产生明显可察觉的噪声干扰	二级
			扩声系统不产生明显可察觉的噪声干扰	三级
		语言传输指数	≥ 0.5	一级
			≥ 0.5	二级
			≥ 0.5	三级
		混响时间	不同容积比赛大厅 500~1000Hz 满场混响时间： 容积＜ 40000m^3，混响时间 1.3~1.4s； 容积 40000~80000m^3，混响时间 1.4~1.6s； 容积 80000~160000m^3，混响时间 1.6~1.8s； 容积＞ 160000m^3，混响时间 1.9~2.1s	—
			各频率混响时间相对于 500~1000Hz 混响时间的比值： 频率 125Hz，比值 1.0~1.3； 频率 250Hz，比值 1.0~1.2； 频率 2000Hz，比值 0.9~1.0； 频率 4000Hz，比值 0.8~1.0	

注：当比赛大厅容积大于表中列出的最大容积的 1 倍以上时，混响时间可比 2.1s 适当延长。

二、照明系统

篮球比赛场馆的照明系统现场检测程序依据附录 B，照明系统检测要求见表 5.2。

表 5.2　篮球比赛场馆照明系统检测要求

检测类别	检测依据	检测内容	指标	级别
照明系统	JGJ 153—2016 体育场馆照明设计及检测标准	水平照度	300 lx	Ⅰ
			500 lx	Ⅱ
			750 lx	Ⅲ
			—	Ⅳ
			—	Ⅴ
			—	Ⅵ

续表

检测类别	检测依据	检测内容	指标	级别
照明系统	JGJ 153—2016 体育场馆照明设计及检测标准	水平照度均匀度	U_1：—；$U_2 \geq 0.3$	Ⅰ
			$U_1 \geq 0.4$；$U_2 \geq 0.6$	Ⅱ
			$U_1 \geq 0.5$；$U_2 \geq 0.7$	Ⅲ
			$U_1 \geq 0.5$；$U_2 \geq 0.7$	Ⅳ
			$U_1 \geq 0.6$；$U_2 \geq 0.8$	Ⅴ
			$U_1 \geq 0.7$；$U_2 \geq 0.8$	Ⅵ
		垂直照度	—	Ⅰ
			—	Ⅱ
			—	Ⅲ
			$E_{vmai} \geq 1000$ lx；$E_{vaux} \geq 750$ lx	Ⅳ
			$E_{vmai} \geq 1400$ lx；$E_{vaux} \geq 1000$ lx	Ⅴ
			$E_{vmai} \geq 2000$ lx；$E_{vaux} \geq 1400$ lx	Ⅵ
		垂直照度均匀度	—	Ⅰ
			—	Ⅱ
			—	Ⅲ
			E_{vmai}：$U_1 \geq 0.4$；$U_2 \geq 0.6$ E_{vaux}：$U_1 \geq 0.3$；$U_2 \geq 0.5$	Ⅳ
			E_{vmai}：$U_1 \geq 0.5$；$U_2 \geq 0.7$ E_{vaux}：$U_1 \geq 0.3$；$U_2 \geq 0.5$	Ⅴ
			E_{vmai}：$U_1 \geq 0.6$；$U_2 \geq 0.7$ E_{vaux}：$U_1 \geq 0.4$；$U_2 \geq 0.6$	Ⅵ
		色温	≥ 4000K	Ⅰ
			≥ 4000K	Ⅱ
			≥ 4000K	Ⅲ
			≥ 4000K	Ⅳ
			≥ 4000K	Ⅴ
			≥ 5500K	Ⅵ
		显色指数	≥ 65	Ⅰ
			≥ 65	Ⅱ
			≥ 65	Ⅲ

续表

检测类别	检测依据	检测内容	指标	级别
照明系统	JGJ 153—2016 体育场馆照明设计及检测标准	显色指数	≥ 80	Ⅳ
			≥ 80	Ⅴ
			≥ 90	Ⅵ
		眩光指数	≤ 35	Ⅰ
			≤ 30	Ⅱ
			≤ 30	Ⅲ
			≤ 30	Ⅳ
			≤ 30	Ⅴ
			≤ 30	Ⅵ
		应急照明	≥ 20 lx	Ⅰ
			≥ 20 lx	Ⅱ
			≥ 20 lx	Ⅲ
			≥ 20 lx	Ⅳ
			≥ 20 lx	Ⅴ
			≥ 20 lx	Ⅵ

三、面层系统

木地板篮球场地的面层系统现场检测程序依据附录 F，检测要求详见表 5.3。

表 5.3　木地板篮球场地面层检测要求

指标		依据标准	要求	
			竞技	健身
基本要求	材种	GB/T 19995.2—2005	选用材种表面不易起刺	
	面层材料外观质量	GB/T 15036.1—2018 GB/T 18103—2022	一等品	
	地板块的加工精度	GB/T 15036.1—2018 GB/T 18103—2022	长度≤ 500mm 时，公称长度与每个测量值之差绝对值≤ 0.5mm； 长度＞ 500mm 时，公称长度与每个测量值之差绝对值≤ 1.0mm； 公称宽度与平均宽度之差绝对值≤ 0.3mm，宽度最大值与最小值之差≤ 0.3mm； 公称厚度与平均厚度之差绝对值≤ 0.3mm； 厚度最大值与最小值之差≤ 0.4mm	

续表

指标		依据标准	要求	
			竞技	健身
基本要求	环保要求	GB/T 18580—2017 GB 50005—2017	E1	
结构		GB/T 19995.2—2005	应仔细考虑场地的主要用途，以此决定需要的木地板场地结构	
性能	冲击吸收	GB/T 19995.2—2005	≥ 53%	≥ 40%
	球反弹率	GB/T 19995.2—2005	≥ 90%	≥ 75%
	滚动负荷	GB/T 19995.2—2005	≥ 1500N	≥ 1500N
	滑动摩擦系数	GB/T 19995.2—2005	0.4~0.6	0.4~0.7
	标准垂直变形	GB/T 19995.2—2005	≥ 2.3mm	N/A
	垂直变形率 W_{500}	GB/T 19995.2—2005	≤ 15%	N/A
平整度		GB/T 19995.2—2005	间隙≤ 2mm 场地任意间距 15m 的两点高差≤ 15mm	
涂层性能		GB/T 19995.2—2005	涂层颜色不应影响赛场区画线的辨认，反光不应影响运动员的发挥，并具有耐磨、防滑、难燃的特性	
通风设施		GB/T 19995.2—2005	体育地板结构宜具有通风设施。该设施既能起良好的通风作用，又要布置合理，不可设在比赛区域内，其颜色和场地面层相同或相近	
防变形措施		GB/T 19995.2—2005	面层应采取防变形措施，避免地板因外界环境变化而发生影响正常使用的起翘、下凹等各种变形	
特殊要求		GB/T 19995.2—2005	在使用场馆时，噪声的扩散和振动的传播等地板层的特性应符合合同双方的约定	

四、场地规格画线

篮球场地规格画线要求详见图 5.1、图 5.2。

五、LED 显示屏、标准时钟系统及升降旗的项目指标要求

LED 显示屏、标准时钟系统及升降旗的项目指标要求，应分别依据附录 D 及附录 E 中的各项规定。

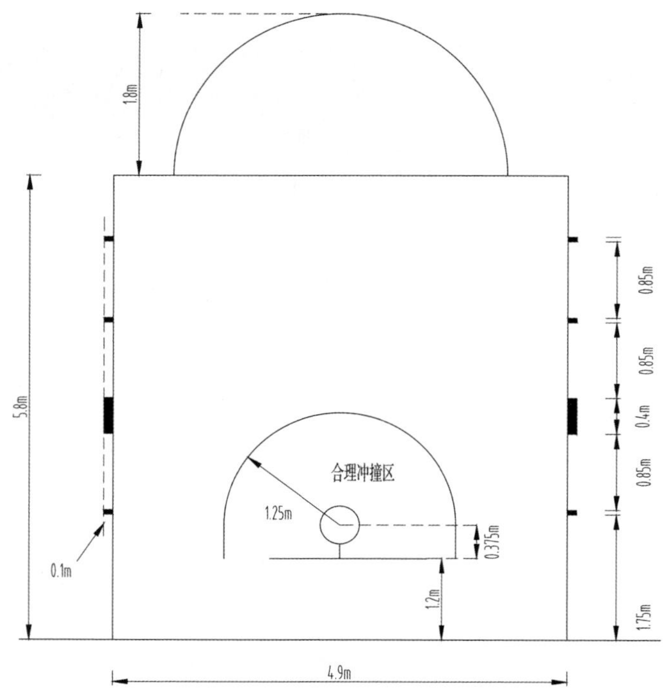

图 5.1　篮球场限制区画线要求

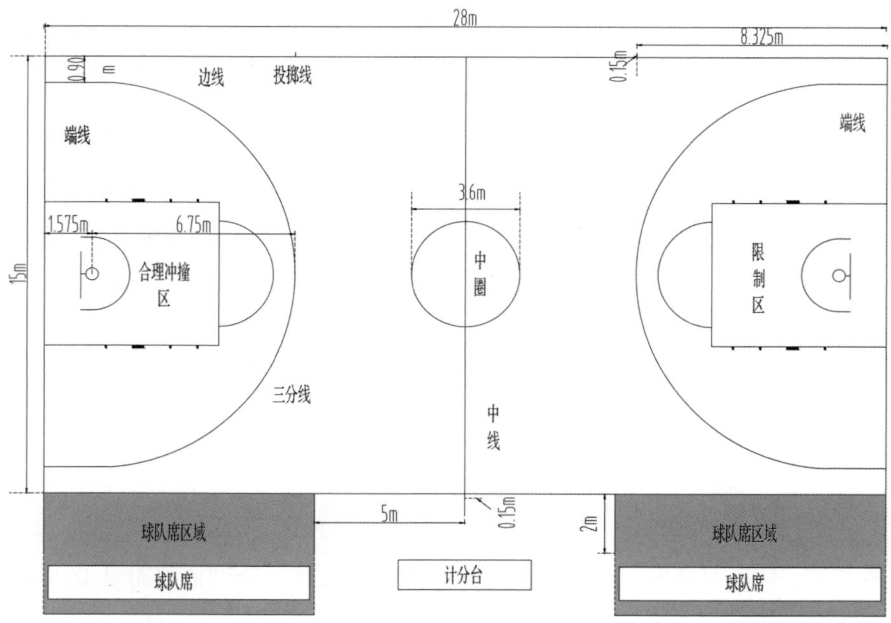

图 5.2　篮球场全场画线要求

5.2 足球比赛场馆的体育工艺检测项目指标

一、扩声系统

足球比赛场馆的扩声系统现场检测程序依据附录 A，扩声系统检测要求见表 5.4 和表 5.5。

表 5.4 足球比赛场馆扩声系统检测要求

检测类别	检测依据	检测内容	指标	级别
扩声系统	JGJ/T 131—2012 体育场馆声学设计及测量规程	最大声压级	≥ 105dB	一级
			≥ 100dB	二级
			≥ 95dB	三级
		传输频率特性	125 ~ 4000Hz：−4 ~ +4dB 100Hz、5000Hz：−6 ~ +4dB 80Hz、6300Hz：−8 ~ +4dB 63Hz、8000Hz：−10 ~ +4dB	一级
			125 ~ 4000Hz：−6 ~ +4dB 100Hz、5000Hz：−8 ~ +4dB 80Hz、6300Hz：−10 ~ +4dB 63Hz、8000Hz：−12 ~ +4dB	二级
			250 ~ 4000Hz：−8 ~ +4dB 200Hz、5000Hz：−10 ~ +4dB 160Hz、6300Hz：−12 ~ +4dB 125Hz、8000Hz：−14 ~ +4dB	三级
		传声增益	125 ~ 4000Hz：≥ −10dB	一级
			125 ~ 4000Hz：≥ −12dB	二级
			250 ~ 4000Hz：≥ −12dB	三级
		稳态声场不均匀度	1000Hz、4000Hz：≤ 8dB	一级
			1000Hz、4000Hz：≤ 10dB	二级
			1000Hz：≤ 10dB	三级
		系统噪声	扩声系统不产生明显可察觉的噪声干扰	一级
			扩声系统不产生明显可察觉的噪声干扰	二级
			扩声系统不产生明显可察觉的噪声干扰	三级

续表

检测类别	检测依据	检测内容	指标	级别
扩声系统	JGJ/T 131—2012 体育场馆声学设计及测量规程	语言传输指数	≥ 0.5	一级
			≥ 0.5	二级
			≥ 0.5	三级
		混响时间	不同容积比赛大厅 500~1000Hz 满场混响时间： 容积＜ 40000m^3，混响时间 1.3~1.4s； 容积 40000~ 80000m^3，混响时间 1.4~1.6s； 容积 80000~ 160000m^3，混响时间 1.6~1.8s； 容积＞ 160000m^3，混响时间 1.9~2.1s	—
			各频率混响时间相对于 500~1000Hz 混响时间的比值： 频率 125Hz，比值 1.0~1.3； 频率 250Hz，比值 1.0~1.2； 频率 2000Hz，比值 0.9~1.0； 频率 4000Hz，比值 0.8~1.0	

注：当比赛大厅容积大于表中列出的最大容积的 1 倍以上时，混响时间可比 2.1s 适当延长。

表 5.5　足球场扩声系统检测要求

检测类别	检测依据	检测内容	指标	级别
扩声系统	JGJ/T 131—2012 体育场馆声学设计及测量规程	最大声压级	≥ 105dB	一级
			≥ 98dB	二级
			≥ 90dB	三级
		传输频率特性	125 ~ 4000Hz：−6 ~ +4dB 100Hz、5000Hz：−8 ~ +4dB 80Hz、6300Hz：−10 ~ +4dB 63Hz、8000Hz：−12 ~ +4dB	一级
			125 ~ 4000Hz：−8 ~ +4dB 100Hz、5000Hz：−11 ~ +4dB 80Hz、6300Hz：−14 ~ +4dB 63Hz、8000Hz：−17 ~ +4dB	二级
			250 ~ 4000Hz：−10 ~ +4dB 200Hz、5000Hz：−13 ~ +4dB 160Hz、6300Hz：−16 ~ +4dB 125Hz、8000Hz：−19 ~ +4dB	三级
		传声增益	125 ~ 4000Hz：≥ −10dB	一级
			125 ~ 4000Hz：≥ −12dB	二级

续表

检测类别	检测依据	检测内容	指标	级别
扩声系统	JGJ/T 131—2012 体育场馆声学设计及测量规程	传声增益	250 ~ 4000Hz：≥ −14dB	三级
		稳态声场不均匀度	1000Hz、4000Hz：≤ 8dB	一级
			1000Hz、4000Hz：≤ 10dB	二级
			1000Hz：≤ 12dB	三级
		系统噪声	扩声系统不产生明显可察觉的噪声干扰	一级
			扩声系统不产生明显可察觉的噪声干扰	二级
			扩声系统不产生明显可察觉的噪声干扰	三级
		语言传输指数	≥ 0.45	一级
			≥ 0.45	二级
			≥ 0.45	三级
		混响时间	—	—

二、照明系统

足球比赛场馆场地的照明系统现场检测程序依据附录 B，照明系统检测要求见表 5.6 和表 5.7。

表 5.6　室内足球场地照明系统检测要求

检测类别	检测依据	检测内容	指标	级别
照明系统	JGJ 153—2016 体育场馆照明设计及检测标准	水平照度	300 lx	Ⅰ
			500 lx	Ⅱ
			750 lx	Ⅲ
			—	Ⅳ
			—	Ⅴ
			—	Ⅵ
		水平照度均匀度	U_1：—；$U_2 \geq 0.3$	Ⅰ
			$U_1 \geq 0.4$；$U_2 \geq 0.6$	Ⅱ
			$U_1 \geq 0.5$；$U_2 \geq 0.7$	Ⅲ
			$U_1 \geq 0.5$；$U_2 \geq 0.7$	Ⅳ
			$U_1 \geq 0.6$；$U_2 \geq 0.8$	Ⅴ
			$U_1 \geq 0.7$；$U_2 \geq 0.8$	Ⅵ
		垂直照度	—	Ⅰ

续表

检测类别	检测依据	检测内容	指标	级别
照明系统	JGJ 153—2016 体育场馆照明设计及检测标准	垂直照度	—	Ⅱ
			—	Ⅲ
			E_{vmai} ≥ 1000 lx；E_{vaux} ≥ 750 lx	Ⅳ
			E_{vmai} ≥ 1400 lx；E_{vaux} ≥ 1000 lx	Ⅴ
			E_{vmai} ≥ 2000 lx；E_{vaux} ≥ 1400 lx	Ⅵ
		垂直照度均匀度	—	Ⅰ
			—	Ⅱ
			—	Ⅲ
			E_{vmai}：U_1 ≥ 0.4；U_2 ≥ 0.6 E_{vaux}：U_1 ≥ 0.3；U_2 ≥ 0.5	Ⅳ
			E_{vmai}：U_1 ≥ 0.5；U_2 ≥ 0.7 E_{vaux}：U_1 ≥ 0.3；U_2 ≥ 0.5	Ⅴ
			E_{vmai}：U_1 ≥ 0.6；U_2 ≥ 0.7 E_{vaux}：U_1 ≥ 0.4；U_2 ≥ 0.6	Ⅵ
		色温	≥ 4000K	Ⅰ
			≥ 4000K	Ⅱ
			≥ 4000K	Ⅲ
			≥ 4000K	Ⅳ
			≥ 4000K	Ⅴ
			≥ 5500K	Ⅵ
		显色指数	≥ 65	Ⅰ
			≥ 65	Ⅱ
			≥ 65	Ⅲ
			≥ 80	Ⅳ
			≥ 80	Ⅴ
			≥ 90	Ⅵ
		眩光指数	≤ 35	Ⅰ
			≤ 30	Ⅱ
			≤ 30	Ⅲ
			≤ 30	Ⅳ

续表

检测类别	检测依据	检测内容	指标	级别
照明系统	JGJ 153—2016 体育场馆照明设计及检测标准	眩光指数	≤ 30	Ⅴ
			≤ 30	Ⅵ
		应急照明	≥ 20 lx	Ⅰ
			≥ 20 lx	Ⅱ
			≥ 20 lx	Ⅲ
			≥ 20 lx	Ⅳ
			≥ 20 lx	Ⅴ
			≥ 20 lx	Ⅵ

表 5.7 室外足球场地照明系统检测要求

检测类别	检测依据	检测内容	指标	级别
照明系统	JGJ 153—2016 体育场馆照明设计及检测标准	水平照度	200 lx	Ⅰ
			300 lx	Ⅱ
			500lx	Ⅲ
			—	Ⅳ
			—	Ⅴ
			—	Ⅵ
		水平照度均匀度	U_1：—；$U_2 \geqslant 0.3$	Ⅰ
			U_1—；$U_2 \geqslant 0.5$	Ⅱ
			$U_1 \geqslant 0.4$；$U_2 \geqslant 0.6$	Ⅲ
			$U_1 \geqslant 0.5$；$U_2 \geqslant 0.7$	Ⅳ
			$U_1 \geqslant 0.6$；$U_2 \geqslant 0.8$	Ⅴ
			$U_1 \geqslant 0.7$；$U_2 \geqslant 0.8$	Ⅵ
		垂直照度	—	Ⅰ
			—	Ⅱ
			—	Ⅲ
			$E_{vmai} \geqslant 1000$ lx；$E_{vaux} \geqslant 750$ lx	Ⅳ
			$E_{vmai} \geqslant 1400$ lx；$E_{vaux} \geqslant 1000$ lx	Ⅴ
			$E_{vmai} \geqslant 2000$ lx；$E_{vaux} \geqslant 1400$ lx	Ⅵ

续表

检测类别	检测依据	检测内容	指标	级别
照明系统	JGJ 153—2016 体育场馆照明设计及检测标准	垂直照度均匀度	—	Ⅰ
			—	Ⅱ
			—	Ⅲ
			E_{vmai}：$U_1 \geqslant 0.4$；$U_2 \geqslant 0.6$ E_{vaux}：$U_1 \geqslant 0.3$；$U_2 \geqslant 0.5$	Ⅳ
			E_{vmai}：$U_1 \geqslant 0.5$；$U_2 \geqslant 0.7$ E_{vaux}：$U_1 \geqslant 0.3$；$U_2 \geqslant 0.5$	Ⅴ
			E_{vmai}：$U_1 \geqslant 0.6$；$U_2 \geqslant 0.7$ E_{vaux}：$U_1 \geqslant 0.4$；$U_2 \geqslant 0.6$	Ⅵ
		色温	≥ 4000K	Ⅰ
			≥ 4000K	Ⅱ
			≥ 4000K	Ⅲ
			≥ 4000K	Ⅳ
			≥ 5500K	Ⅴ
			≥ 5500K	Ⅵ
		显色指数	≥ 65	Ⅰ
			≥ 65	Ⅱ
			≥ 65	Ⅲ
			≥ 80	Ⅳ
			≥ 80	Ⅴ
			≥ 90	Ⅵ
		眩光指数	≤ 55	Ⅰ
			≤ 50	Ⅱ
			≤ 50	Ⅲ
			≤ 50	Ⅳ
			≤ 50	Ⅴ
			≤ 50	Ⅵ
		应急照明	≥ 20 lx	Ⅰ
			≥ 20 lx	Ⅱ
			≥ 20 lx	Ⅲ

续表

检测类别	检测依据	检测内容	指标	级别
照明系统	JGJ 153—2016 体育场馆照明设计及检测标准	应急照明	≥ 20 lx	Ⅳ
			≥ 20 lx	Ⅴ
			≥ 20 lx	Ⅵ

三、面层系统

足球场地天然草及人造草面层的性能及要求详见表 5.8 和表 5.9。

表 5.8　足球场地天然草面层要求

指标	依据标准	测试方法	要求	
			最佳值	合格值
场地规格、画线、朝向	国际足球联合会竞赛规则	采用标定过的钢卷尺或测距仪并结合现场观察进行检测	应符合国际足球联合会竞赛规则的规定	
表面硬度	GB/T 19995.1—2005	用土壤表面硬度测试仪测定	20~80	10~100
牵引力系数	GB/T 19995.1—2005	将鞋钉装于圆盘底部，沿切线方向牵引，用测力计测定圆盘开始转动时的力矩（F）$\mu=3F/DW$	1.2~1.4	1.0~1.8
球反弹率	GB/T 19995.1—2005	1. 让标准足球从（3 ± 0.1）m（足球下缘）的高度自由下落，记录足球的反弹高度； 2. $BR=H/3\times100\%$	20%~50%	15%~55%
球滚动距离	GB/T 19995.1—2005	让标准足球从 1m 高处沿 45 度斜坡滑下，从斜面的前端用标定过的钢卷尺测定足球滚出的距离，即从斜面的前端到球停止点的距离	4~12m	2~14m
场地坡度	GB/T 19995.1—2005	在场地的长轴脊线和边线上确定至少 20 对点，用经纬仪测出场地长轴脊线高点和边线低点间的距离和高差，计算相应的坡度	≤ 0.3%	≤ 0.5%
平整度	GB/T 19995.1—2005	采用直尺法，将 3 m 的直尺置于场地面层上，测定直尺下缘与地面的高差	≤ 20mm	≤ 30mm

续表

指标	依据标准	测试方法	要求	
			最佳值	合格值
茎密度	GB/T 19995.1—2005	在比赛场地内选取有代表性的样方，在样方内选取面积为 10cm × 10cm 的小样，计算单位面积内向上生长茎的枚数	2~3 枚 /cm^2	1.5~4 枚 /cm^2
均一性	GB/T 19995.1—2005	要求：①草坪颜色无明显差异；②目测看不到裸地；③杂草数量（向上生长茎的数）小于 0.05%；④目测没有明显病害特征；⑤目测没有明显虫害特征。5 项分数的总和代表均一性。草坪颜色、裸地、病虫危害等特征，采用目测打分的方法进行评价，每一项规定为 5 分，满足本部分的规定可评为 3 分，根据完好的程度可评为 4 分、5 分，分数越高，表明草坪质量越好。杂草数量的测定可采用计数法，在场地上取 10 cm × 10 cm 的样方，然后数出杂草和所有草茎的数量，以杂草数除以所有草茎的数量，计算其百分比	分值应≥ 15 分，单项得分应≥ 3 分	
根系层渗水速率	GB/T 19995.1—2005	①圆筒测量法：一般采用双筒，内筒为带刻度（精度 ±1 mm）的圆筒，直径为（300 ± 5）mm，外筒直径为（500 ± 25）mm，将双筒置入地表以下 5 cm，然后在内 / 外筒里注入高度不低于 120 mm 的水，在测试过程中要求保持内外筒水面高差＜ 2mm，记录其渗透完 20mm 高的水所需要的时间。计算单位时间的渗透量，按公式 $\varepsilon=H/T$ 进行计算。每点重复测定不少于 5 次，求平均值；②实验室测试法：水分渗透性测定实验装置由上、下两部分组成。上筒有注水管、溢水管，	圆筒法：0.6~1.0 mm/min	圆筒法：0.4~1.2 mm/min

续表

指标	依据标准	测试方法	要求	
			最佳值	合格值
根系层渗水速率	GB/T 19995.1—2005	下部与样品架相接并带密封圈，样品架上有 100mm × 100mm 的样品盒。下筒的中部有一个出水管，出水管的周围做一个下部开放的盒，盒宽为 30 mm，高为 60 mm（水管上、下各 30 mm）。上下筒出水管的流量要大于 1500 ml/ min。从注水管注入水，通过被测样品流入下面的圆筒内，当水位升至下出水口时，用水量器皿收集流出的水，此时上水位要保持在上出水口底边，同时准确地记录通过样品的水量和相应的时间，通常收集 10 min 的水。渗水率按公式 $\varepsilon=V/ST$ 进行计算	实验室法：2.5~3.0 mm/min	实验室法：1.0~4.2 mm/min
渗水层渗水速率	GB/T 19995.1—2005	在渗水层部分取样，按实验室方法进行测定	≥ 3.0mm/min	
有机质及营养供给	—	采用土壤取样器现场取样，实验室检测	根系层要求应有足够的有机质及氮（N）、磷（P）、钾（K）、镁（Mg）等	
环境保护要求	—	采用施工方声明、供货商提供相关资料、实验室检测等方法	不使用有危险的或是散发对人、土壤、水、空气有危害或污染的物质或材料	
叶宽度	GB/T 19995.1—2005	用标定过的精确到 0.1mm 的直尺测量叶子的最宽处	叶宽度宜不大于 6 mm，可根据各地区具体情况，选择合适的草种	

表 5.9 足球场人造草面层要求

指标	依据标准	测试方法	要求
场地规格、画线、朝向	国际足球联合会（FIFA）竞赛规则	采用标定过的钢卷尺或测距仪并结合现场观察进行检测	场地规格、画线和朝向参照国际足球联合会（FIFA）竞赛规则的有关规定
坡度	GB/T 19995.1—2005	在场地的长轴脊线和边线上确定至少20对点，用经纬仪测出场地长轴脊线高点和边线低点间的距离和高差，计算相应的坡度	无渗水功能的场地 ≤ 8‰ 有渗水功能的场地 ≤ 3‰

续表

指标	依据标准	测试方法	要求
平整度	GB/T 19995.1—2005	采用直尺法将 3m 的直尺置于场地面层上，测定直尺下缘与地面的高差	直径 3m 范围内间隙应不大于 10mm
渗水速率	GB/T 19995.1—2005	一般采用双筒，内筒为带刻度（精度 ±1mm）的圆筒，直径为（300±5）mm，外筒直径为（500±25）mm，将双筒置入地表以下 5cm，然后在内 / 外筒里注入高度不少于 120mm 的水，在测试过程中要求保持内外筒水面高差＜2mm，记录其渗透完 20mm 高的水所需要的时间。计算单位时间的渗透量，按公式 $\varepsilon=H/T$ 进行计算。每点重复测定不少于 5 次，求平均值	＞3mm/min
球反弹率	GB/T 19995.1—2005	让标准足球从（3±0.1）m（足球下缘）的高度自由下落，记录足球的反弹高度。 2. $BR=H/3\times100\%$	30% ~ 50%
球滚动距离	GB/T 19995.1—2005	让标准足球从 1m 高处沿 45 度斜坡滑下，从斜面的前端用标定过的钢卷尺测定足球滚出的距离，即从斜面的前端到球停止点的距离	4 ~ 10m
角度球反弹率（50km/h，15°入射角）	GB/T 20033.3—2006	使用足球发射装置，在足球没有旋转的状态下，以（50±3）km/h 的速度与水平面成（15±1）°的夹角射向地面。使用测速装置（雷达测速器或光电测速器，精度为 ±1km/h），测定入射球的末速度和反弹球的初速度。地面风速超过 5m/s 时，将测试方向定为顺风方向（测量风速设备的精确度为 0.1m/s）。当测试结果受诸如条纹、坡度影响时，应剔除在同一区域以相对条件测出的最大值组和最小值组。按公式 $P=S_2/S_1\times100\%$ 计算，同一点测定 5 次，取平均值	45% ~ 70%
冲击吸收	EN 14808：2005	测量混凝土地面上的冲击力 F_0； 测量木地板场地上的冲击力，按照公式（F_0-F_1）$/F_0\times100\%$ 计算得到冲击吸收结果	55% ~ 70%
垂直变形	EN 14809—2003	安装位移传感器在三脚架上，保证传感器垂直接触测试点底座两侧的水平接触板； 测量木地板场地上的最大冲击力 F_{max} 和最大凹陷 f_{max}；按公式 $f_{max}/F_{max}\times1500$ 计算得到标准垂直变形结果	4 ~ 9mm
牵引力系数	GB/T 19995.1—2005	将鞋钉装于圆盘底部，沿切线方向牵引，用测力计测定圆盘开始转动时的力矩（F）$\mu=3F/DW$	1.2 ~ 1.8

续表

指标	依据标准	测试方法	要求
滑动阻力	GB/T 20033.3—2006	调整检测装置的底边，使其各个方向都趋于水平。调节摆锤装置的高度，使得当用手将摆锤沿摆动弧线移动到最高点时，摆锤下悬挂的物体离检测样本的距离为（125±1）mm。先让摆锤做 3 次适应性摆动，但不记录读数；再让摆锤摆动一次，记录刻度器上显示出来的读数，即为滑动阻力值。重复这一步骤，获取 5 个读数	120~220N
连接强度	EN 12228—2013	将试样沿拉力方向轴向对准安装在试验机中，让活动钳口以 100mm/min 的速度运动，最好通过自动记录系统记录断裂时的力或施加的最大力。对于其余试样重复该测试，获得 5 组值。如果接头的强度大于其连接的合成运动表面的强度，则报告合成运动表面的强度，并在试验报告中说明。在重叠的黏合接头的情况下，分离将与胶合表面平行进行，结果应计算为剪切力。计算 5 次试验中断裂力的平均值或施加的最大力，并将结果表示出来，单位是 $N/100mm^2$。对于与黏合面平行分离的重叠黏合接缝，剪切力为 S，单位为 N/mm 计算公式：$S=F/A$	> 15N/mm
拉伸强度	EN 13864：2004	方法 A：通过记录试样的长度（最接近 0.1 毫米）和质量（最接近 0.1 毫克）来测量试样的线密度。方法 B：测量桩的宽度和厚度。确保草丝沿着机器轴线的方向平放，将试样的预紧力设定为（0.5±0.1）cN/tex。方法 A 的测量精度为 0.5mm，方法 B 的测量精度为 0.2mm。进行拉伸测试的速度相当于试样标距长度的 50%/min，得到 10 个数值	> 15N/mm
防磨损性能	EN 13672：2004	按 EN 13672：2004 规定的方法进行磨损处理后，检测草坪底衬的拉伸强度和连接强度	磨损处理后，其性能应符合球反弹率、球滚动距离、角度球反弹率、冲击吸收、垂直变形、牵引力系数、滑动阻力、拉伸强度、连接强度的要求

续表

指标	依据标准	测试方法	要求
抗老化性能	GB/T 20033.3—2006	首先在（45±3）℃的环境温度下放置（120±2）min，然后在（55±3）℃的环境下，用符合GB/T 16422.3要求的紫外灯照射（240±2）min，这为一次循环，共循环处理（3000±1）h，每个循环间隔不小于120min。样品处理完成后，再次检测草坪底衬的拉伸强度	草坪经过紫外线照射和高温老化后，草坪底衬的拉伸强度应符合规定
安全与环境保护	GB/T 20033.3—2006	采用供货商和施工方的声明，审核材料的阻燃性和抗静电性能等相关资料。若现场发现明显的安全、环境保护问题，可进行专项检测	足球场地人造草面层材料，应具有阻燃性和抗静电性能，并符合国家有关人身健康、安全及环境保护的规定。室内人造草面层应符合室内环境的有关要求

四、场地规格画线

足球比赛场地各区域的规格画线要求详见图5.3至图5.8。

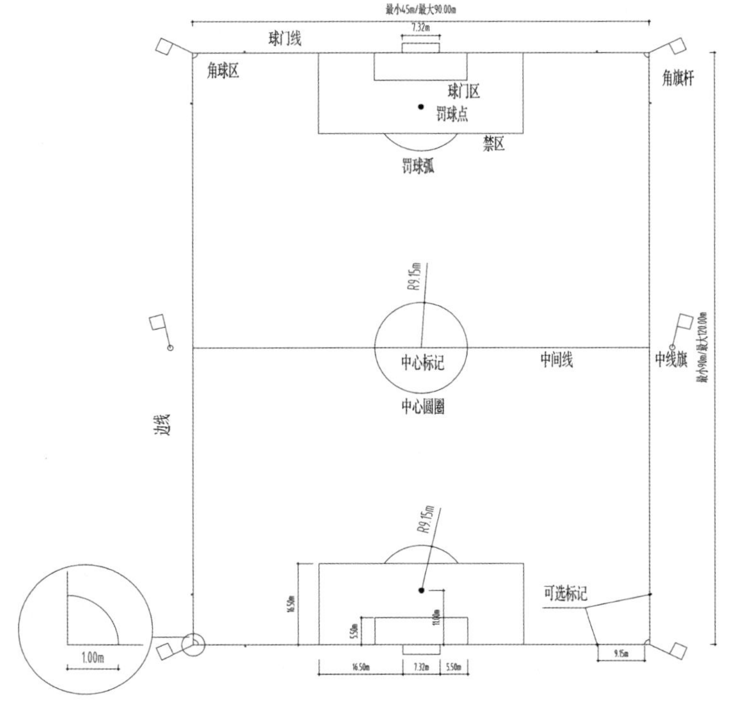

图5.3　足球比赛场地规格画线要求

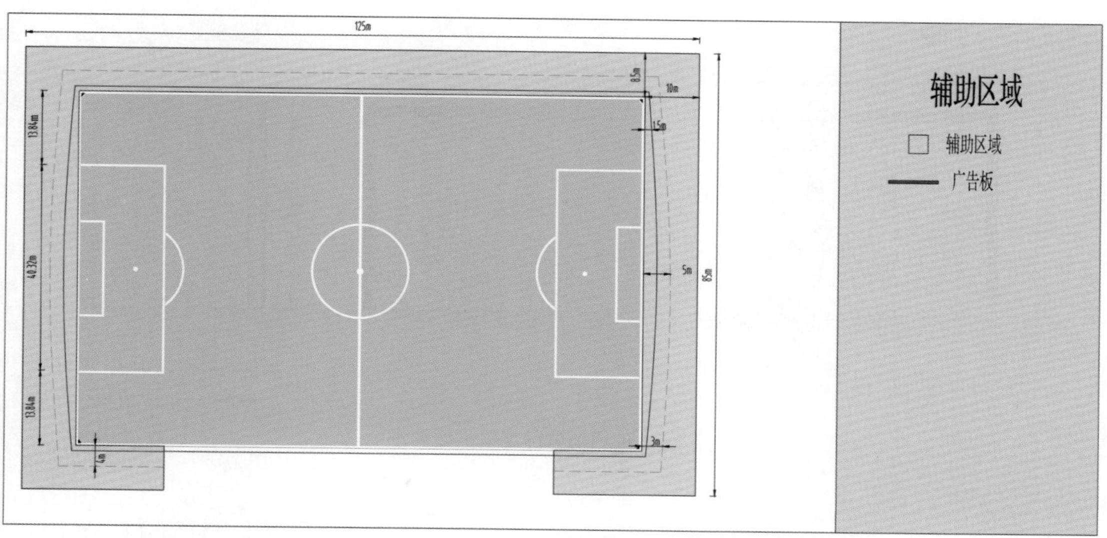

图 5.4 足球场辅助区域规格画线要求

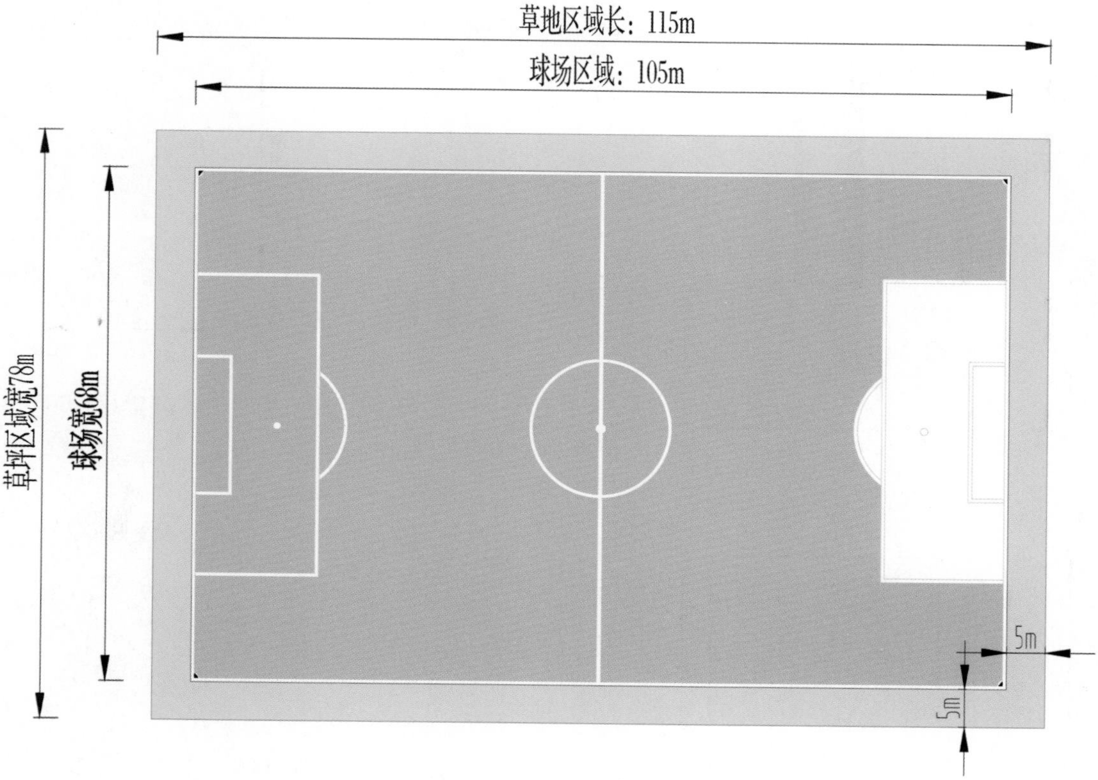

图 5.5 足球场草地区规格画线要求

正视图
侧视图
7.32m
2.44m
2.44m
1.5m
2m

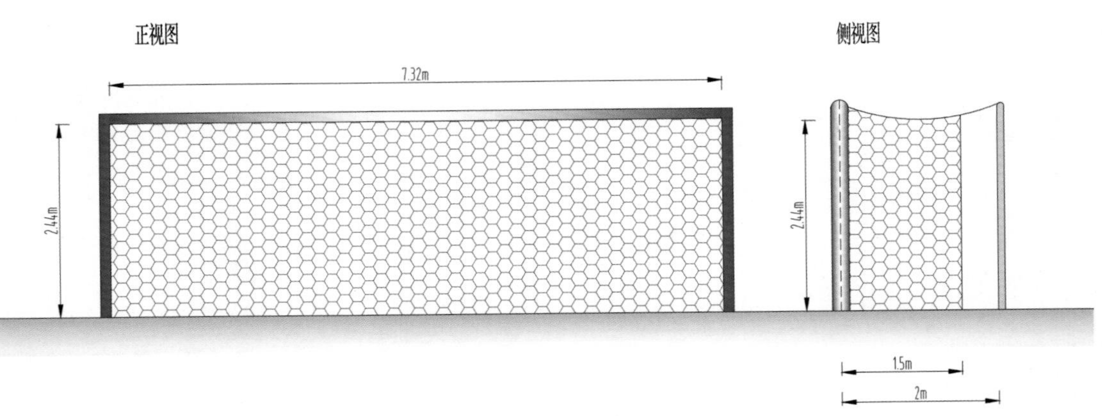

图 5.6　足球场球网规格画线要求

门柱地基
门柱与横梁截面
椭圆形
0.15m
0.3m
0.2m
0.1-0.12m max
0.1m
圆形
0.5m
0.4m
0.5m
0.12m max

图 5.7　足球场球柱规格画线要求

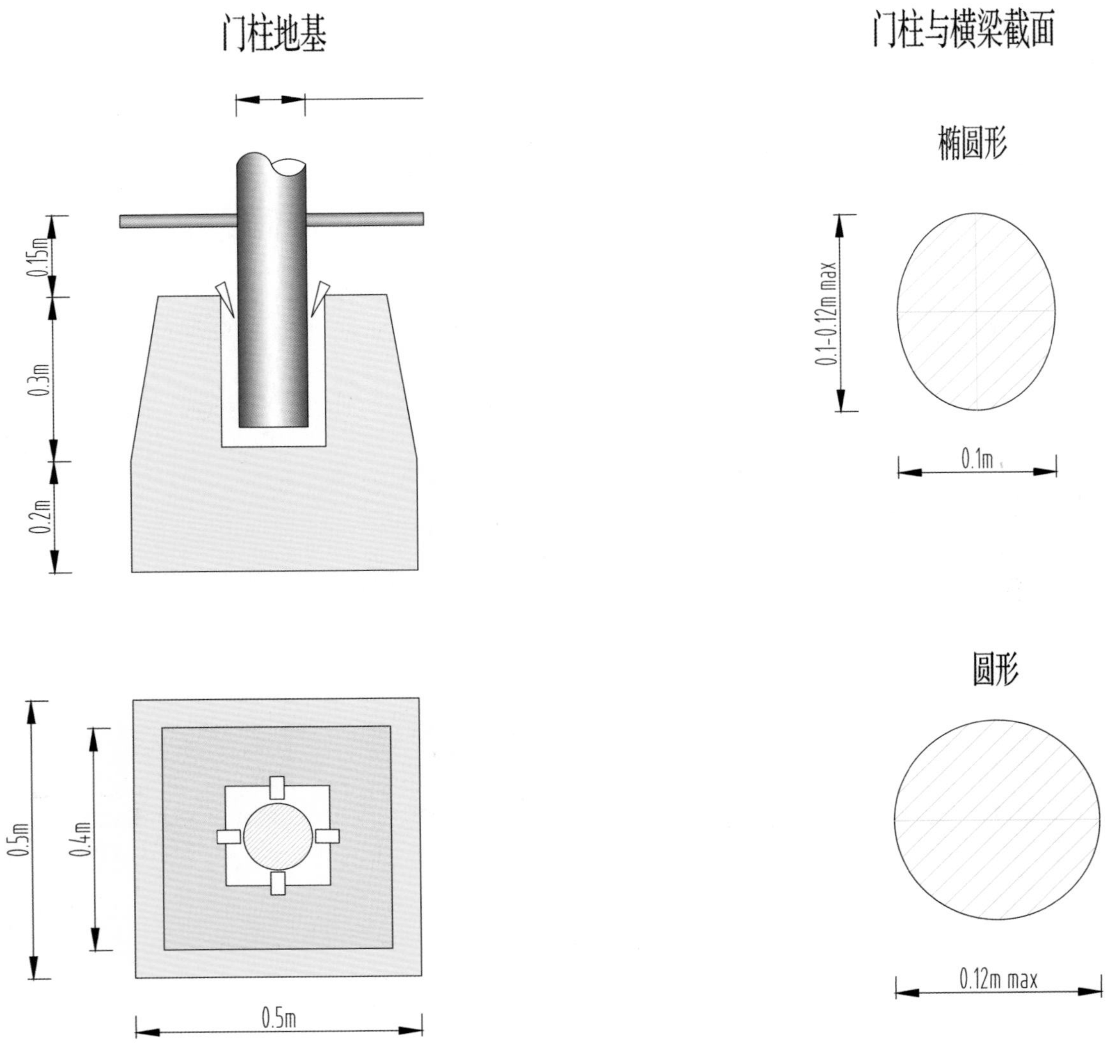

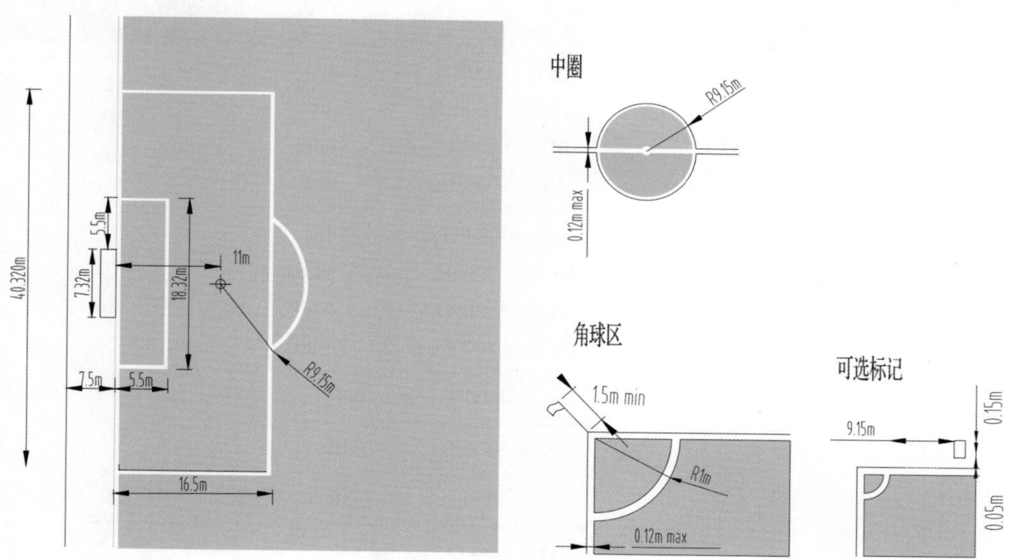

图 5.8　足球场场地规格细节

五、LED 显示屏、标准时钟系统及升降旗的项目指标要求

LED 显示屏、标准时钟系统及升降旗的项目指标要求应分别依据附录 C、附录 D 及附录 E 中相关规定执行。

5.3　排球比赛场馆的体育工艺检测项目指标

一、扩声系统

排球比赛场馆的扩声系统现场检测程序依据附录 A，扩声系统检测要求见表 5.10。

表 5.10　排球馆扩声系统检测要求

检测类别	检测依据	检测内容	指标	级别
扩声系统	JGJ/T 131—2012 体育场馆声学设计及测量规程	最大声压级	≥ 105dB	一级
			≥ 100dB	二级
			≥ 95dB	三级
		传输频率特性	125 ~ 4000Hz：−4 ~ +4dB 100Hz、5000Hz：−6 ~ +4dB 80Hz、6300Hz：−8 ~ +4dB 63Hz、8000Hz：−10 ~ +4dB	一级

续表

检测类别	检测依据	检测内容	指标	级别
扩声系统	JGJ/T 131—2012 体育场馆声学设计及测量规程	传输频率特性	125 ~ 4000Hz：-6 ~ +4dB 100Hz、5000Hz：-8 ~ +4dB 80Hz、6300Hz：-10 ~ +4dB 63Hz、8000Hz：-12 ~ +4dB	二级
			250 ~ 4000Hz：-8 ~ +4dB 200Hz、5000Hz：-10 ~ +4dB 160Hz、6300Hz：-12 ~ +4dB 125Hz、8000Hz：-14 ~ +4dB	三级
		传声增益	125 ~ 4000Hz：≥ -10dB	一级
			125 ~ 4000Hz：≥ -12dB	二级
			250 ~ 4000Hz：≥ -12dB	三级
		稳态声场不均匀度	1000Hz、4000Hz：≤ 8dB	一级
			1000Hz、4000Hz：≤ 10dB	二级
			1000Hz：≤ 10dB	三级
		系统噪声	扩声系统不产生明显可察觉的噪声干扰	一级
			扩声系统不产生明显可察觉的噪声干扰	二级
			扩声系统不产生明显可察觉的噪声干扰	三级
		语言传输指数	≥ 0.5	一级
			≥ 0.5	二级
			≥ 0.5	三级
		混响时间	不同容积比赛大厅 500~1000Hz 满场混响时间： 容积＜ 40000m^3，混响时间 1.3~1.4s； 容积 40000~80000m^3，混响时间 1.4~1.6s； 容积 80000~160000m^3，混响时间 1.6~1.8s； 容积＞ 160000m^3，混响时间 1.9~2.1s	—
			各频率混响时间相对于 500~1000Hz 混响时间的比值： 频率 125Hz，比值 1.0~1.3； 频率 250Hz，比值 1.0~1.2； 频率 2000Hz，比值 0.9~1.0； 频率 4000Hz，比值 0.8~1.0	

注：当比赛大厅容积大于表中列出的最大容积的 1 倍以上时，混响时间可比 2.1s 适当延长。

二、照明系统

室内排球比赛场馆和沙滩排球场地的照明系统现场检测程序依据附录 B，照明系统检测要求见表 5.11 和表 5.12。

表 5.11 室内排球比赛场馆照明系统检测要求

检测类别	检测依据	检测内容	指标	级别
照明系统	JGJ 153—2016 体育场馆照明设计及检测标准	水平照度	300 lx	Ⅰ
			500 lx	Ⅱ
			750 lx	Ⅲ
			—	Ⅳ
			—	Ⅴ
			—	Ⅵ
		水平照度均匀度	U_1：—；$U_2 \geqslant 0.3$	Ⅰ
			$U_1 \geqslant 0.4$；$U_2 \geqslant 0.6$	Ⅱ
			$U_1 \geqslant 0.5$；$U_2 \geqslant 0.7$	Ⅲ
			$U_1 \geqslant 0.5$；$U_2 \geqslant 0.7$	Ⅳ
			$U_1 \geqslant 0.6$；$U_2 \geqslant 0.8$	Ⅴ
			$U_1 \geqslant 0.7$；$U_2 \geqslant 0.8$	Ⅵ
		垂直照度	—	Ⅰ
			—	Ⅱ
			—	Ⅲ
			$E_{vmai} \geqslant 1000$ lx；$E_{vaux} \geqslant 750$ lx	Ⅳ
			$E_{vmai} \geqslant 1400$ lx；$E_{vaux} \geqslant 1000$ lx	Ⅴ
			$E_{vmai} \geqslant 2000$ lx；$E_{vaux} \geqslant 1400$ lx	Ⅵ
		垂直照度均匀度	—	Ⅰ
			—	Ⅱ
			—	Ⅲ
			E_{vmai}：$U_1 \geqslant 0.4$；$U_2 \geqslant 0.6$ E_{vaux}：$U_1 \geqslant 0.3$；$U_2 \geqslant 0.5$	Ⅳ
			E_{vmai}：$U_1 \geqslant 0.5$；$U_2 \geqslant 0.7$ E_{vaux}：$U_1 \geqslant 0.3$；$U_2 \geqslant 0.5$	Ⅴ
			E_{vmai}：$U_1 \geqslant 0.6$；$U_2 \geqslant 0.7$ E_{vaux}：$U_1 \geqslant 0.4$；$U_2 \geqslant 0.6$	Ⅵ

续表

检测类别	检测依据	检测内容	指标	级别
照明系统	JGJ 153—2016 体育场馆照明设计及检测标准	色温	≥ 4000K	Ⅰ
			≥ 4000K	Ⅱ
			≥ 4000K	Ⅲ
			≥ 4000K	Ⅳ
			≥ 4000K	Ⅴ
			≥ 5500K	Ⅵ
		显色指数	≥ 65	Ⅰ
			≥ 65	Ⅱ
			≥ 65	Ⅲ
			≥ 80	Ⅳ
			≥ 80	Ⅴ
			≥ 90	Ⅵ
		眩光指数	≤ 35	Ⅰ
			≤ 30	Ⅱ
			≤ 30	Ⅲ
			≤ 30	Ⅳ
			≤ 30	Ⅴ
			≤ 30	Ⅵ
		应急照明	≥ 20 lx	Ⅰ
			≥ 20 lx	Ⅱ
			≥ 20 lx	Ⅲ
			≥ 20 lx	Ⅳ
			≥ 20 lx	Ⅴ
			≥ 20 lx	Ⅵ

表 5.12　沙滩排球场地照明系统检测要求

检测类别	检测依据	检测内容	指标	级别
照明系统	JGJ 153—2016 体育场馆照明设计及检测标准	水平照度	200 lx	Ⅰ
			500 lx	Ⅱ
			750lx	Ⅲ

续表

检测类别	检测依据	检测内容	指标	级别
照明系统	JGJ 153—2016 体育场馆照明设计及检测标准	水平照度	—	Ⅳ
			—	Ⅴ
			—	Ⅵ
		水平照度均匀度	U_1：—；$U_2 \geqslant 0.3$	Ⅰ
			$U_1 \geqslant 0.4$；$U_2 \geqslant 0.6$	Ⅱ
			$U_1 \geqslant 0.5$；$U_2 \geqslant 0.7$	Ⅲ
			$U_1 \geqslant 0.5$；$U_2 \geqslant 0.7$	Ⅳ
			$U_1 \geqslant 0.6$；$U_2 \geqslant 0.8$	Ⅴ
			$U_1 \geqslant 0.7$；$U_2 \geqslant 0.8$	Ⅵ
		垂直照度	—	Ⅰ
			—	Ⅱ
			—	Ⅲ
			$E_{vmai} \geqslant 1000$ lx；$E_{vaux} \geqslant 750$ lx	Ⅳ
			$E_{vmai} \geqslant 1400$ lx；$E_{vaux} \geqslant 1000$ lx	Ⅴ
			$E_{vmai} \geqslant 2000$ lx；$E_{vaux} \geqslant 1400$ lx	Ⅵ
		垂直照度均匀度	—	Ⅰ
			—	Ⅱ
			—	Ⅲ
			E_{vmai}：$U_1 \geqslant 0.4$；$U_2 \geqslant 0.6$ E_{vaux}：$U_1 \geqslant 0.3$；$U_2 \geqslant 0.5$	Ⅳ
			E_{vmai}：$U_1 \geqslant 0.5$；$U_2 \geqslant 0.7$ E_{vaux}：$U_1 \geqslant 0.3$；$U_2 \geqslant 0.5$	Ⅴ
			E_{vmai}：$U_1 \geqslant 0.6$；$U_2 \geqslant 0.7$ E_{vaux}：$U_1 \geqslant 0.4$；$U_2 \geqslant 0.6$	Ⅵ
		色温	≥ 4000K	Ⅰ
			≥ 4000K	Ⅱ
			≥ 4000K	Ⅲ
			≥ 4000K	Ⅳ
			≥ 5500K	Ⅴ
			≥ 5500K	Ⅵ

续表

检测类别	检测依据	检测内容	指标	级别
照明系统	JGJ 153—2016 体育场馆照明设计及检测标准	显色指数	≥ 65	Ⅰ
			≥ 65	Ⅱ
		显色指数	≥ 65	Ⅲ
			≥ 80	Ⅳ
			≥ 80	Ⅴ
			≥ 90	Ⅵ
		眩光指数	≤ 35	Ⅰ
			≤ 50	Ⅱ
			≤ 50	Ⅲ
			≤ 50	Ⅳ
			≤ 50	Ⅴ
			≤ 50	Ⅵ
		应急照明	≥ 20 lx	Ⅰ
			≥ 20 lx	Ⅱ
			≥ 20 lx	Ⅲ
			≥ 20 lx	Ⅳ
			≥ 20 lx	Ⅴ
			≥ 20 lx	Ⅵ

三、面层系统

木地板排球场地及沙滩排球场地的面层系统现场检测程序参考附录 F，面层检测要求详见表 5.13 和表 5.14。

表 5.13 木地板排球场地面层检测要求

指标		依据标准	要求	
			竞技	健身
基本要求	材种	GB/T 19995.2—2005	选用材种表面不易起刺	
	面层材料外观质量	GB/T 15036.1—2018 GB/T 18103—2022	一等品	

续表

指标		依据标准	要求	
			竞技	健身
基本要求	地板块的加工精度	GB/T 15036.1—2018 GB/T 18103—2022	长度≤ 500mm 时，公称长度与每个测量值之差绝对值≤ 0.5mm； 长度＞ 500mm 时，公称长度与每个测量值之差绝对值≤ 1.0mm； 公称宽度与平均宽度之差绝对值≤ 0.3mm，宽度最大值与最小值之差≤ 0.3mm； 公称厚度与平均厚度之差绝对值≤ 0.3mm； 厚度最大值与最小值之差≤ 0.4mm	
	环保要求	GB/T 18580—2017 GB 50005—2017	E1	
结构		GB/T 19995.2—2005	应仔细考虑场地的主要用途，来决定需要的木地板场地结构	
性能	冲击吸收	GB/T 19995.2—2005	≥ 53%	≥ 40%
	球反弹率	GB/T 19995.2—2005	≥ 90%	≥ 75%
	滚动负荷	GB/T 19995.2—2005	≥ 1500N	≥ 1500N
	滑动摩擦系数	GB/T 19995.2—2005	0.4~0.6	0.4~0.7
	标准垂直变形	GB/T 19995.2—2005	≥ 2.3mm	N/A
	垂直变形率 W_{500}	GB/T 19995.2—2005	≤ 15%	N/A
平整度		GB/T 19995.2—2005	间隙≤ 2mm 场地任意间距 15m 的两点高差≤ 15mm	
涂层性能		GB/T 19995.2—2005	涂层颜色不应影响赛场区画线的辨认，反光不应影响运动员的发挥，并具有耐磨、防滑、难燃的特性	
通风设施		GB/T 19995.2—2005	体育地板结构宜具有通风设施，该设施既能起到良好的通风作用，又要布置合理，不可设在比赛区域内，其颜色和面层相同或相近	
防变形措施		GB/T 19995.2—2005	面层应采取防变形措施，避免地板因外界环境变化而发生影响正常使用的起翘、下凹等各种变形	
特殊要求		GB/T 19995.2—2005	在使用场馆时，噪声的扩散和振动的传播等地板层的特性应符合合同双方的约定	

表 5.14　沙滩排球场地面层检测要求

指标	依据标准	测试方法	要求
比赛场区	国际排联官方沙排竞赛规则	使用钢卷尺或更高精度的长度测量仪器进行测量	比赛场区包括比赛场地和无障碍区，必须是对称的长方形。比赛场地长为 16 米、宽为 8 米；比赛场区边线外的无障碍区宽应为 5 米，端线外的无障碍区宽应为 6.5 米；比赛场地上空的无障碍空间至少高 12.5 米
比赛场地的地面	国际排联官方沙排竞赛规则	—	场地的地面必须是水平的沙滩，尽可能平坦和划一，没有石块、壳类及其他可能造成运动员损伤的杂物。举办国际排联比赛及正式国际比赛的场地，沙地必须至少有 40 厘米深，并由松软的细沙组成。比赛场地的地面不得有任何可能伤害运动员的隐患。国际排联比赛以及正式国际比赛的场地，其沙子应该是筛选过的，不可太粗糙，不得有石块和危险的颗粒；也不能太细，以免造成粉尘黏在皮肤上。举办国际排联比赛及正式国际比赛的场地，建议应备有防水苫布，在下雨时遮盖主比赛场地
场地上的界线	国际排联官方沙排竞赛规则	使用钢卷尺或更高精度的长度测量仪器进行测量	所有的界线宽为 5 厘米。界线必须是与沙滩对比明显的颜色。即两条边线和两条端线划定比赛场地的范围，没有中线，边线和端线都包括在比赛场地的面积之内。场地界线应由抗腐蚀材料的带子制成，露在地面的固定装置必须是柔软和有韧性的
区与区域	国际排联官方沙排竞赛规则	使用钢卷尺或更高精度的长度测量仪器进行测量	比赛场地；发球区和无障碍区组成比赛场区。发球区宽 8 米，在端线后，一直延伸到无障碍区的终端

四、场地规格画线

排球及沙滩排球场地规格画线要求详见图 5.9 至图 5.12。

五、LED 显示屏、标准时钟系统及升降旗的项目指标要求

LED 显示屏、标准时钟系统及升降旗的项目指标要求应分别依据附录 C、附录 D 及附录 E 的相关规定。

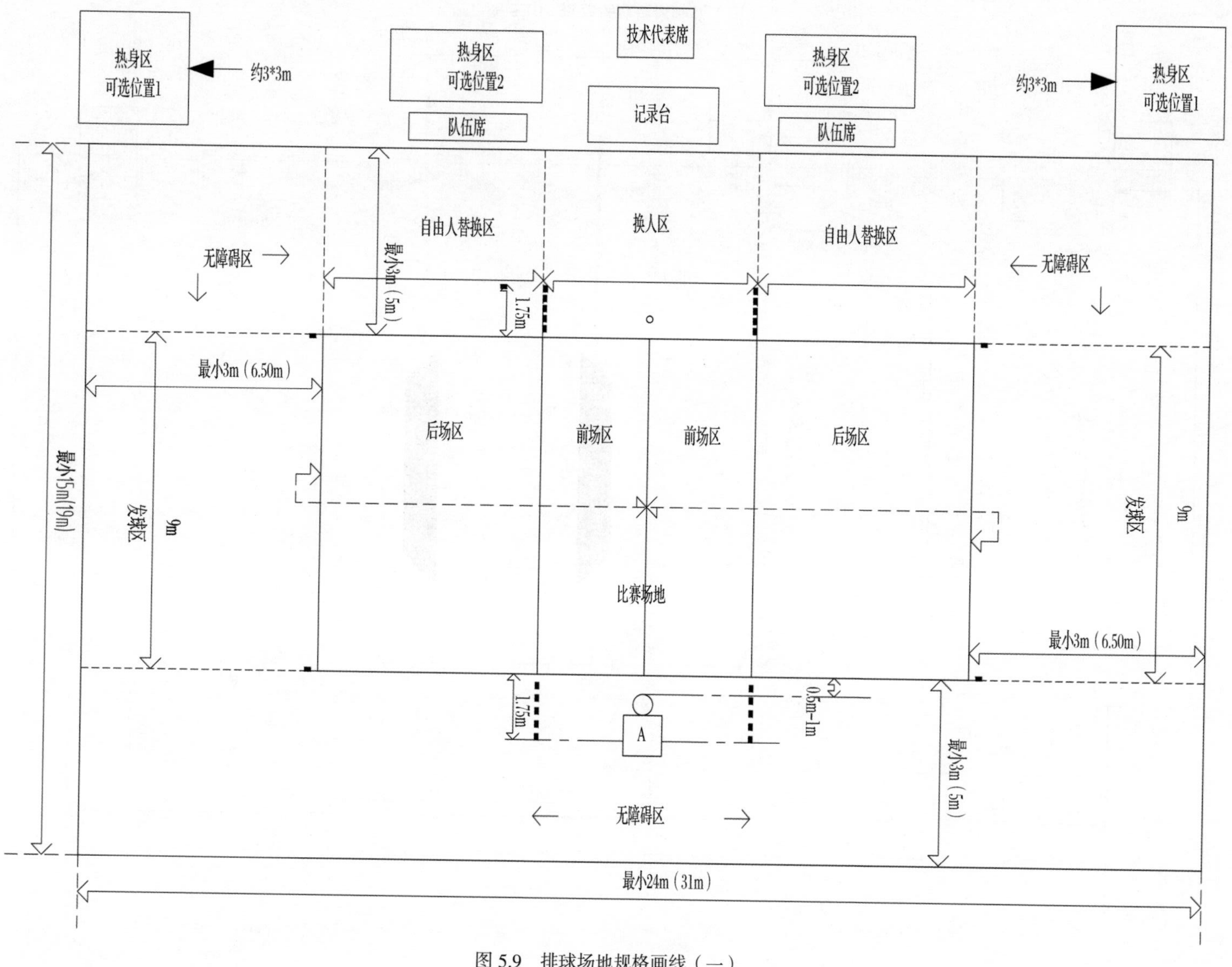

图 5.9 排球场地规格画线（一）

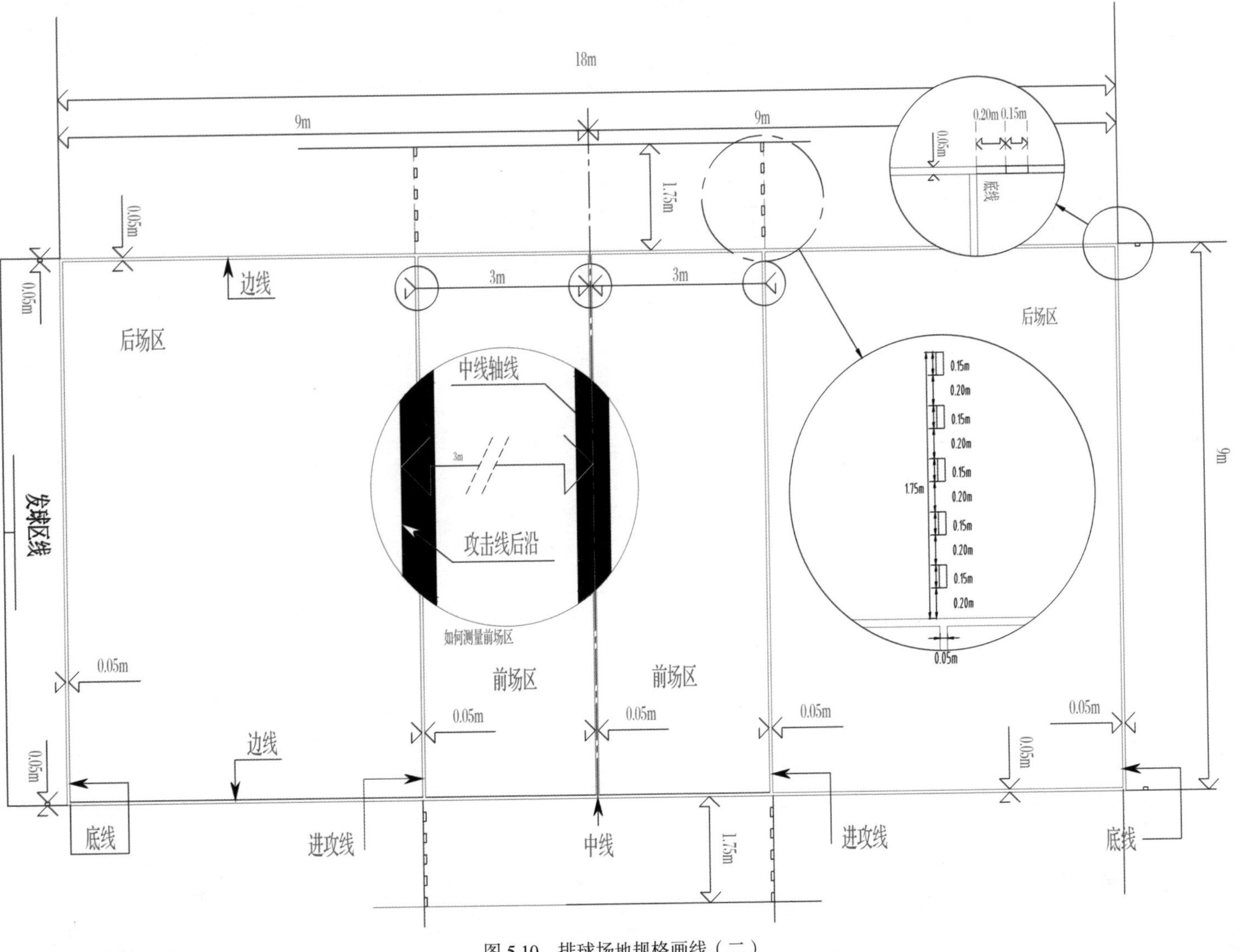

图 5.10　排球场地规格画线（二）

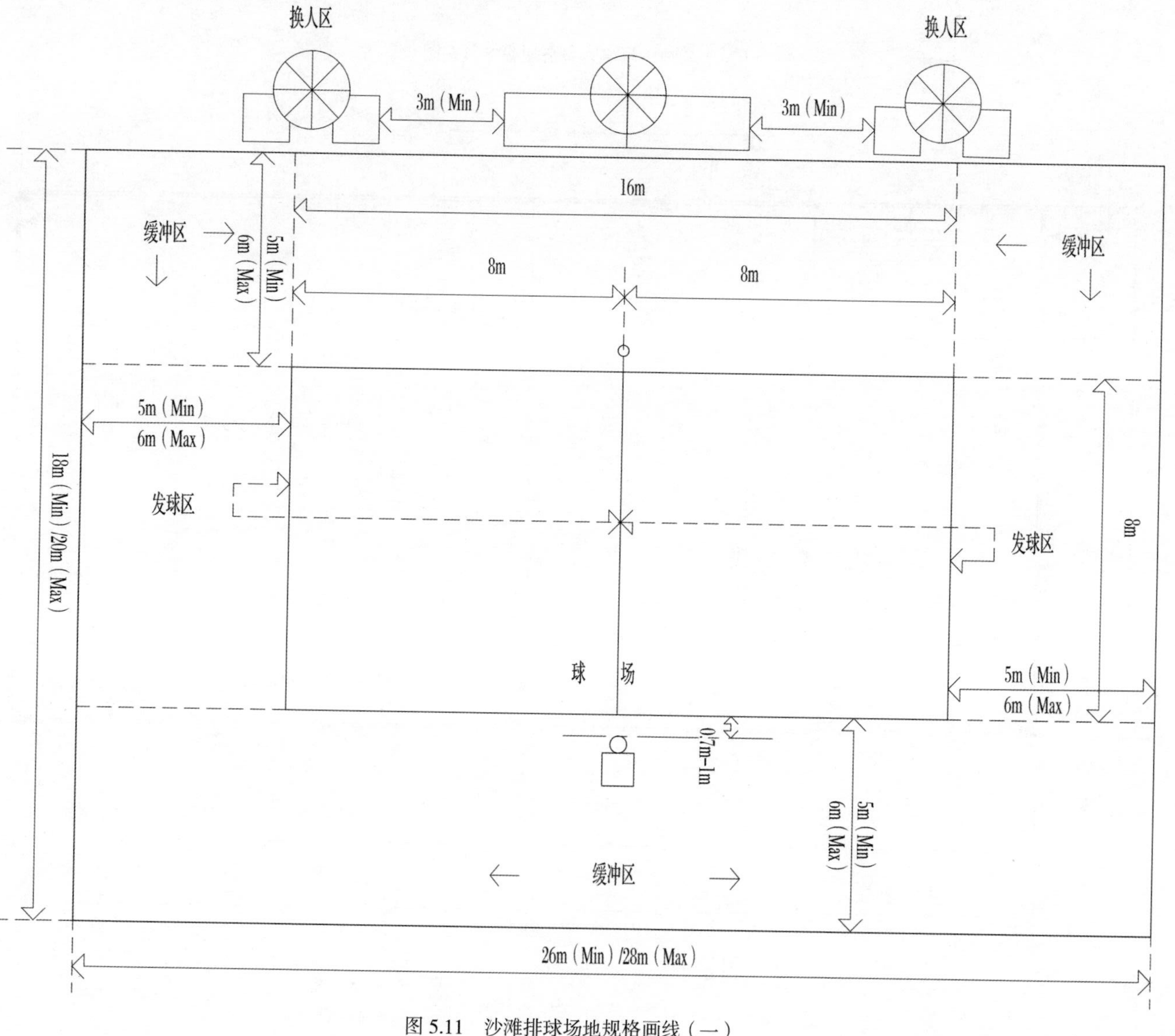

图 5.11 沙滩排球场地规格画线（一）

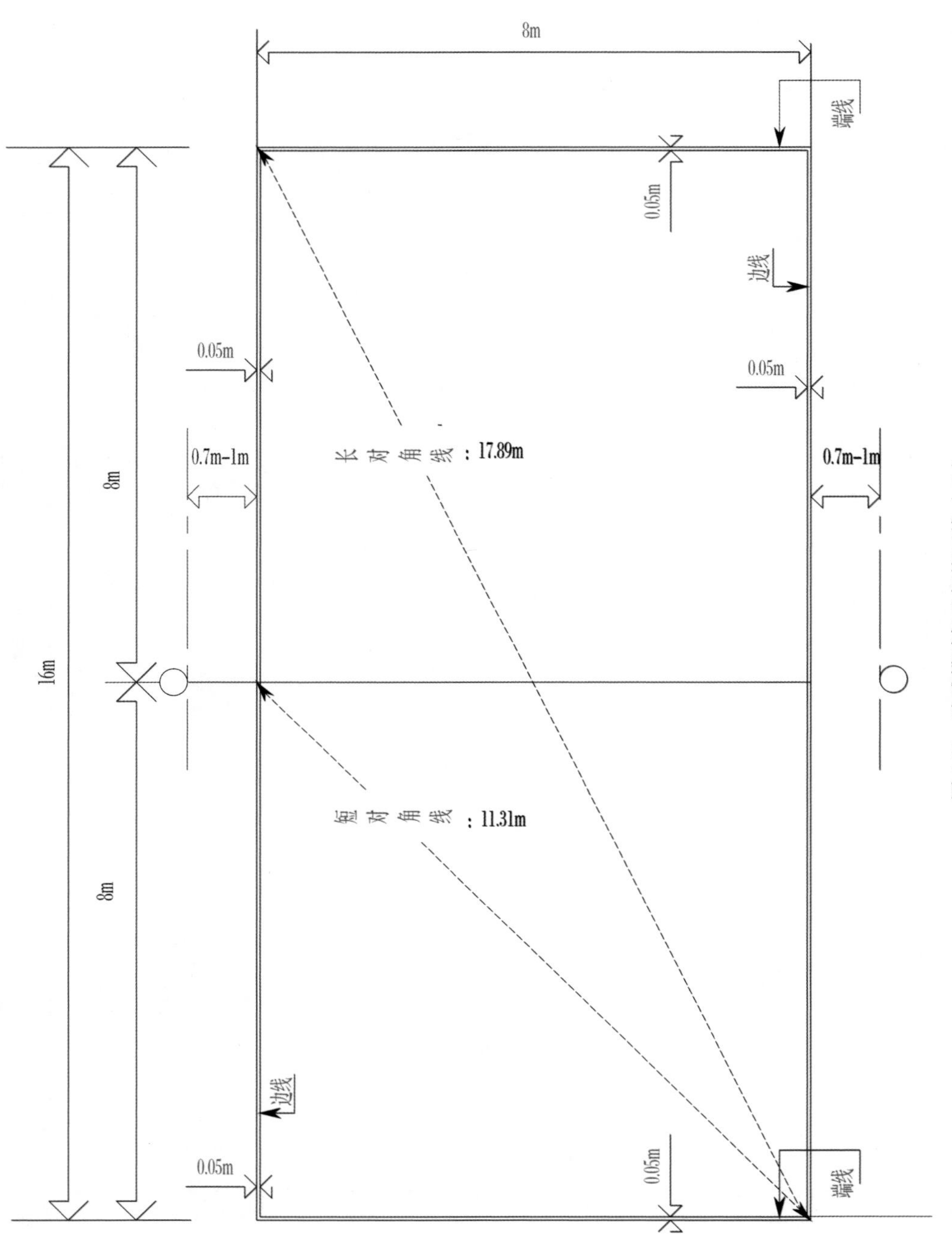

图 5.12 沙滩排球场地规格画线（二）

5.4 跳水比赛场馆的体育工艺检测项目指标

一、扩声系统

跳水比赛场馆的扩声系统现场检测程序依据附录 A，扩声系统检测要求见表 5.15。

表 5.15 跳水比赛场馆扩声系统检测要求

检测类别	检测依据	检测内容	指标	级别
扩声系统	JGJ/T 131—2012 体育场馆声学设计及测量规程	最大声压级	≥ 105dB	一级
			≥ 100dB	二级
			≥ 95dB	三级
		传输频率特性	125 ~ 4000Hz：−4 ~ +4dB 100Hz、5000Hz：−6 ~ +4dB 80Hz、6300Hz：−8 ~ +4dB 63Hz、8000Hz：−10 ~ +4dB	一级
			125 ~ 4000Hz：−6 ~ +4dB 100Hz、5000Hz：−8 ~ +4dB 80Hz、6300Hz：−10 ~ +4dB 63Hz、8000Hz：−12 ~ +4dB	二级
		传输频率特性	250 ~ 4000Hz：−8 ~ +4dB 200Hz、5000Hz：−10 ~ +4dB 160Hz、6300Hz：−12 ~ +4dB 125Hz、8000Hz：−14 ~ +4dB	三级
		传声增益	125 ~ 4000Hz：≥ −10dB	一级
			125 ~ 4000Hz：≥ −12dB	二级
			250 ~ 4000Hz：≥ −12dB	三级
		稳态声场不均匀度	1000Hz、4000Hz：≤ 8dB	一级
			1000Hz、4000Hz：≤ 10dB	二级
			1000Hz：≤ 10dB	三级
		系统噪声	扩声系统不产生明显可察觉的噪声干扰	一级
			扩声系统不产生明显可察觉的噪声干扰	二级
			扩声系统不产生明显可察觉的噪声干扰	三级

续表

检测类别	检测依据	检测内容	指标	级别
扩声系统	JGJ/T 131—2012 体育场馆声学设计及测量规程	语言传输指数	≥ 0.5	一级
			≥ 0.5	二级
			≥ 0.5	三级
		混响时间	不同容积比赛大厅 500~1000Hz 满场混响时间： 容积＜ 40000m^3，混响时间 1.3~1.4s； 容积 40000~80000m^3，混响时间 1.4~1.6s； 容积 80000~160000m^3，混响时间 1.6~1.8s； 容积＞ 160000m^3，混响时间 1.9~2.1s	—
			各频率混响时间相对于 500~1000Hz 混响时间的比值： 频率 125Hz，比值 1.0~1.3； 频率 250Hz，比值 1.0~1.2； 频率 2000Hz，比值 0.9~1.0； 频率 4000Hz，比值 0.8~1.0	

注：当比赛大厅容积大于表中列出的最大容积的 1 倍以上时，混响时间可比 2.1s 适当延长。

二、照明系统

跳水馆的照明系统现场检测程序依据附录 B，照明系统检测要求见表 5.16。

表 5.16　跳水馆照明系统检测要求

检测类别	检测依据	检测内容	指标	级别
照明系统	JGJ 153—2016 体育场馆照明设计及检测标准	水平照度	200 lx	Ⅰ
			300 lx	Ⅱ
			500 lx	Ⅲ
			—	Ⅳ
			—	Ⅴ
			—	Ⅵ
		水平照度均匀度	U_1：—；$U_2 \geq 0.3$	Ⅰ
			$U_1 \geq 0.3$；$U_2 \geq 0.5$	Ⅱ
			$U_1 \geq 0.4$；$U_2 \geq 0.6$	Ⅲ
			$U_1 \geq 0.5$；$U_2 \geq 0.7$	Ⅳ
			$U_1 \geq 0.6$；$U_2 \geq 0.8$	Ⅴ

续表

检测类别	检测依据	检测内容	指标	级别
照明系统	JGJ 153—2016 体育场馆照明设计及检测标准	水平照度均匀度	$U_1 \geqslant 0.7$；$U_2 \geqslant 0.8$	Ⅵ
		垂直照度	—	Ⅰ
			—	Ⅱ
			—	Ⅲ
			$E_{vmai} \geqslant 1000lx$；$E_{vaux} \geqslant 750\ lx$	Ⅳ
			$E_{vmai} \geqslant 1400\ lx$；$E_{vaux} \geqslant 1000lx$	Ⅴ
			$E_{vmai} \geqslant 2000\ lx$；$E_{vaux} \geqslant 1400\ lx$	Ⅵ
		垂直照度均匀度	—	Ⅰ
			—	Ⅱ
			—	Ⅲ
			E_{vmai}：$U_1 \geqslant 0.4$；$U_2 \geqslant 0.6$ E_{vaux}：$U_1 \geqslant 0.3$；$U_2 \geqslant 0.5$	Ⅳ
			E_{vmai}：$U_1 \geqslant 0.5$；$U_2 \geqslant 0.7$ E_{vaux}：$U_1 \geqslant 0.3$；$U_2 \geqslant 0.5$	Ⅴ
			E_{vmai}：$U_1 \geqslant 0.6$；$U_2 \geqslant 0.7$ E_{vaux}：$U_1 \geqslant 0.4$；$U_2 \geqslant 0.6$	Ⅵ
		色温	≥ 4000K	Ⅰ
			≥ 4000K	Ⅱ
			≥ 4000K	Ⅲ
			≥ 4000K	Ⅳ
			≥ 4000K	Ⅴ
			≥ 5500K	Ⅵ
		显色指数	≥ 65	Ⅰ
			≥ 65	Ⅱ
			≥ 65	Ⅲ
			≥ 80	Ⅳ
			≥ 80	Ⅴ
			≥ 90	Ⅵ
		应急照明	≥ 20 lx	Ⅰ
			≥ 20 lx	Ⅱ

续表

检测类别	检测依据	检测内容	指标	级别
照明系统	JGJ 153—2016 体育场馆照明设计及检测标准	应急照明	≥ 20 lx	Ⅲ
			≥ 20 lx	Ⅳ
			≥ 20 lx	Ⅴ
			≥ 20 lx	Ⅵ

三、场地规格尺寸

跳水馆的跳板和跳台表面应防滑，数量和布置方式应符合竞赛规则的要求。跳板、跳台规格尺寸及安装位置见表 5.17、表 5.18、图 5.13 至图 5.16。

四、LED 显示屏、标准时钟系统及升降旗的项目指标要求

LED 显示屏、标准时钟系统及升降旗的项目指标要求应分别依据附录 C、附录 D 及附录 E 的相关规定。

表 5.17 跳水设备规格尺寸及安装位置（一）

跳水设备的规格			跳板				跳台									
			1 m		3 m		1 m		3 m		5 m		7.5 m		10 m	
		长度	4.88		4.88		5.00		5.00		6.00		6.00		6.00	
		宽度	0.50		0.50		最小 1.00 推荐 2.90		最小 1.00 推荐 2.00		2.90		2.00		3.00	
		高度	1.00		3.00		最小 0.60 推荐 1.00		最小 2.60 推荐 3.00		5.00		7.50		10.00	
			水平	垂直	水平	垂直	水平	垂直	水平	垂直	水平	垂直	水平	垂直	水平	垂直
A	从混凝土跳台垂直线到后池壁距离	标号	A-1		A-3		A-1P		A-3P		A-5		A-7.5		A-10	
		最小值	2.22		2.22		0.75		1.25		1.25		1.25		1.50	
		推荐	2.22		2.22		0.75		1.25		1.25		1.25		1.50	
	从基座和金属支架垂直线到后池壁的距离	最小值	1.50		1.50											
		推荐	1.83		1.83											
A/A	跳台边缘与正下方跳台边缘垂直线水平距离	标号									A/A 5/1		A/A 7.5/3, 1		A/A 10/5, 3, 1	
		最小值									0.75		0.75		0.75	
		推荐									1.25		1.25		1.25	
B	从板（台）垂直线到两侧池壁距离	标号	B-1		B-3		B-1P		B-3P		B-5		B-7.5		B-10	
		最小值	2.50		3.50		2.50		3.00		4.00		4.50		5.75	
		推荐	2.50		3.50		2.50		3.60		4.50		4.75		5.75	
C	从板（台）垂直线到临近板（台）垂直线间的距离	标号	C1-1		C3-3, C3-1		C1-1P		C3-3P, 1P		C5-3, 5-1		C7.5-5, 3, 1		C10-7.5, 5, 3, 3	
		最小值	2.00		2.20		1.85		2.20		2.85		2.75		3.00	
		推荐	2.00		2.60		2.15		2.35		2.85		2.75		3.00	

表 5.18 跳水设备的规格尺寸及安装位置（二）

D	从板（台）垂直线到前池壁距离	标号	D-1		D-3		D-1P		D-3P		D-5		D-7.5		D-10	
		最小值	9.0		10.25		8.00		9.50		10.25		11.00		13.50	
		推荐	9.0		10.25		8.00		9.50		10.25		11.00		13.50	
E	从板端（垂直线上）面到顶棚高度	标号		E-1		E-3		E-1P		E-3P		E-5		E-7.5		E-10
		最小值		5.00		5.00		3.25		3.25		3.25		3.25		4.00
		推荐		5.00		5.00		3.50		3.50		3.50		3.50		5.00
F	从板（台）垂直线到后上方和两侧上方无障碍的空间距离	标号	F-1	E-1	F-3	E-3	F-1P	E-1P	F-3P	E-3P	F-5	E-5	F-7.5	E-7.5	F-10	E-10
		最小值	2.50	5.00	2.50	5.00	2.75	3.25	2.75	3.25	2.75	3.25	2.75	3.25	2.75	4.00
		推荐	2.50	5.00	2.50	5.00	2.75	3.50	2.75	3.50	2.75	3.50	2.75	3.50	2.75	5.00
G	从板（台）垂直线到前上方无障碍物的空间距离	标号	G-1	E-1	G-3	E-3	G-1P	E-1P	G-3P	E-3P	G-5	E-5	G-7.5	E-7.5	G-10	E-10
		最小值	5.00	5.00	5.00	5.00	5.00	3.25	5.00	3.25	5.00	3.25	5.00	3.25	6.00	4.00
		推荐	5.00	5.00	5.00	5.00	5.00	3.50	5.00	3.50	5.00	3.50	5.00	3.50	6.00	5.00
H	在板（台）垂直线下面的水深	标号		H-1		H-3		H-1P		H-3P		H-5		H-7.5		H-10
		最小值		3.40		3.70		3.20		3.50		3.70		4.10		4.50
		推荐		3.50		3.80		3.30		3.60		3.80		4.50		5.00
J K	在板（台）垂直线前方一定距离处的水深	标号	J-1	K-1	J-3	K-3	J-1P	K-1P	J-3P	K-3P	J-5	K-5	J-7.5	K-7.5	J-10	K-10
		最小值	5.00	3.30	6.00	3.60	4.50	3.10	5.50	3.40	6.00	3.60	8.00	4.00	11.00	4.25
		推荐	5.00	3.40	6.00	3.70	4.50	3.20	5.50	3.50	6.00	3.70	8.00	4.00	11.00	4.75
L M	在板（台）垂直线每侧一定距离处的水深	标号	L-1	M-1	L-3	M-3	L-1P	M-1P	L-3P	M-3P	L-5	M-5	L-7.5	M-7.5	M-10	L-10
		最小值	1.50	3.30	2.00	3.60	1.40	3.10	1.80	3.40	3.00	3.60	3.75	4.00	4.50	4.25
		推荐	2.00	3.40	2.50	3.70	1.90	3.20	2.30	3.50	3.50	3.70	4.50	4.40	5.25	4.75
N	池深和顶棚高度在规定的范围外降低尺寸的最大角度为 30°															

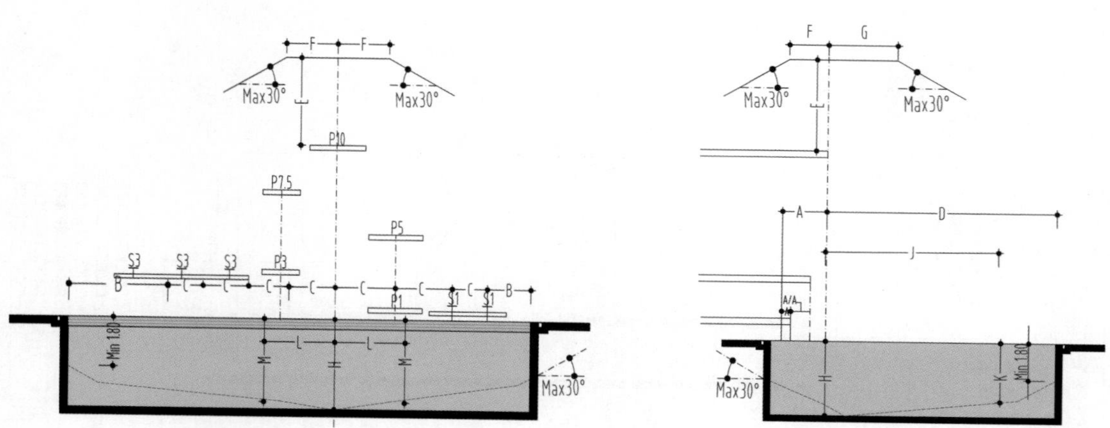

图 5.13 跳水设备的规格尺寸及安装位置（三）

单位：m

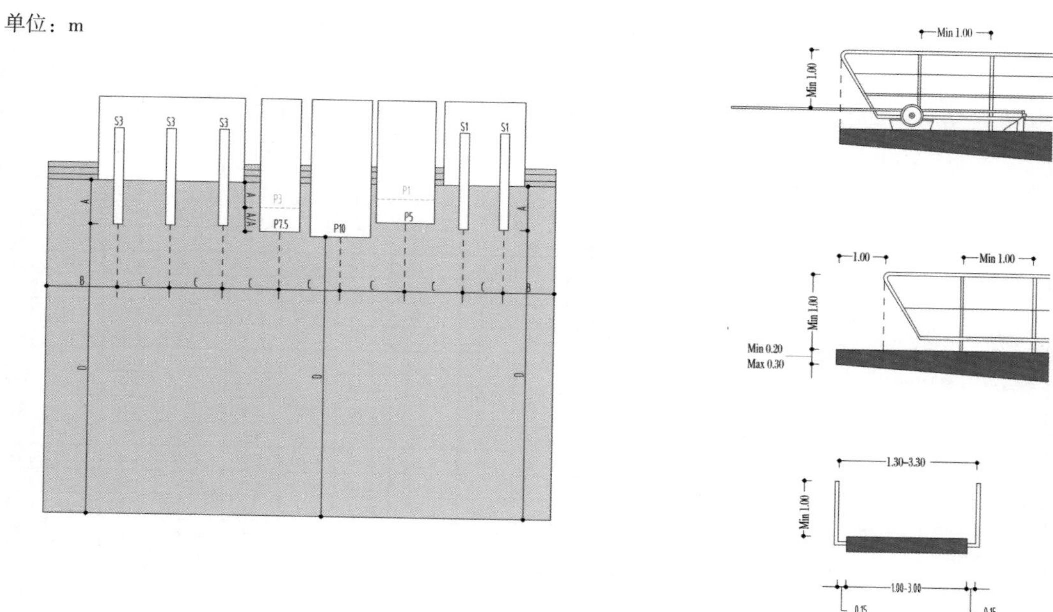

图 5.14　跳水设备的规格尺寸及安装位置（四）

单位：m

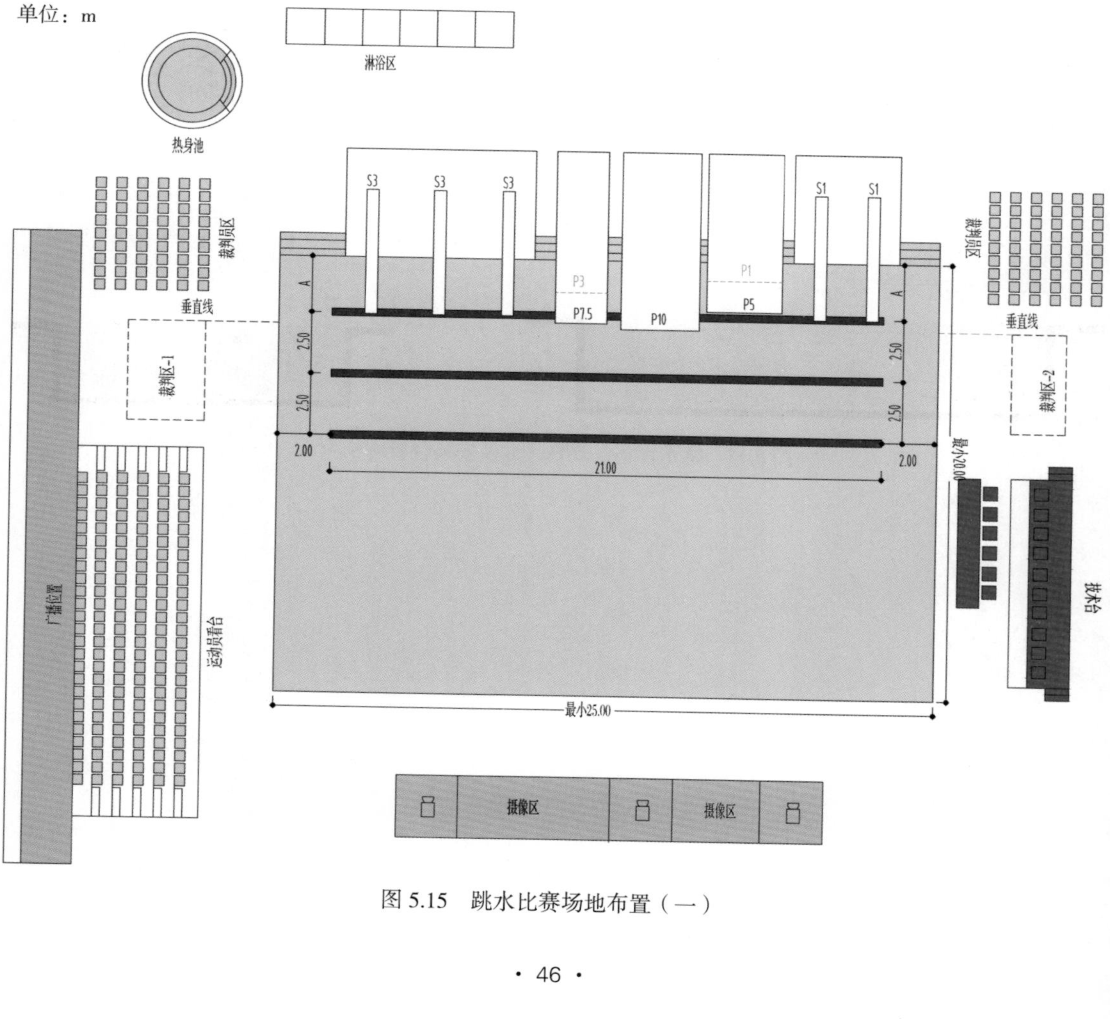

淋浴区
热身池
裁判员区
垂直线
裁判区-1
广播位置
运动员看台
S3
S3
S3
P3
P7.5
P10
P1
P5
S1
S1
A
2.50
2.50
2.00
21.00
2.00
最小20.00
最小25.00
裁判员区
垂直线
裁判区-2
技术台
摄像区
摄像区

图 5.15　跳水比赛场地布置（一）

单位：m

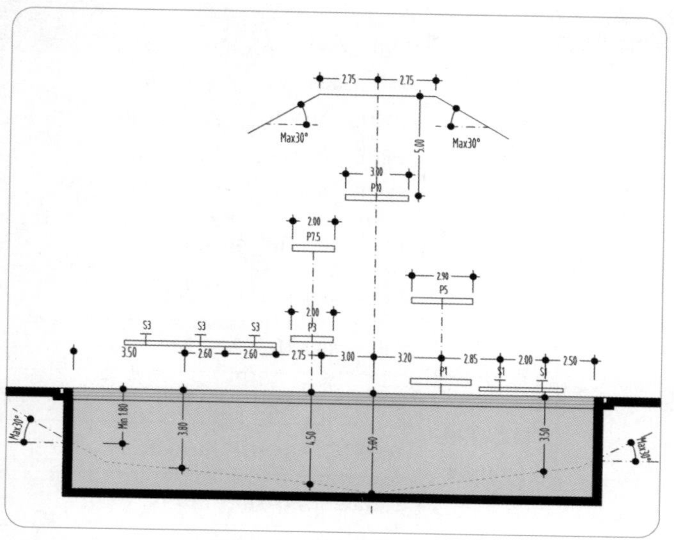

图 5.16　跳水比赛场地布置（二）

5.5　游泳比赛场馆的体育工艺检测项目指标

一、扩声系统

游泳比赛场馆的扩声系统现场检测程序依据附录 A，扩声系统检测要求见表 5.19。

表 5.19　游泳比赛场馆扩声系统检测要求

检测类别	检测依据	检测内容	指标	级别
扩声系统	JGJ/T 131—2012 体育场馆声学设计及测量规程	最大声压级	≥ 105dB	一级
			≥ 100dB	二级
			≥ 95dB	三级
		传输频率特性	125 ~ 4000Hz：-4 ~ +4dB 100Hz、5000Hz：-6 ~ +4dB 80Hz、6300Hz：-8 ~ +4dB 63Hz、8000Hz：-10 ~ +4dB	一级
			125 ~ 4000Hz：-6 ~ +4dB 100Hz、5000Hz：-8 ~ +4dB 80Hz、6300Hz：-10 ~ +4dB 63Hz、8000Hz：-12 ~ +4dB	二级

续表

检测类别	检测依据	检测内容	指标	级别
扩声系统	JGJ/T 131—2012 体育场馆声学设计及测量规程	传输频率特性	250 ~ 4000Hz：−8 ~ +4dB 200Hz、5000Hz：−10 ~ +4dB 160Hz、6300Hz：−12 ~ +4dB 125Hz、8000Hz：−14 ~ +4dB	三级
		传声增益	125 ~ 4000Hz：≥ −10dB	一级
			125 ~ 4000Hz：≥ −12dB	二级
			250 ~ 4000Hz：≥ −12dB	三级
		稳态声场不均匀度	1000Hz、4000Hz：≤ 8dB	一级
			1000Hz、4000Hz：≤ 10dB	二级
			1000Hz：≤ 10dB	三级
		系统噪声	扩声系统不产生明显可察觉的噪声干扰	一级
			扩声系统不产生明显可察觉的噪声干扰	二级
			扩声系统不产生明显可察觉的噪声干扰	三级
		语言传输指数	≥ 0.5	一级
			≥ 0.5	二级
			≥ 0.5	三级
		混响时间	不同容积比赛大厅 500~1000Hz 满场混响时间： 容积＜ 40000m^3，混响时间 1.3~1.4s； 容积 40000~80000m^3，混响时间 1.4~1.6s； 容积 80000~160000m^3，混响时间 1.6~1.8s； 容积＞ 160000m^3，混响时间 1.9~2.1s	—
			各频率混响时间相对于 500~1000Hz 混响时间的比值： 频率 125Hz，比值 1.0~1.3； 频率 250Hz，比值 1.0~1.2； 频率 2000Hz，比值 0.9~1.0； 频率 4000Hz，比值 0.8~1.0	

注：当比赛大厅容积大于表中列出的最大容积的 1 倍以上时，混响时间可比 2.1s 适当延长。

二、照明系统

游泳比赛场馆的照明系统现场检测程序依据附录 B，游泳比赛场馆的照明系统应在泳池处于正常水位时，在水面的水平面上方检测。游泳馆的照明系统检测要求见表 5.20。

表 5.20 游泳馆照明系统检测要求

检测类别	检测依据	检测内容	指标	级别
照明系统	JGJ 153—2016 体育场馆照明设计及检测标准	水平照度	200 lx	Ⅰ
			300 lx	Ⅱ
			500 lx	Ⅲ
			—	Ⅳ
			—	Ⅴ
			—	Ⅵ
		水平照度均匀度	U_1：—；$U_2 \geqslant 0.3$	Ⅰ
			$U_1 \geqslant 0.3$；$U_2 \geqslant 0.5$	Ⅱ
			$U_1 \geqslant 0.4$；$U_2 \geqslant 0.6$	Ⅲ
			$U_1 \geqslant 0.5$；$U_2 \geqslant 0.7$	Ⅳ
			$U_1 \geqslant 0.6$；$U_2 \geqslant 0.8$	Ⅴ
			$U_1 \geqslant 0.7$；$U_2 \geqslant 0.8$	Ⅵ
		垂直照度	—	Ⅰ
			—	Ⅱ
			—	Ⅲ
			$E_{vmai} \geqslant$ 1000lx；$E_{vaux} \geqslant$ 750 lx	Ⅳ
			$E_{vmai} \geqslant$ 1400 lx；$E_{vaux} \geqslant$ 1000lx	Ⅴ
			$E_{vmai} \geqslant$ 2000 lx；$E_{vaux} \geqslant$ 1400 lx	Ⅵ
		垂直照度均匀度	—	Ⅰ
			—	Ⅱ
			—	Ⅲ
			E_{vmai}：$U_1 \geqslant 0.4$；$U_2 \geqslant 0.6$ E_{vaux}：$U_1 \geqslant 0.3$；$U_2 \geqslant 0.5$	Ⅳ
			E_{vmai}：$U_1 \geqslant 0.5$；$U_2 \geqslant 0.7$ E_{vaux}：$U_1 \geqslant 0.3$；$U_2 \geqslant 0.5$	Ⅴ
			E_{vmai}：$U_1 \geqslant 0.6$；$U_2 \geqslant 0.7$ E_{vaux}：$U_1 \geqslant 0.4$；$U_2 \geqslant 0.6$	Ⅵ
		色温	≥ 4000K	Ⅰ
			≥ 4000K	Ⅱ
			≥ 4000K	Ⅲ

续表

检测类别	检测依据	检测内容	指标	级别
照明系统	JGJ 153—2016 体育场馆照明设计及检测标准	色温	≥ 4000K	Ⅳ
			≥ 4000K	Ⅴ
			≥ 5500K	Ⅵ
		显色指数	≥ 65	Ⅰ
			≥ 65	Ⅱ
			≥ 65	Ⅲ
			≥ 80	Ⅳ
			≥ 80	Ⅴ
			≥ 90	Ⅵ
		应急照明	≥ 20 lx	Ⅰ
			≥ 20 lx	Ⅱ
			≥ 20 lx	Ⅲ
			≥ 20 lx	Ⅳ
			≥ 20 lx	Ⅴ
			≥ 20 lx	Ⅵ

三、场地规格尺寸

标准游泳池的基本尺寸、设施规格见图 5.17 至图 5.27。

四、LED 显示屏、标准时钟系统及升降旗的项目指标要求

LED 显示屏、标准时钟系统及升降旗的项目指标要求应分别依据附录 C、附录 D 及附录 E 的相关规定。

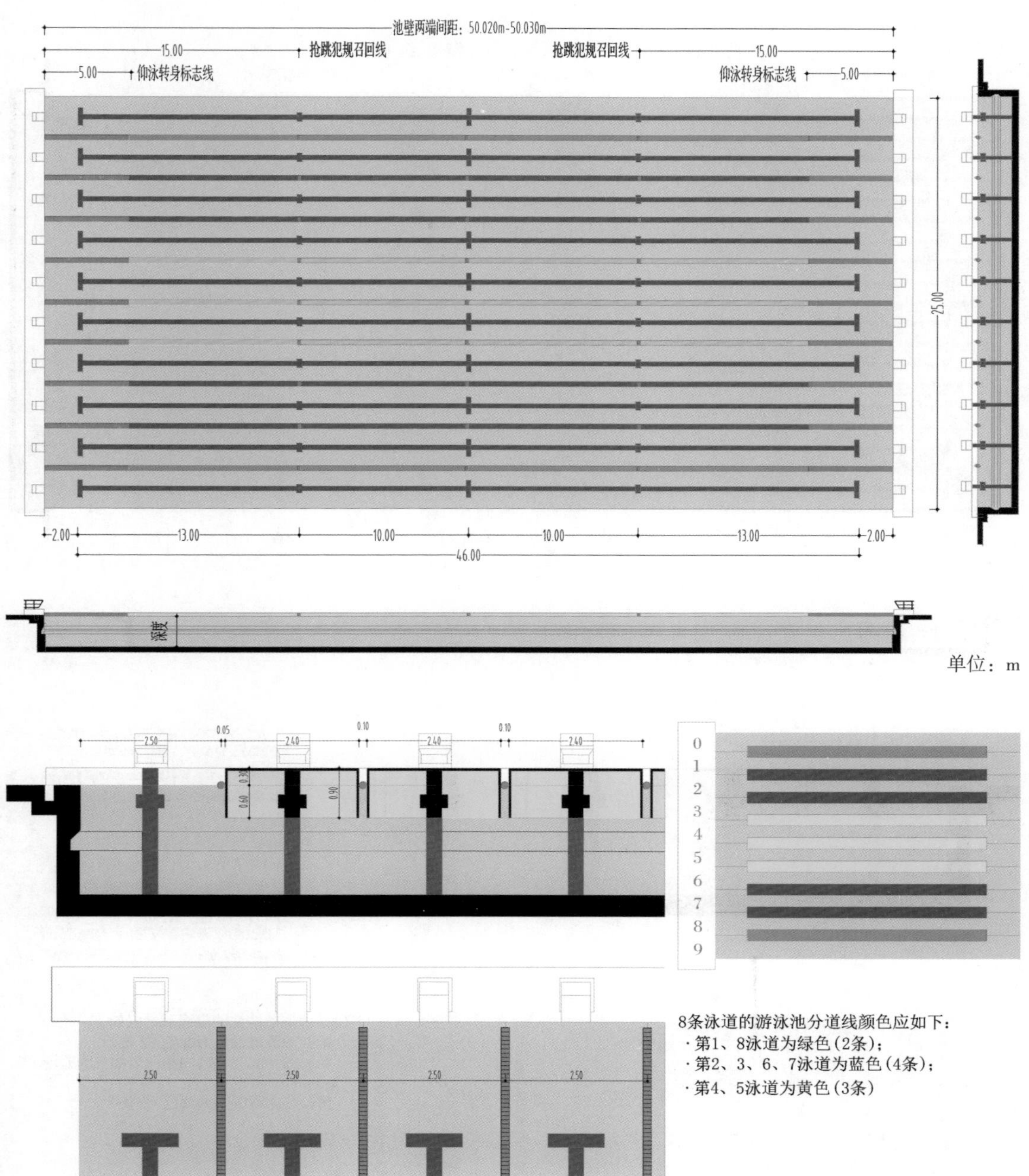

图 5.17 比赛游泳池设施规格尺寸（50m × 25m 游泳池，8 条泳道）

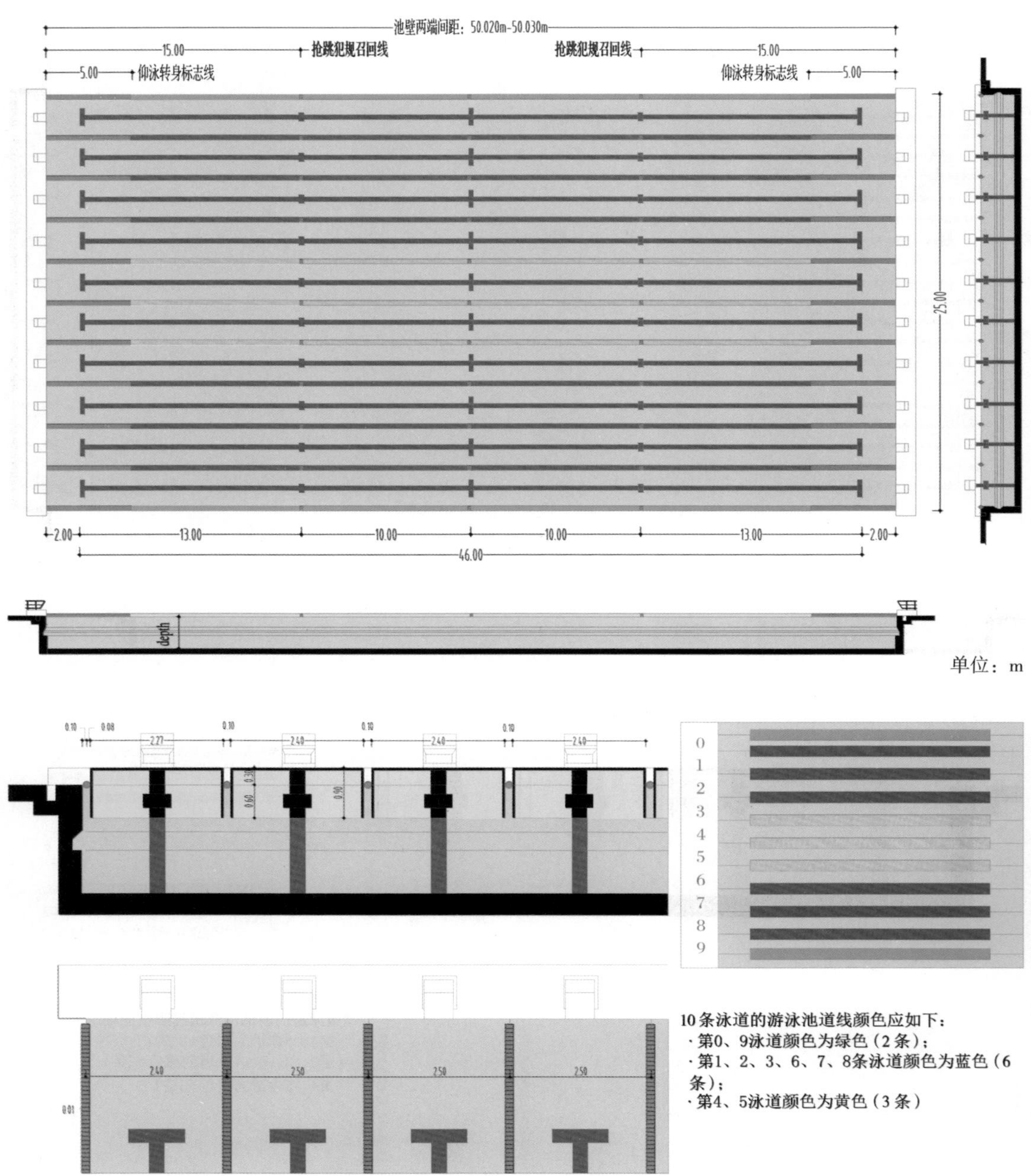

图 5.18　比赛游泳池设施规格尺寸（50m×25m 游泳池，10 条泳道）

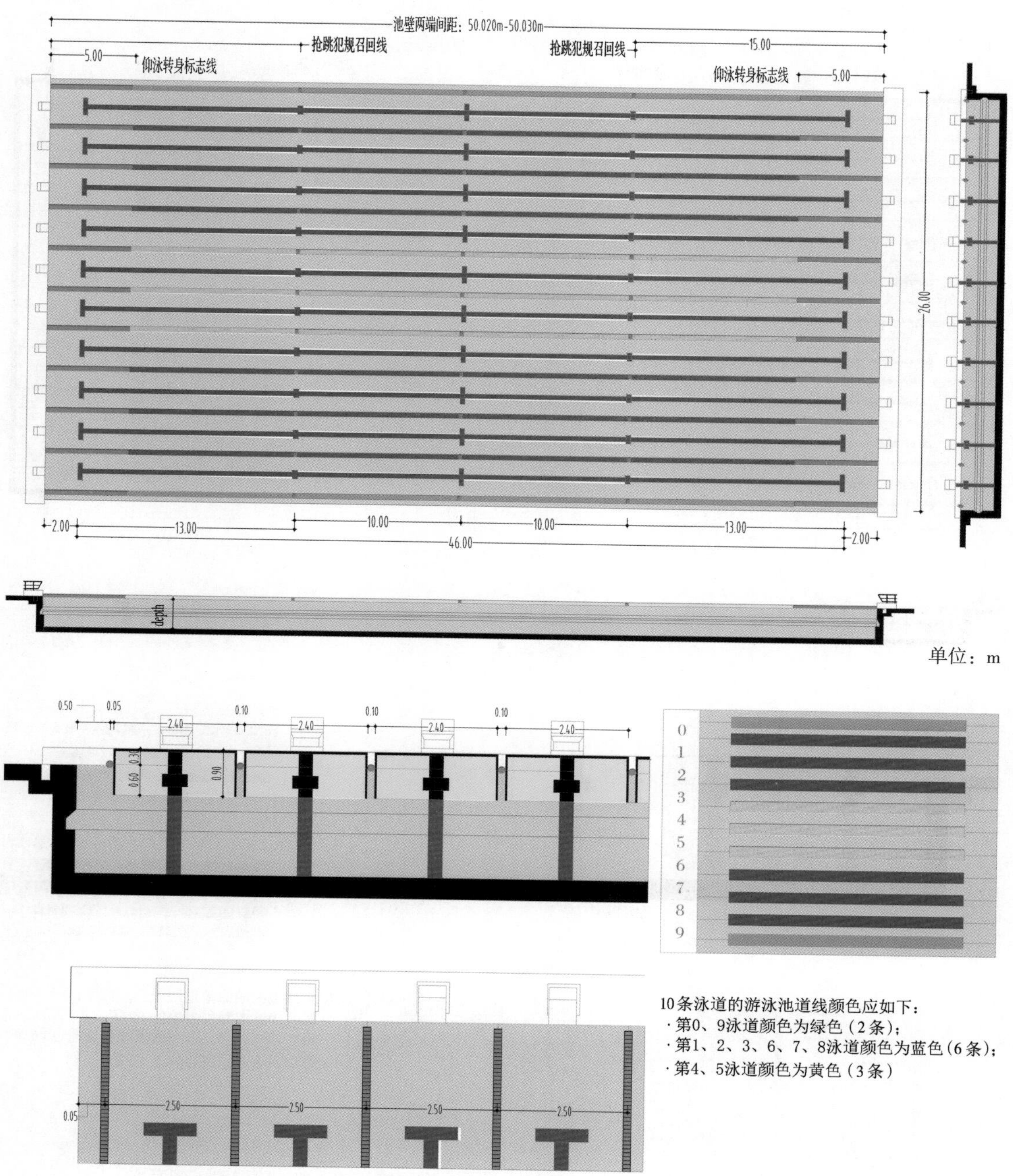

图 5.19　比赛游泳池设施规格尺寸（50m × 26m 游泳池，10 条泳道）

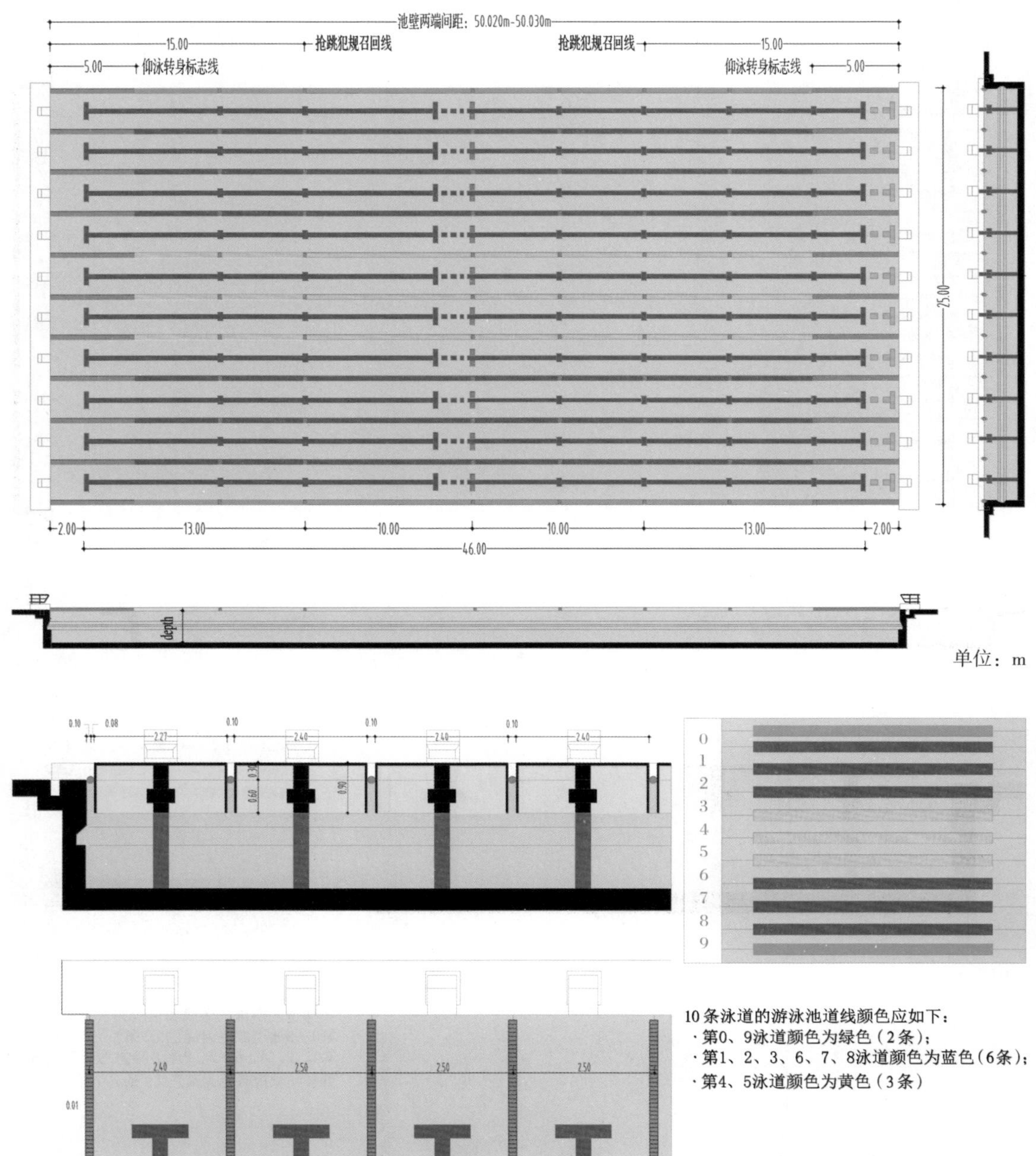

图 5.20　比赛游泳池设施规格尺寸（50m × 25m 有隔墙的游泳池，隔墙位于侧面）

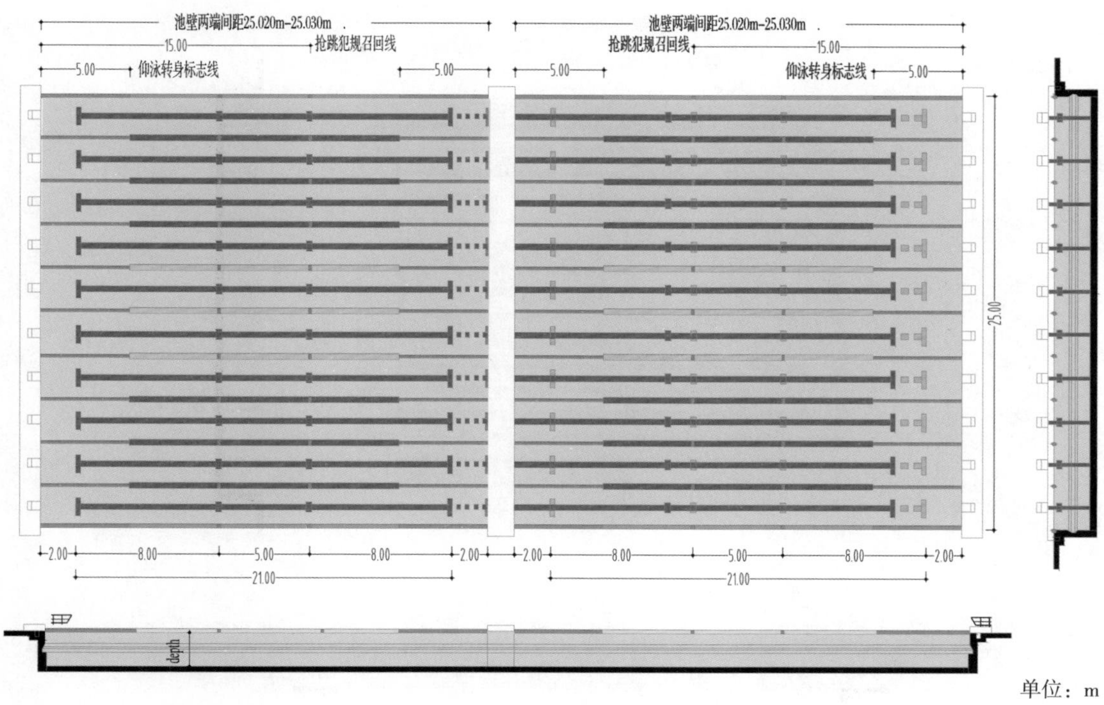

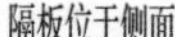

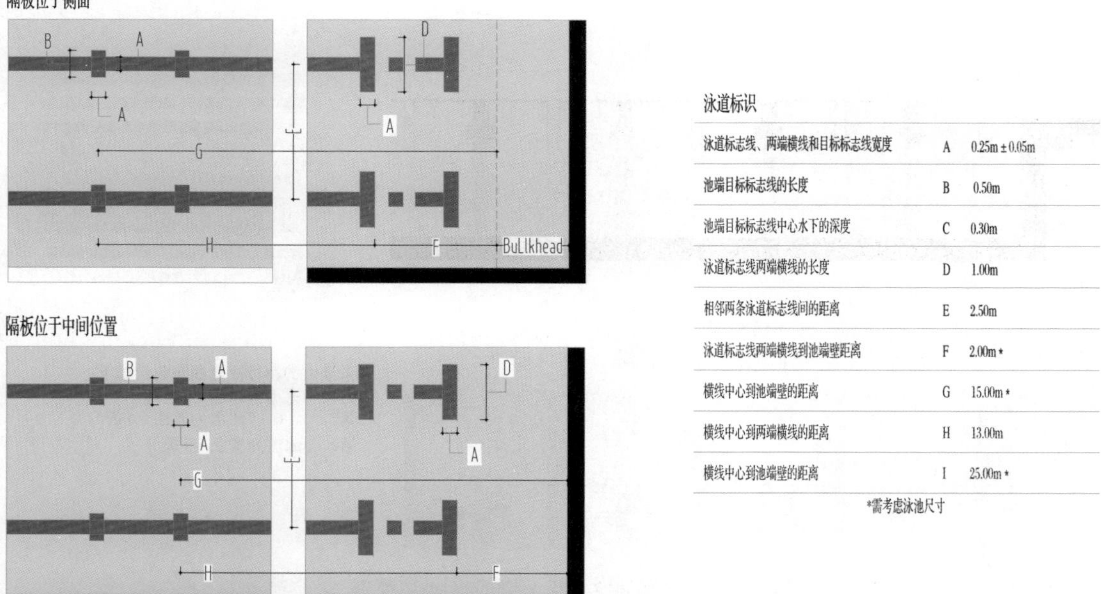

泳道标识

项目	代号	尺寸
泳道标志线、两端横线和目标标志线宽度	A	0.25m±0.05m
池端目标标志线的长度	B	0.50m
池端目标标志线中心水下的深度	C	0.30m
泳道标志线两端横线的长度	D	1.00m
相邻两条泳道标志线间的距离	E	2.50m
泳道标志线两端横线到池端壁距离	F	2.00m*
横线中心到池端壁的距离	G	15.00m*
横线中心到两端横线的距离	H	13.00m
横线中心到池端壁的距离	I	25.00m*

*需考虑泳池尺寸

图 5.21　比赛游泳池设施规格尺寸（50m × 25m 有隔墙的游泳池，隔墙位于中央）

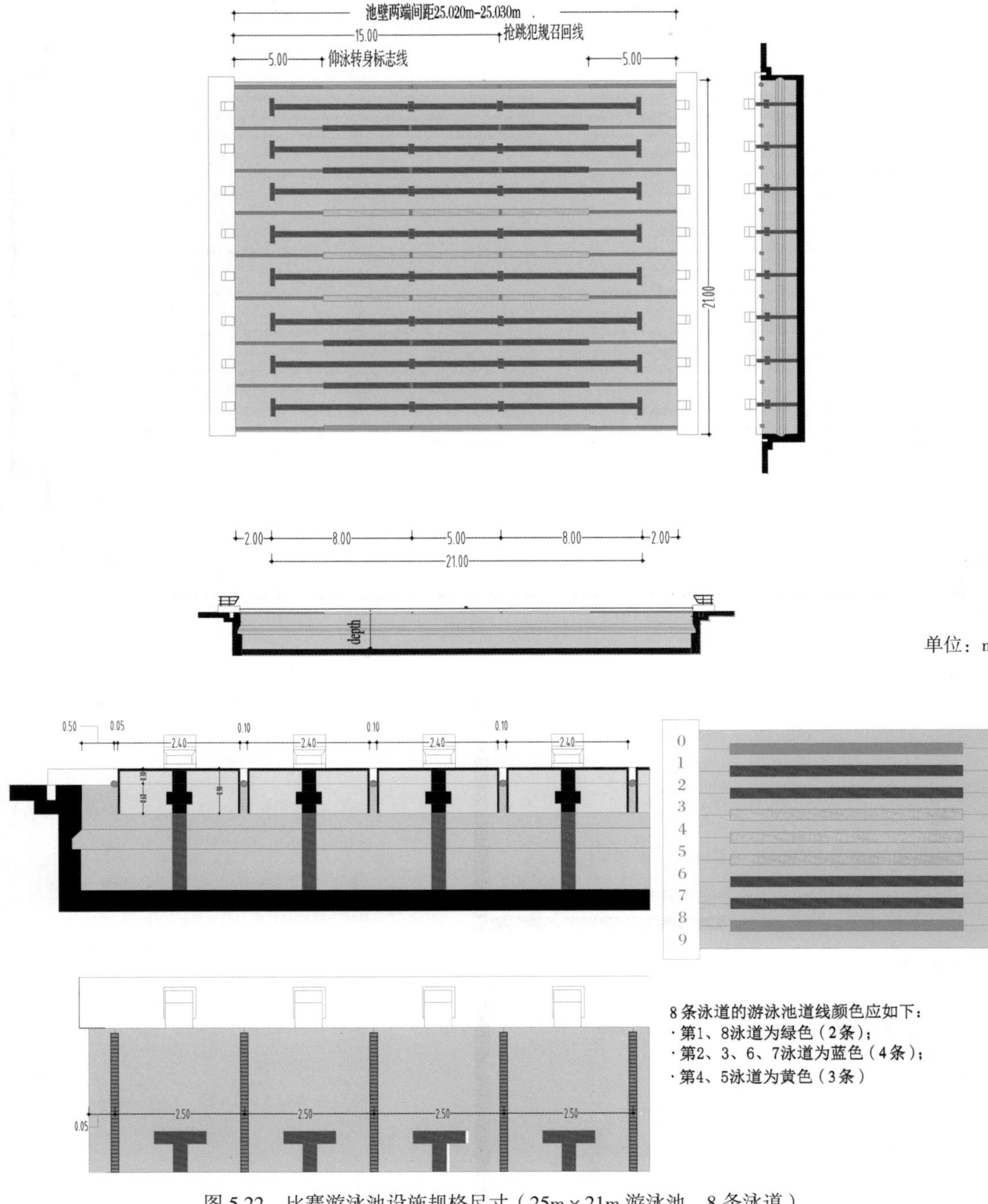

图 5.22　比赛游泳池设施规格尺寸（25m×21m 游泳池，8 条泳道）

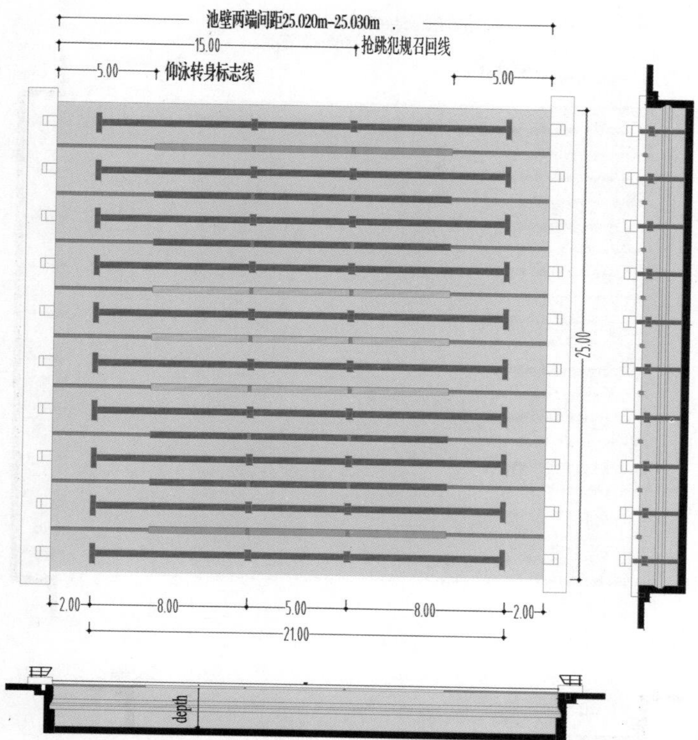

单位：m

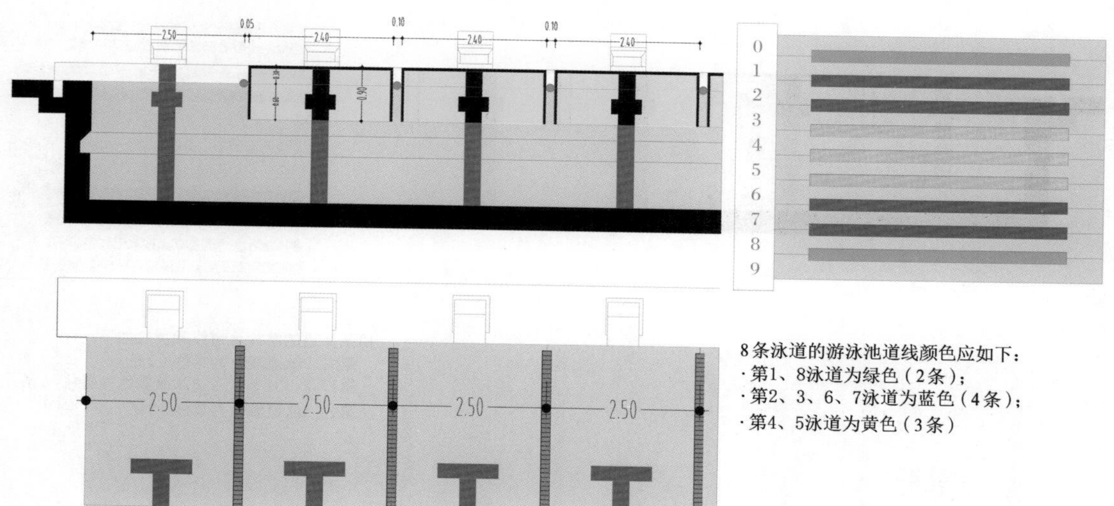

图 5.23　比赛游泳池设施规格尺寸（25m × 25m 游泳池，8 条泳道）

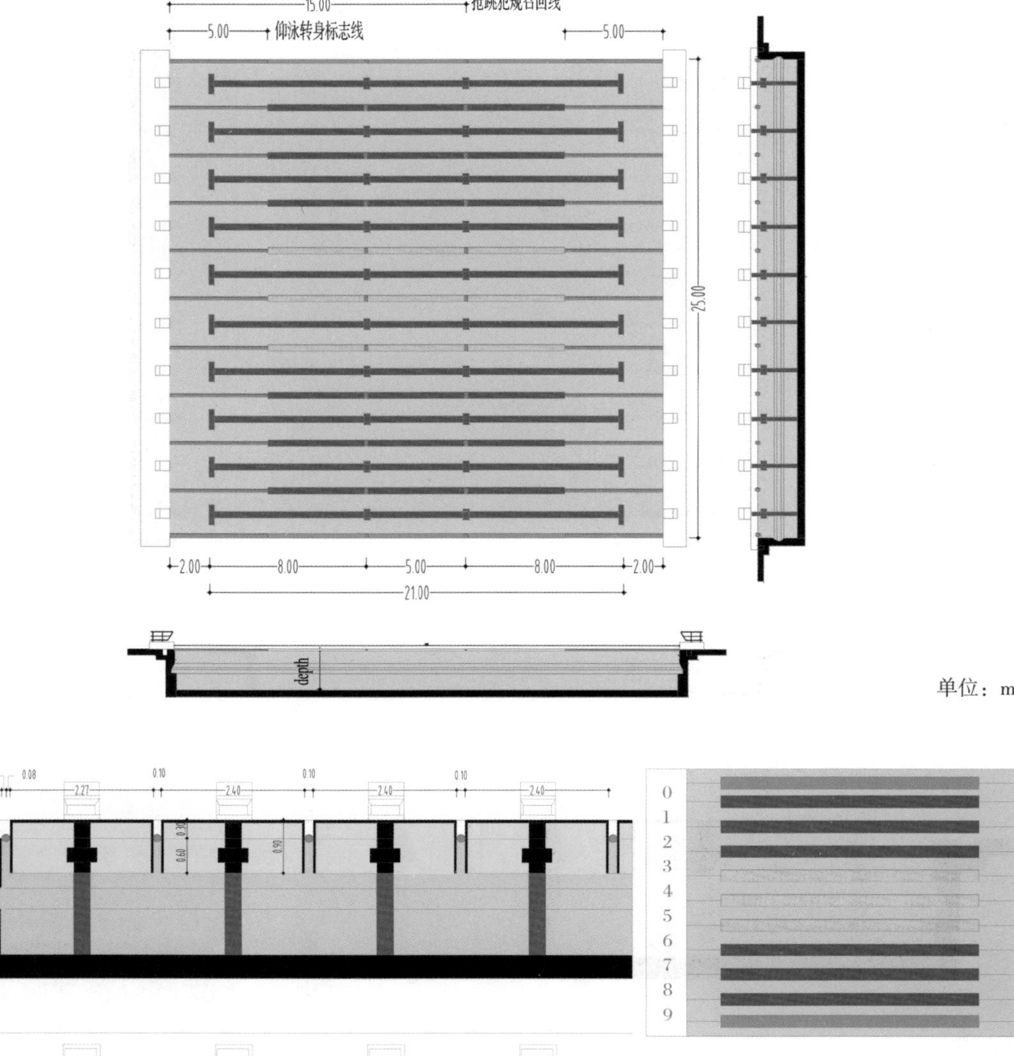

图 5.24　比赛游泳池设施规格尺寸（25m × 25m 游泳池，10 条泳道）

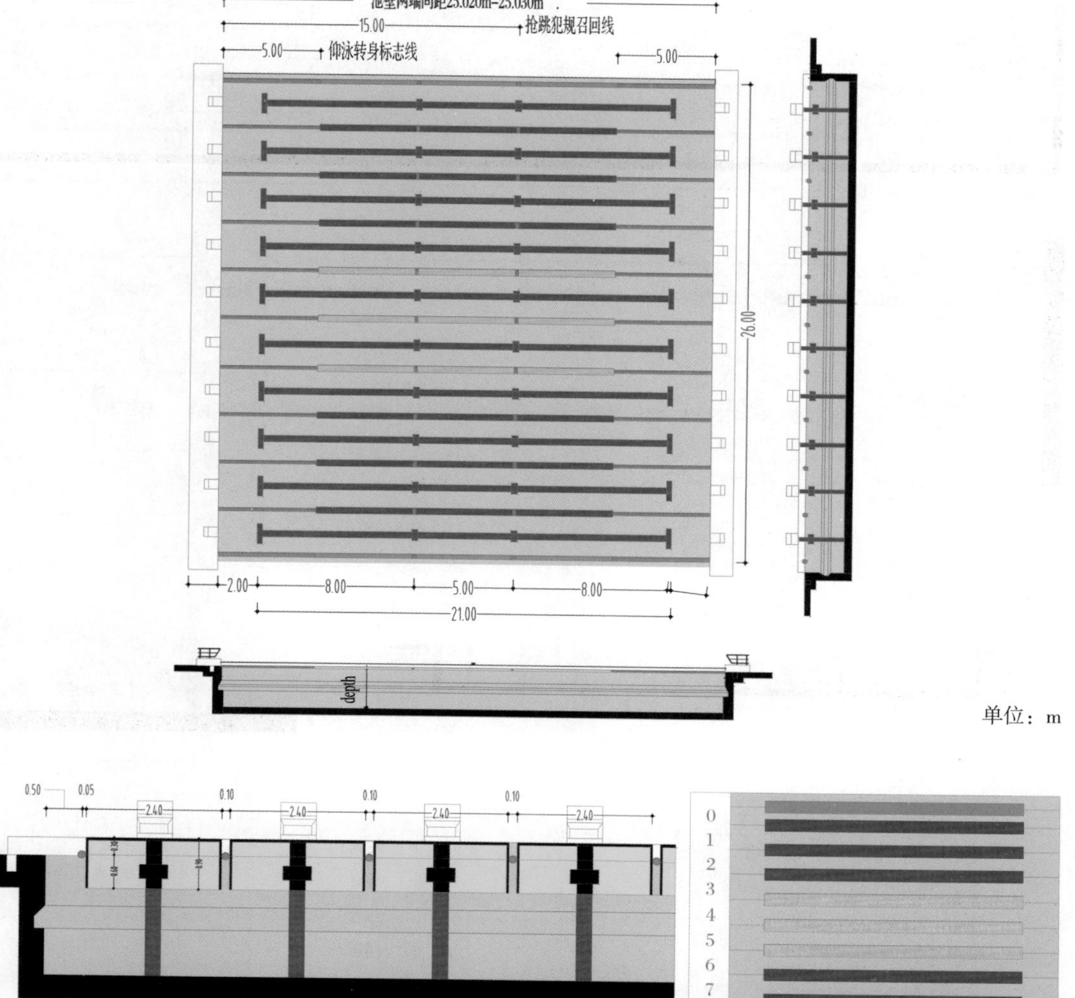

10条泳道游泳池道线颜色应如下：
- 第0、9泳道颜色为绿色（2条）；
- 第1、2、3、6、7、8泳道颜色为蓝色（6条）；
- 第4、5泳道颜色为黄色（3条）

图 5.25　比赛游泳池设施规格尺寸（25m × 26m 游泳池，10 条泳道）

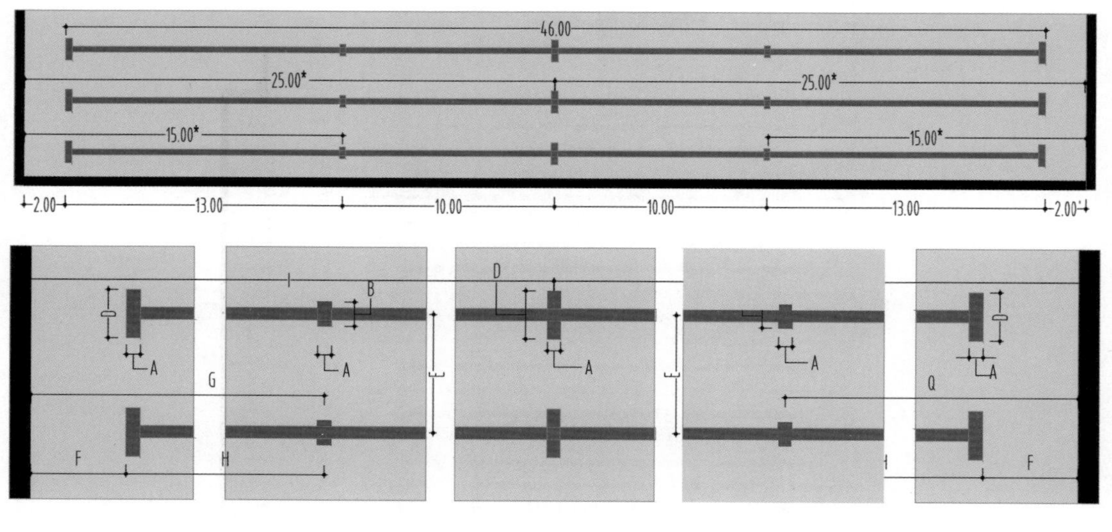

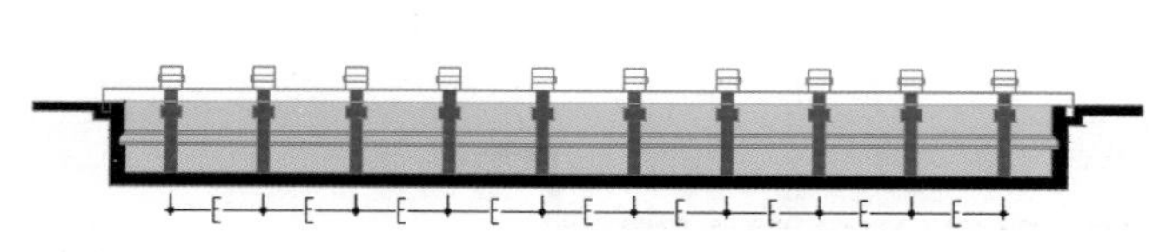

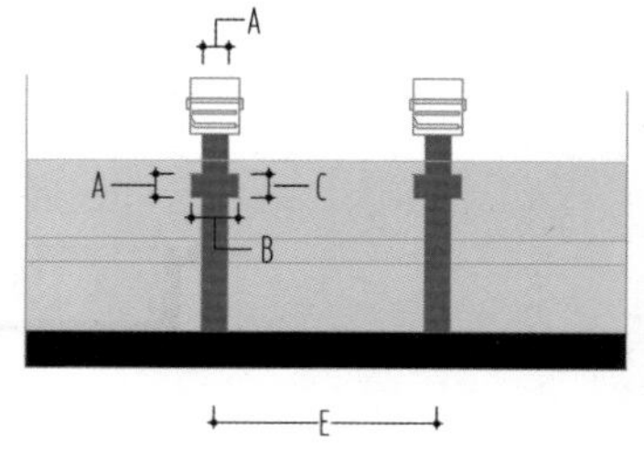

泳道标识

单位：m

泳道标志线、两端横线和目标标志线宽度	A	0.25m ± 0.05m
池端目标标志线的长度	B	0.50m
池端目标标志线中心水下的深度	C	0.30m
泳道标志线两端横线的长度	D	1.00m
相邻两条泳道标志线间的距离	E	2.50m
泳道标志线两端横线到池端壁距离	F	2.00m *
横线中心到池端壁的距离	G	15.00m *
横线中心到两端横线的距离	H	13.00m
横线中心到池端壁的距离	I	25.00m *

*需考虑泳池尺寸

图 5.26　比赛游泳池设施规格尺寸（50m 游泳池）

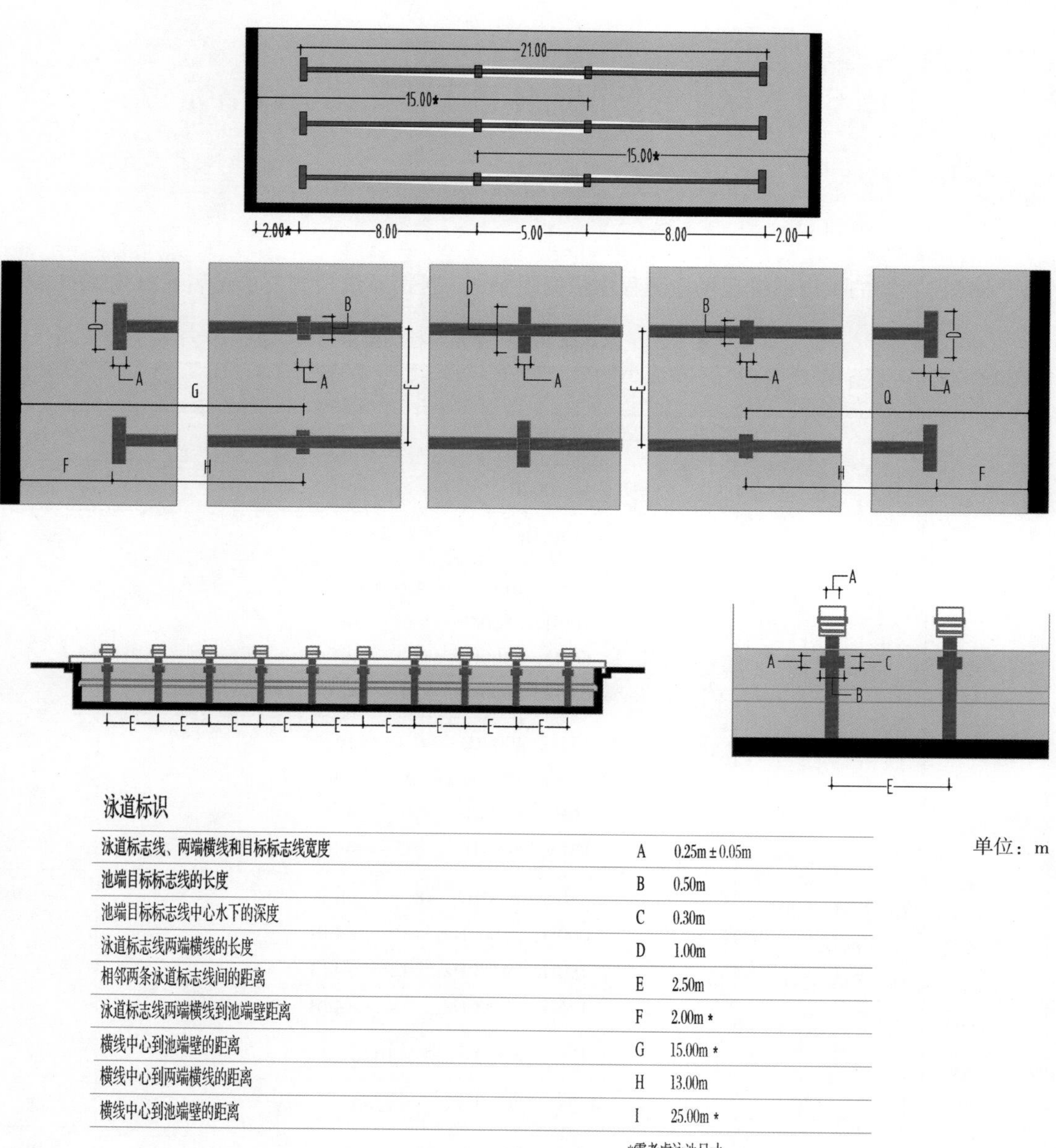

泳道标识

泳道标志线、两端横线和目标标志线宽度	A	0.25m±0.05m
池端目标标志线的长度	B	0.50m
池端目标标志线中心水下的深度	C	0.30m
泳道标志线两端横线的长度	D	1.00m
相邻两条泳道标志线间的距离	E	2.50m
泳道标志线两端横线到池端壁距离	F	2.00m *
横线中心到池端壁的距离	G	15.00m *
横线中心到两端横线的距离	H	13.00m
横线中心到池端壁的距离	I	25.00m *

*需考虑泳池尺寸

图 5.27　比赛游泳池设施规格尺寸（25m 游泳池）

5.6 水球比赛场馆的体育工艺检测项目指标

一、扩声系统

水球比赛馆的扩声系统现场检测程序依据附录 A，扩声系统检测要求见表 5.21 和表 5.22。

表 5.21 水球比赛馆扩声系统检测要求

检测类别	检测依据	检测内容	指标	级别
扩声系统	JGJ/T 131—2012 体育场馆声学设计及测量规程	最大声压级	≥ 105dB	一级
			≥ 100dB	二级
			≥ 95dB	三级
		传输频率特性	125 ~ 4000Hz：-4 ~ +4dB 100Hz、5000Hz：-6 ~ +4dB 80Hz、6300Hz：-8 ~ +4dB 63Hz、8000Hz：-10 ~ +4dB	一级
			125 ~ 4000Hz：-6 ~ +4dB 100Hz、5000Hz：-8 ~ +4dB 80Hz、6300Hz：-10 ~ +4dB 63Hz、8000Hz：-12 ~ +4dB	二级
			250 ~ 4000Hz：-8 ~ +4dB 200Hz、5000Hz：-10 ~ +4dB 160Hz、6300Hz：-12 ~ +4dB 125Hz、8000Hz：-14 ~ +4dB	三级
		传声增益	125 ~ 4000Hz：≥ -10dB	一级
			125 ~ 4000Hz：≥ -12dB	二级
			250 ~ 4000Hz：≥ -12dB	三级
		稳态声场不均匀度	1000Hz、4000Hz：≤ 8dB	一级
			1000Hz、4000Hz：≤ 10dB	二级
			1000Hz：≤ 10dB	三级
		系统噪声	扩声系统不产生明显可察觉的噪声干扰	一级
			扩声系统不产生明显可察觉的噪声干扰	二级
			扩声系统不产生明显可察觉的噪声干扰	三级

续表

检测类别	检测依据	检测内容	指标	级别
扩声系统	JGJ/T 131—2012 体育场馆声学设计及测量规程	语言传输指数	≥ 0.5	一级
			≥ 0.5	二级
			≥ 0.5	三级
		混响时间	不同容积比赛大厅 500~1000Hz 满场混响时间： 容积＜ 40000m^3，混响时间 1.3~1.4s； 容积 40000~80000m^3，混响时间 1.4~1.6s； 容积 80000~160000m^3，混响时间 1.6~1.8s； 容积＞ 160000m^3，混响时间 1.9~2.1s	—
			各频率混响时间相对于 500~1000Hz 混响时间的比值： 频率 125Hz，比值 1.0~1.3； 频率 250Hz，比值 1.0~1.2； 频率 2000Hz，比值 0.9~1.0； 频率 4000Hz，比值 0.8~1.0	

注：当比赛大厅容积大于表中列出的最大容积的 1 倍以上时，混响时间可比 2.1s 适当延长。

表 5.22　室外水球场扩声系统检测要求

检测类别	检测依据	检测内容	指标	级别
扩声系统	JGJ/T 131—2012 体育场馆声学设计及测量规程	最大声压级	≥ 105dB	一级
			≥ 98dB	二级
			≥ 90dB	三级
		传输频率特性	125 ~ 4000Hz：−6 ~ +4dB 100Hz、5000Hz：−8 ~ +4dB 80Hz、6300Hz：−10 ~ +4dB 63Hz、8000Hz：−12 ~ +4dB	一级
			125 ~ 4000Hz：−8 ~ +4dB 100Hz、5000Hz：−11 ~ +4dB 80Hz、6300Hz：−14 ~ +4dB 63Hz、8000Hz：−17 ~ +4dB	二级
			250 ~ 4000Hz：−10 ~ +4dB 200Hz、5000Hz：−13 ~ +4dB 160Hz、6300Hz：−16 ~ +4dB 125Hz、8000Hz：−19 ~ +4dB	三级
		传声增益	125 ~ 4000Hz：≥ −10dB	一级

续表

检测类别	检测依据	检测内容	指标	级别
扩声系统	JGJ/T 131—2012 体育场馆声学设计及测量规程	传声增益	125 ~ 4000Hz：≥ –12dB	二级
			250 ~ 4000Hz：≥ –14dB	三级
		稳态声场不均匀度	1000Hz、4000Hz：≤ 8dB	一级
			1000Hz、4000Hz：≤ 10dB	二级
			1000Hz：≤ 12dB	三级
		系统噪声	扩声系统不产生明显可察觉的噪声干扰	一级
			扩声系统不产生明显可察觉的噪声干扰	二级
			扩声系统不产生明显可察觉的噪声干扰	三级
		语言传输指数	≥ 0.45	一级
			≥ 0.45	二级
			≥ 0.45	三级
		混响时间	—	—

二、照明系统

水球馆照明系统现场检测程序依据附录 B，照明系统检测要求见表 5.23。

表 5.23　水球馆照明系统检测要求

检测类别	检测依据	检测内容	指标	级别
照明系统	JGJ 153—2016 体育场馆照明设计及检测标准	水平照度	200 lx	Ⅰ
			300 lx	Ⅱ
			500 lx	Ⅲ
			—	Ⅳ
			—	Ⅴ
			—	Ⅵ
		水平照度均匀度	U_1：—；$U_2 \geqslant 0.3$	Ⅰ
			$U_1 \geqslant 0.3$；$U_2 \geqslant 0.5$	Ⅱ
			$U_1 \geqslant 0.4$；$U_2 \geqslant 0.6$	Ⅲ
			$U_1 \geqslant 0.5$；$U_2 \geqslant 0.7$	Ⅳ
			$U_1 \geqslant 0.6$；$U_2 \geqslant 0.8$	Ⅴ
			$U_1 \geqslant 0.7$；$U_2 \geqslant 0.8$	Ⅵ

续表

检测类别	检测依据	检测内容	指标	级别
照明系统	JGJ 153—2016 体育场馆照明设计及检测标准	垂直照度	—	Ⅰ
			—	Ⅱ
			—	Ⅲ
			$E_{vmai} \geqslant$ 1000lx；$E_{vaux} \geqslant$ 750 lx	Ⅳ
			$E_{vmai} \geqslant$ 1400 lx；$E_{vaux} \geqslant$ 1000lx	Ⅴ
			$E_{vmai} \geqslant$ 2000 lx；$E_{vaux} \geqslant$ 1400 lx	Ⅵ
		垂直照度均匀度	—	Ⅰ
			—	Ⅱ
			—	Ⅲ
			E_{vmai}：$U_1 \geqslant 0.4$；$U_2 \geqslant 0.6$ E_{vaux}：$U_1 \geqslant 0.3$；$U_2 \geqslant 0.5$	Ⅳ
			E_{vmai}：$U_1 \geqslant 0.5$；$U_2 \geqslant 0.7$ E_{vaux}：$U_1 \geqslant 0.3$；$U_2 \geqslant 0.5$	Ⅴ
			E_{vmai}：$U_1 \geqslant 0.6$；$U_2 \geqslant 0.7$ E_{vaux}：$U_1 \geqslant 0.4$；$U_2 \geqslant 0.6$	Ⅵ
		色温	≥ 4000K	Ⅰ
			≥ 4000K	Ⅱ
			≥ 4000K	Ⅲ
			≥ 4000K	Ⅳ
			≥ 4000K	Ⅴ
			≥ 5500K	Ⅵ
		显色指数	≥ 65	Ⅰ
			≥ 65	Ⅱ
			≥ 65	Ⅲ
			≥ 80	Ⅳ
			≥ 80	Ⅴ
			≥ 90	Ⅵ
		应急照明	≥ 20 lx	Ⅰ
			≥ 20 lx	Ⅱ
			≥ 20 lx	Ⅲ

续表

检测类别	检测依据	检测内容	指标	级别
照明系统	JGJ 153—2016 体育场馆照明设计及检测标准	应急照明	≥ 20 lx	Ⅳ
			≥ 20 lx	Ⅴ
			≥ 20 lx	Ⅵ

三、场地规格尺寸

水球竞赛池两条球门线之间的距离应为 30m（男子比赛）或 25m（女子比赛），宽度应为 20m，水深不小于 2.0 m，具体指标见图 5.28 至图 5.30。

四、LED 显示屏、标准时钟系统及升降旗的项目指标要求

LED 显示屏、标准时钟系统及升降旗的项目指标要求应分别依据附录 C、附录 D 及附录 E 的相关规定。

单位：m

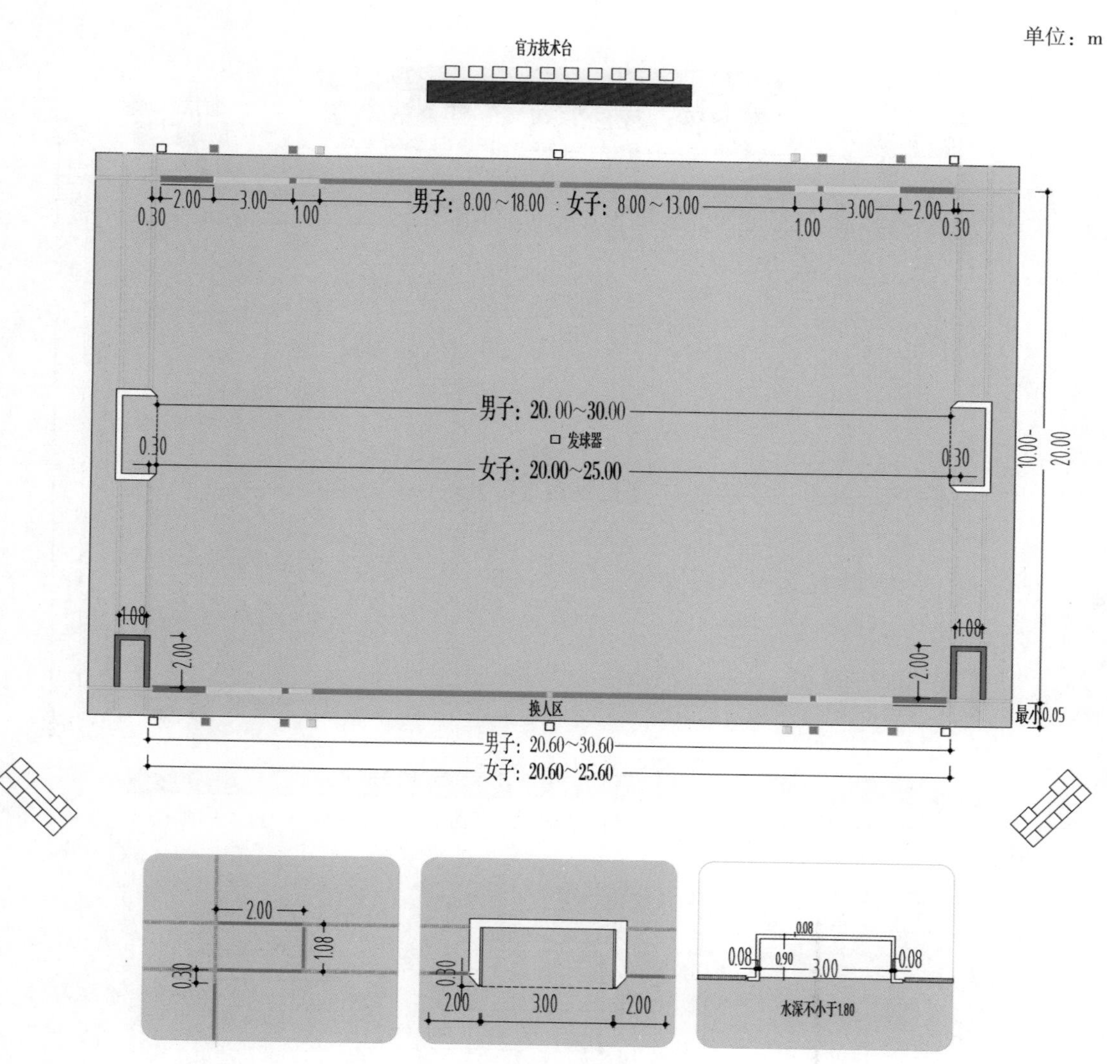

图 5.28　水球比赛场地规格尺寸

单位：m

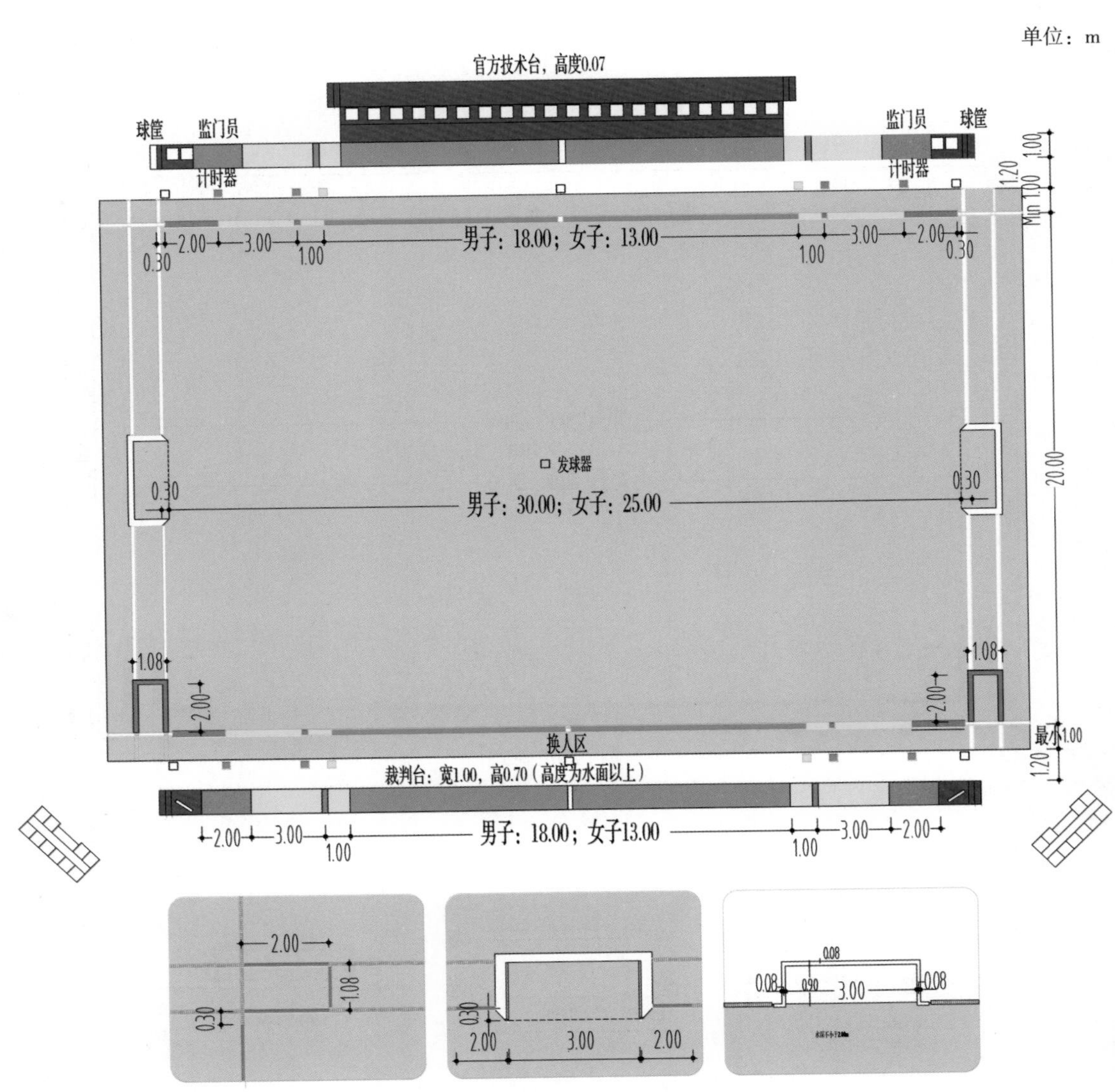

图 5.29　水球比赛场地规格尺寸（奥运会和世界锦标赛）

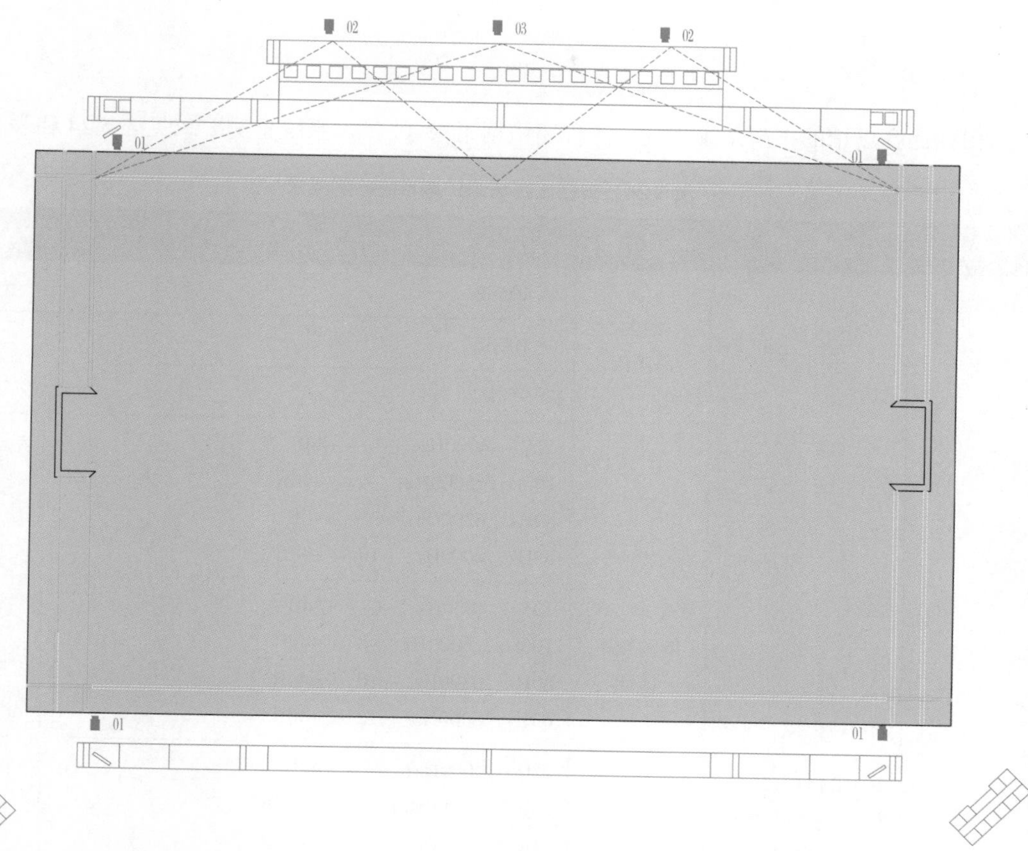

注：

摄像机位置如下：

1. 四台摄像机位于球门线上，每个球门两台。摄像机的位置应在泳池边缘或裁判台下，高度为水面 1m 以上；

2. 两台摄像机应安装在官方技术台旁，每台摄像机对应拍摄一个半场。摄像机的位置应能保证拍摄的效果最好；

3. 一台摄像机应在游泳池边但位于球员席对面。这台摄像机应能够拍摄整个区域，包括球员席，拍摄角度应为最大角度（目前最大摄像机的最大拍摄角度为 160° ），最低分辨率为 2k 像素。

图 5.30 水球比赛场地规格尺寸（视频助理裁判位置）

5.7 田径比赛场馆的体育工艺检测项目指标

一、扩声系统

田径比赛场馆的扩声系统现场检测程序依据附录 A，扩声系统检测要求见表 5.24 和表 5.25。

表 5.24 田径比赛场馆扩声系统检测要求

检测类别	检测依据	检测内容	指标	级别
扩声系统	JGJ/T 131—2012 体育场馆声学设计及测量规程	最大声压级	≥ 105dB	一级
			≥ 100dB	二级
			≥ 95dB	三级
		传输频率特性	125 ~ 4000Hz：−4 ~ +4dB 100Hz、5000Hz：−6 ~ +4dB 80Hz、6300Hz：−8 ~ +4dB 63Hz、8000Hz：−10 ~ +4dB	一级
			125 ~ 4000Hz：−6 ~ +4dB 100Hz、5000Hz：−8 ~ +4dB 80Hz、6300Hz：−10 ~ +4dB 63Hz、8000Hz：−12 ~ +4dB	二级
			250 ~ 4000Hz：−8 ~ +4dB 200Hz、5000Hz：−10 ~ +4dB 160Hz、6300Hz：−12 ~ +4dB 125Hz、8000Hz：−14 ~ +4dB	三级
		传声增益	125 ~ 4000Hz：≥ −10dB	一级
			125 ~ 4000Hz：≥ −12dB	二级
			250 ~ 4000Hz：≥ −12dB	三级
		稳态声场不均匀度	1000Hz、4000Hz：≤ 8dB	一级
			1000Hz、4000Hz：≤ 10dB	二级
			1000Hz：≤ 10dB	三级
		系统噪声	扩声系统不产生明显可察觉的噪声干扰	一级
			扩声系统不产生明显可察觉的噪声干扰	二级
			扩声系统不产生明显可察觉的噪声干扰	三级

续表

检测类别	检测依据	检测内容	指标	级别
扩声系统	JGJ/T 131—2012 体育场馆声学设计及测量规程	语言传输指数	≥ 0.5	一级
			≥ 0.5	二级
			≥ 0.5	三级
		混响时间	不同容积比赛大厅 500~1000Hz 满场混响时间： 容积＜ 40000m³，混响时间 1.3~1.4s； 容积 40000~80000m³，混响时间 1.4~1.6s； 容积 80000~160000m³，混响时间 1.6~1.8s； 容积＞ 160000m³，混响时间 1.9~2.1s	—
			各频率混响时间相对于 500~1000Hz 混响时间的比值： 频率 125Hz，比值 1.0~1.3； 频率 250Hz，比值 1.0~1.2； 频率 2000Hz，比值 0.9~1.0； 频率 4000Hz，比值 0.8~1.0	

表 5.25 田径场扩声系统检测要求

检测类别	检测依据	检测内容	指标	级别
扩声系统	JGJ/T 131—2012 体育场馆声学设计及测量规程	最大声压级	≥ 105dB	一级
			≥ 98dB	二级
			≥ 90dB	三级
		传输频率特性	125 ~ 4000Hz：−6 ~ +4dB 100Hz、5000Hz：−8 ~ +4dB 80Hz、6300Hz：−10 ~ +4dB 63Hz、8000Hz：−12 ~ +4dB	一级
			125 ~ 4000Hz：−8 ~ +4dB 100Hz、5000Hz：−11 ~ +4dB 80Hz、6300Hz：−14 ~ +4dB 63Hz、8000Hz：−17 ~ +4dB	二级
			250 ~ 4000Hz：−10 ~ +4dB 200Hz、5000Hz：−13 ~ +4dB 160Hz、6300Hz：−16 ~ +4dB 125Hz、8000Hz：−19 ~ +4dB	三级
		传声增益	125 ~ 4000Hz：≥ −10dB	一级
			125 ~ 4000Hz：≥ −12dB	二级
			250 ~ 4000Hz：≥ −14dB	三级

续表

检测类别	检测依据	检测内容	指标	级别
扩声系统	JGJ/T 131—2012 体育场馆声学设计及测量规程	稳态声场不均匀度	1000Hz、4000Hz：≤ 8dB	一级
			1000Hz、4000Hz：≤ 10dB	二级
			1000Hz：≤ 12dB	三级
		系统噪声	扩声系统不产生明显可察觉的噪声干扰	一级
			扩声系统不产生明显可察觉的噪声干扰	二级
			扩声系统不产生明显可察觉的噪声干扰	三级
		语言传输指数	≥ 0.45	一级
			≥ 0.45	二级
			≥ 0.45	三级
		混响时间	—	—

二、照明系统

田径场照明系统现场检测程序依据附录 B，照明系统检测要求见表 5.26。

表 5.26　田径场照明系统检测要求

检测类别	检测依据	检测内容	指标	级别
照明系统	JGJ 153—2016 体育场馆照明设计及检测标准	水平照度	200 lx	Ⅰ
			300 lx	Ⅱ
			500 lx	Ⅲ
			—	Ⅳ
			—	Ⅴ
			—	Ⅵ
		水平照度均匀度	U_1：—；$U_2 \geqslant 0.3$	Ⅰ
			U_1：—；$U_2 \geqslant 0.5$	Ⅱ
			$U_1 \geqslant 0.4$；$U_2 \geqslant 0.6$	Ⅲ
			$U_1 \geqslant 0.5$；$U_2 \geqslant 0.7$	Ⅳ
			$U_1 \geqslant 0.6$；$U_2 \geqslant 0.8$	Ⅴ
			$U_1 \geqslant 0.7$；$U_2 \geqslant 0.8$	Ⅵ
		垂直照度	—	Ⅰ
			—	Ⅱ

续表

检测类别	检测依据	检测内容	指标	级别
照明系统	JGJ 153—2016 体育场馆照明设计及检测标准	垂直照度	—	Ⅲ
			E_{vmai} ≥ 1000lx；E_{vaux} ≥ 750 lx	Ⅳ
			E_{vmai} ≥ 1400 lx；E_{vaux} ≥ 1000lx	Ⅴ
			E_{vmai} ≥ 2000 lx；E_{vaux} ≥ 1400 lx	Ⅵ
		垂直照度均匀度	—	Ⅰ
			—	Ⅱ
			—	Ⅲ
			E_{vmai}：U_1 ≥ 0.4；U_2 ≥ 0.6 E_{vaux}：U_1 ≥ 0.3；U_2 ≥ 0.5	Ⅳ
			E_{vmai}：U_1 ≥ 0.5；U_2 ≥ 0.7 E_{vaux}：U_1 ≥ 0.3；U_2 ≥ 0.5	Ⅴ
			E_{vmai}：U_1 ≥ 0.6；U_2 ≥ 0.7 E_{vaux}：U_1 ≥ 0.4；U_2 ≥ 0.6	Ⅵ
		色温	≥ 4000K	Ⅰ
			≥ 4000K	Ⅱ
			≥ 4000K	Ⅲ
			≥ 4000K	Ⅳ
			≥ 5500K	Ⅴ
			≥ 5500K	Ⅵ
		显色指数	≥ 65	Ⅰ
			≥ 65	Ⅱ
			≥ 65	Ⅲ
			≥ 80	Ⅳ
			≥ 80	Ⅴ
			≥ 90	Ⅵ
		眩光指数	≤ 55	Ⅰ
			≤ 50	Ⅱ
			≤ 50	Ⅲ
			≤ 50	Ⅳ
			≤ 50	Ⅴ
			≤ 50	Ⅵ

续表

检测类别	检测依据	检测内容	指标	级别
照明系统	JGJ 153—2016 体育场馆照明设计及检测标准	应急照明	≥ 20 lx	Ⅰ
			≥ 20 lx	Ⅱ
			≥ 20 lx	Ⅲ
			≥ 20 lx	Ⅳ
			≥ 20 lx	Ⅴ
			≥ 20 lx	Ⅵ

三、面层系统

田径运动场地面层的性能及要求详见表 5.27。

表 5.27　田径运动场地面层的性能及要求

指标	依据标准	测试方法	要求
外观	GB/T 22517.6—2020	外观颜色：目测或对照样品； 合成面层固化：进行厚度检测时，拔出测厚仪检查是否附着黏液状或渣状树脂物质； 起鼓、气泡、裂缝、脱层、分层、断裂或台阶式的凹凸：目测、触摸； 点位线清晰度、是否反光、明显虚边：目测； 颗粒（粒径）均匀、黏结牢固：目测、触摸	合成面层环形跑道的颜色均匀一致，无明显色差，颜色通常为红色、绛红色或蓝色； Ⅰ、Ⅱ类场地跑道、助跑道和两个半圆区的合成面层材料和颜色一致； 合成面层固化均匀，不出现起鼓、气泡、裂缝、分层、断裂或台阶式凹凸； 点位线清晰、不反光且无明显虚边； 表面颗粒均匀，黏结牢固
面层厚度	GB/T 22517.6—2020	使用三针测厚仪进行检测。 测试点位要求： 环形跑道从 100m 终点线开始，纵向每 10m 交替检测奇、偶数分道中央各点位； 110m 栏起点处各分道中央检测 1 个点位； 助跑道及障碍赛跑的弯道：纵向每 5m 在跑道中部检测一个点位； 扇形半圆区：每 5m × 5m 范围内检测一个点位	除需加厚区域外，场地面层总厚度宜不小于 14mm，比总厚度低 10% 的面积不大于总面积的 10%，任何区域的总厚度均不小于 10mm。合成面层绝对厚度宜不小于 12.5mm； 跳高起跳区助跑道最后 3m、三级跳远助跑道最后 13m、撑竿跳高助跑道最后 8m、掷标枪助跑道最后 8m 及起掷弧前端的区域面层总厚度均不小于 20mm； 障碍赛跑水池落地区及水池前 50cm 范围内，面层总厚度不小于 25mm

续表

指标	依据标准	测试方法	要求
面层平整度	GB/T 22517.6—2020	采用水平直尺平放，并用直塞尺测量最大凹陷尺寸； 测试点位要求： 环形跑道：从 100m 终点线开始，纵向每 10m 内随机均匀检测 4 个点位； 助跑道：从起点开始，纵向每 4m 检测 1 个点位； 扇形半圆区：每 5m × 5m 范围内检测 1 个点位	合成面层表面应平坦，任何位置和方向上的 2m 直尺下不应有大于 3mm 的间隙，不应有大于 1mm 的阶梯状起伏
面层坡度	GB/T 22517.6—2020	分别测量两个点的标高及两点间的水平距离，以高差除以水平间距计算出坡度值，现场应分别检测面层纵向坡度和横向坡度。 径赛跑道坡度应从比赛终点线开始逆时针方向、按 50m 的间隔，分别测量第 1、5、8 分道的纵向坡度。100m 和 110m 栏直跑道应在起点和终点之间，分别测量第 1、5、8 分道的纵向坡度； 跳远、三级跳远、撑竿跳高助跑道坡度应从助跑道开始处到起跳线间，按 10m 的间隔进行直线测量； 跳高助跑道坡度应沿着以立柱中心点为圆心的半圆区域的任一半径线方向，按 5m 的间隔进行测量； 掷标枪助跑道坡度应从助跑道开始处到起掷弧间，按 10m 的间隔进行直线测量； 推铅球、掷铁饼、掷链球的落地区坡度应自起掷线到每段弧上最低点、按 20m 的间隔进行测量	环形跑道的纵向坡度（跑进方向）不大于 0.1%；横向坡度（由外沿向内沿，垂直于跑进方向）不大于 1%；跳远、三级跳远和撑竿跳高助跑道最后 40m，纵向沿跑进方向下降坡度不大于 0.1%；扇形半圆区域内跳高助跑道最后 15m 的纵向沿跑进方向下降坡度不大于 0.6%；跳远、三级跳远和撑竿跳高助跑道横向坡度不大于 1.0%； 标枪助跑道最后 20m，沿跑进方向下降坡度不大于 0.1%，横向坡度不大于 1.0%；铅球、铁饼、标枪和链球落地区沿投掷方向坡度不大于 0.1%；铅球、铁饼、链球的投掷圈保持水平
预制型面层黏结	GB/T 22517.6—2020	采用检测锤敲击检测整个场地上是否存在空鼓，重点检查直跑道起终点、直跑道、环形跑道内侧第 1、2、3 分道，均匀检测点位数应大于 150 处； 检测确定空鼓部位和面积； 检测接头部位缝隙和平整度	竞赛区和热身区不准许出现空鼓； 接头平顺，接头部位无缝隙且不出现台阶式凹凸

续表

指标	依据标准	测试方法	要求
面层材料选型	GB/T 22517.6—2020	—	Ⅰ、Ⅱ类场地：使用非渗水型合成面层材料； Ⅲ类场地：宜使用非渗水型合成面层材料
无机填料	GB/T 22517.6—2020	方法 A：采用马弗炉法测定灰分，进行二次平行实验，实验温度为（550 ± 50）℃，二次测得灰分含量的平均值作为无机填料含量。该法适用于渗水型、混合型、复合型等组分不均匀的样品。 方法 B：采用热失重（TG）仪器测定的方法，随机抽取样品，定量称量后（精确至 0.000 1 g）置入仪器的样品池，控制升温速度为 10 ℃ /min。当温度升至（550 ± 5）℃后保持恒温，直至重量恒定。计算样品的失重量和剩余量。剩余量占样品总量的百分数即为无机填料的含量。该法适用于上下同质的面层、一次成型的预制卷材等组分较均匀的样品	≤ 60%
有害物质限量	GB/T 14833—2020	—	苯≤ 0.05 mg/（m^2·h） 甲苯和二甲苯的总和≤ 0.05 mg/（m^2·h） 游离甲苯二异氰酸酯≤ 0.2 g/kg 可溶性铅≤ 90 mg/kg 可溶性镉≤ 10 mg/kg 可溶性铬≤ 10 mg/kg 可溶性汞≤ 2 mg/kg
拉伸强度	GB/T 10654—2001	在被裁取试片部分的 5 个均匀分布点上测量材料的厚度，或者在每个试样裁片部分上测量两个点的厚度，且尺寸间相差应不大于 ± 2%； 裁取试片并用两条标线标明标距，标线的标记卡应有两条平行的边界标线，两条标线间的距离最少为 25mm，最多为 50mm，测量时精确到 ± 1%	非渗水型现浇型：≥ 0.5MPa 非渗水型预制型：≥ 0.7MPa

续表

指标	依据标准	测试方法	要求
拉伸强度	GB/T 10654—2001	把试片放在实验机的夹持器中，小心地调到对称位置，使其拉伸并均匀地分布在试样的横截面上。开机并记下试片断裂时最大的力（精确到 ±1%）和两条标线内侧之间的距离（精确到 ±1.25mm），去掉标线外断裂的试片并继续试验，直到获得 5 个满意的结果为止，应提供足够的材料以确保进行此重复试验计算公式：$x=\frac{F}{A}$	渗水型：≥ 0.4MPa
拉伸断裂率	GB/T 10654—2001	$x=\frac{L-L_0}{L_0}\times 100\%$	≥ 40%
冲击吸收	GB/T 22517.6—2020	质量为 20kg 的重物自由下落到一个铁砧上，铁砧通过弹簧将力传向测力台底部，测力台通过球形底盘安装在地面。 测力台由力值传感器组成，并能在冲击过程中记录下冲击返回力的最大值。 将该最大值与在坚固地面上（如混凝土地面）所测得的数据进行比较，同时计算出合成表面冲击返回作用力的百分比：$R=\left(1-\frac{F_S}{F_C}\right)\times 100\%$	35%~50%
垂直变形	GB/T 22517.6—2020	质量为 20kg 的重物下落到弹簧上，通过弹簧将负荷传递到放置在被检测物表面的测力台，测力台内包含一个力值传感器，传感器可以在冲击过程中记录下力值的增量，通过测力台两侧的变形摄取器的平均数来测量出被检测物表面的变形量	0.6~2.5mm
抗滑值	GB/T 22517.6—2020	测试样品时，调节摆动臂的高度，使滑动片与被测表面接触，滑动片从左边缘到右边缘与被测表面接触的距离在 125~127mm	≥ 47

续表

指标	依据标准	测试方法	要求
抗滑值	GB/T 22517.6—2020	把所设置的高度固定在这个位置上并反复摆动滑动片以核定距离。然后，把摆动臂放在水平重物的位置上。 在测试区洒上干净的水，放开摆动臂使其自由落下，略去第 1 次指针计数，然后进行 5 次同样的试验。记录每次摆动后指针的刻度读数，计算这 5 个读数的平均值，即为潮湿表面的抗滑值，或称为滑动阻力。 如果合成材料表面显示了具有方向性的图案，那么，用仪器应能测出各个方向不同的数值。方法是调节仪器，使滑动部件从开始摆动方向的 90° 和 180° 通过相同的一块表面，所测得的结果可作为第一组读数的参考数。 从测试仪器上所得到的刻度读数为抗滑值，其与摩擦系数（μ）的换算关系如公式所示： $PTV=\frac{330\mu}{3+\mu}$	≥ 47
阻燃性	GB/T 22517.6—2020	用于阻燃性试验的试样应从试验对象的不同位置选取，选取点面积最小为 100mm × 100mm，数量为 5 块。 在试样中部放置直径为 25 mm、质量为 0.8 g 的重叠的棉纤维织物组成的纤维层圆片。用 2.5 ml 酒精均匀浸泡后，将圆片转移到被测样品表面，剩余的酒精倒在圆片的上面，然后点燃圆片并使其燃烧至完全熄灭后，测量在试样表面留下的燃烧痕迹直径（精确到 1 mm）。 5 个试样表面的燃烧直径均小于或等于 50 mm，则可判定该样品为 1 级阻燃；	1 级

续表

指标	依据标准	测试方法	要求
阻燃性	GB/T 22517.6—2020	若 5 个试样表面中任一试样的燃烧直径大于 50 mm，则判定该试样未达到 1 级阻燃	1 级
耐久性能	GB/T 16422.2—2022	采用 GB/T 16422.2—2022 中氙灯老化方法 A、循环序号 1，处理 1000 h 后对拉伸强度和拉断伸长率进行测试	面层材料在标准老化箱内加速老化试验 1000h 后，拉伸强度和拉断伸长率满足要求。

四、场地方位、设施及规格

田径运动场地的直跑道画线要求见图 5.31。

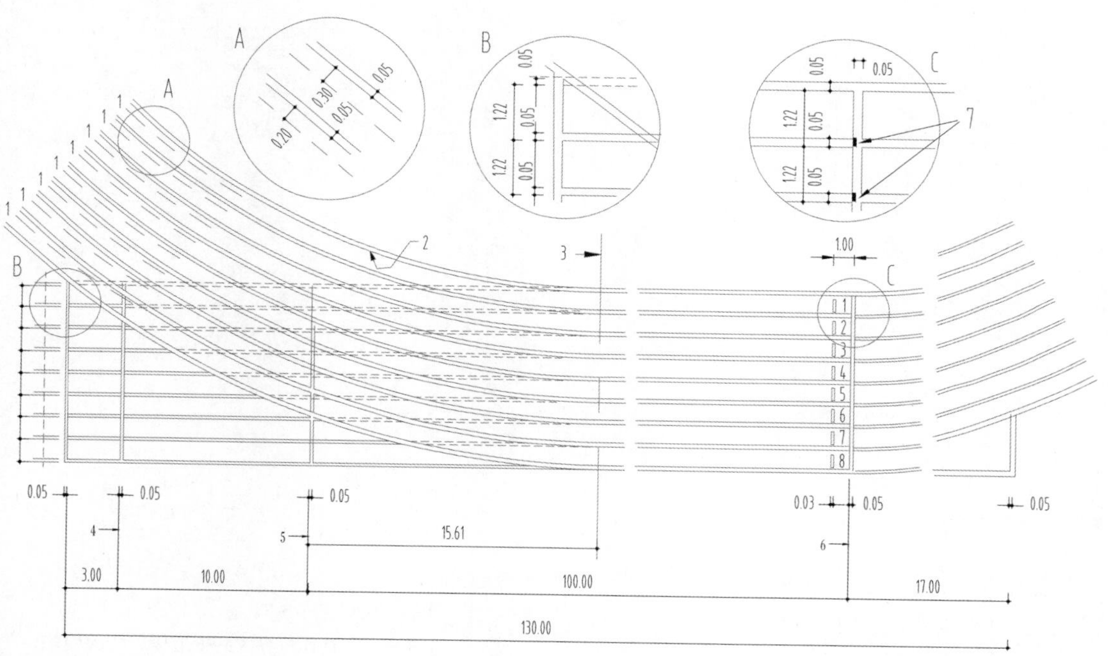

说明：

1——环形跑道的测量线（实跑线）；

2——跑道内沿；

3——通过半圆圆心的轴；

4——110m 栏起跑线；

5——100m 起跑线；

6——终点线；

7——黑色方形标记（终点摄像标定点，最大为 0.05m × 0.02m）。

图 5.31 直跑道画线要求（单位：m）

400m 标准跑道的起点前伸数据见表 5.28。

表 5.28　400m 标准跑道的起点前伸数据　　单位：m

实际距离	标记区	分道起跑的弯道数	第 2 分道	第 3 分道	第 4 分道	第 5 分道	第 6 分道	第 7 分道	第 8 分道
200	C	1	3.519	7.352	11.185	15.017	18.850	22.683	26.516
400	A	2	7.038	14.704	22.370	30.034	37.700	45.366	53.032
800	A	1	3.526	7.384	11.260	15.151	19.061	22.989	26.933
4×400	A	3	10.564	22.088	33.630	45.185	56.761	68.355	79.965

在 800m 跑第一个弯道出口处应以 0.05m 宽的线与分道线相交明显标示（见图 5.32），抢道标志线的计算值见表 5.29。

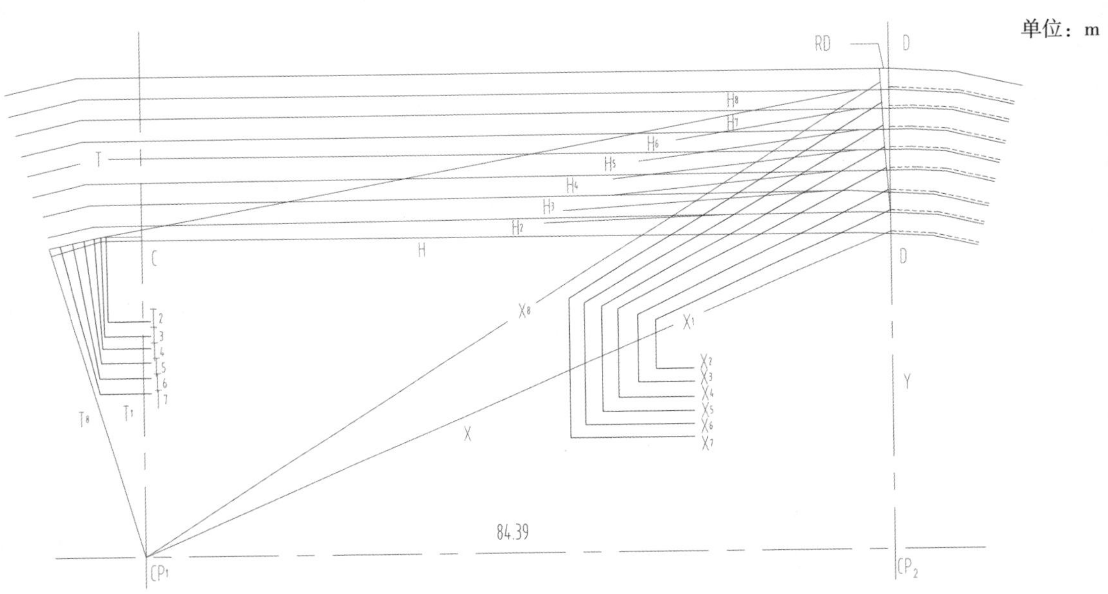

说明：

X——CP_1 至 D_1……D_8 的距离；

Y——CP_2 至 D_1……D_8 的距离；

H——H_2……H_8 至 T_2……T_8 的距离；

T——切点 T_2……T_8

RD——从 D/D 分界线到抢道标志线的偏差；

C 和 D——跑道突沿上的点。

图 5.32　400m 标准跑道 800m 跑抢道标志线

表 5.29　400m 标准跑道上 800m 跑抢道标志线测量线抢道切入差　　单位：m

实际距离	标记区	分道起跑的弯道数	第 2 分道	第 3 分道	第 4 分道	第 5 分道	第 6 分道	第 7 分道	第 8 分道
800	D	0	0.007	0.032	0.075	0.134	0.211	0.306	0.417

400m 标准跑道第一个弯道上的 2000m 和 10000m 起点线和分组起跑线见图 5.33。

单位：m

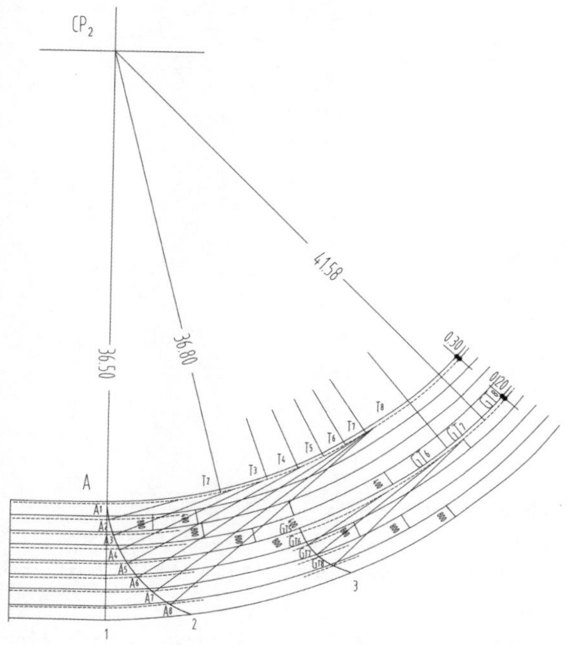

说明：

1——终点线

2——2000m 和 10000m 的起点线；

3——2000m 和 10000m 的分组起点线；

CP_2A——36.50m；CP_1A_T——36.80m；CP_2B_T——36.80m+1.12m；CP_2C_T……H_T——37.92m+ 每　道 1.22m；T_2 至 T_8——切线点；GT_6 至 GT_8——分组起跑线的切线点。

图 5.33　400m 标准跑道第一个弯道上的 2000m 和 10000m 起点线和分组起跑线

400m 标准跑道第 2 个弯道上的 1000m、3000m 和 5000m 起点线和分组起跑线如图 5.34 所示。

跨栏跑项目的栏架位置应在跑道上采用 100mm × 50mm 标志线表示，从起点到标志线边缘接近运动员一侧的测量距离应符合表 5.30 的规定。

表 5.30　400m 标准跑道栏架位置、标志线颜色和数量

序号	赛跑距离	起点至第 1 栏架距离	两个栏架间距离	最后一个栏架与终点间距离	标志线颜色	栏架数量
1	女子 100m	（13.00 ± 0.01）m	（8.50 ± 0.01）m	（10.50 ± 0.01）m	黄色	10 个
2	男子 110m	（13.72 ± 0.01）m	（9.14 ± 0.01）m	（14.02 ± 0.01）m	蓝色	
3	女子 400m	（45.00 ± 0.03）m	（35.00 ± 0.03）m	（40.00 ± 0.03）m	绿色	
4	男子 400m					

可在跑道第 2 弯道内弧的内侧或在外弧的外侧建永久障碍水池，障碍水池位置、设施见图 5.35、图 5.36 和图 5.37。

单位：m

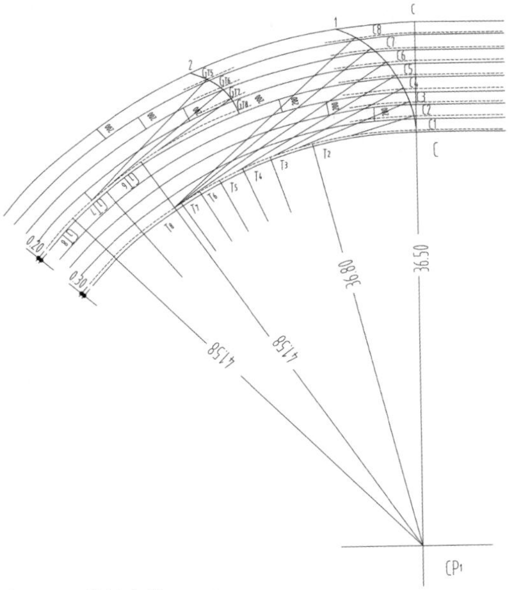

说明：

1——1000m、3000m 和 5000m 的起点线；

2——1000m、3000m 和 5000m 的分组起跑线；

CP_1C——36.50m；CP_1A_T——36.80m，CP_1B_T——36.80m+1.12m；CP_1C_T 至 HT——37.92m+ 每 道 1.22m；T_2 至 T_8——切线点；GT_6 至 GT_8——分组起跑线的切线点。

图 5.34　400m 标准跑道第 2 个弯道上的 1000m、3000m 和 5000m 起点线和分组起跑线

单位：m

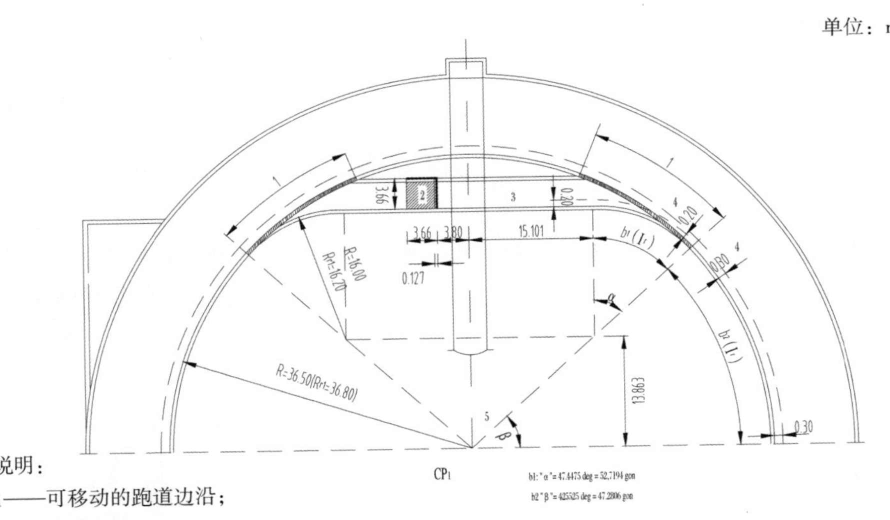

说明：

1——可移动的跑道边沿；

2——障碍水池；

3——直段；

4——测量线与跑道内沿的间距；

5——半圆圆心。

注：b=rxπx（α/180°）（障碍赛跑道曲段长度计算的测量线与标志线的间距为 0.20m）；

b1（1r）=16.20x3.1416×（47.448°/180°）=13.415m；b2（1r）=36.80×3.1416×（42.551°/180°）=27.331m；直段 =2×15.101=30.202m；障碍水池的弯道长度：2×（13.416+27.33+15.101）=111.694m；半圆弯道的长度：36.80×3.1416=115.611m；水池弯道长度比半圆弯道短 3.916m；过渡弯道半径为 16m。

图 5.35　位于弯道内部的 400m 标准跑道障碍水池位置

单位：m

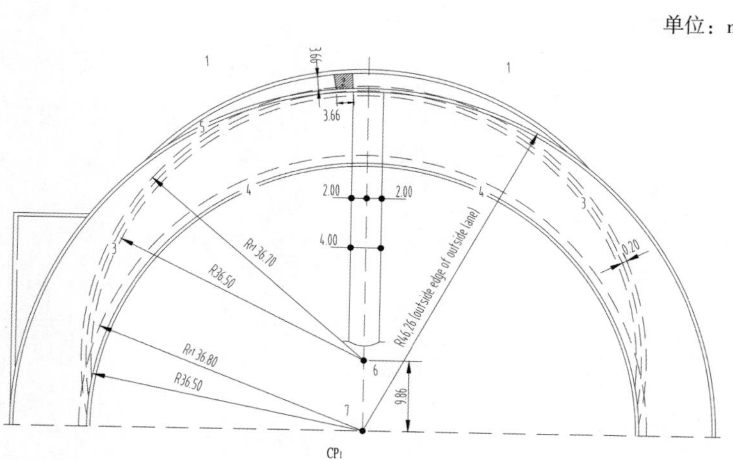

说明：

1——跑道的外边沿（下设排水）；

2——障碍水池；

3——标记线（跑道表面）；

4——内跑道边沿（0.05m 高）；

5——可移动的跑道边沿；

6——附加圆弧圆心；

7——半圆圆心。

注：测量线至内侧跑道标志线的间距为 0.20m，测量长度为：9.86 × 2+36.7 × 3.1416=135.017m；障碍水池的弯道测量长度应比标准跑道半圆弯道的长度（115.611m）长 19.407m。

图 5.36 位于弯道外侧的 400m 标准跑道障碍水池位置

单位：m

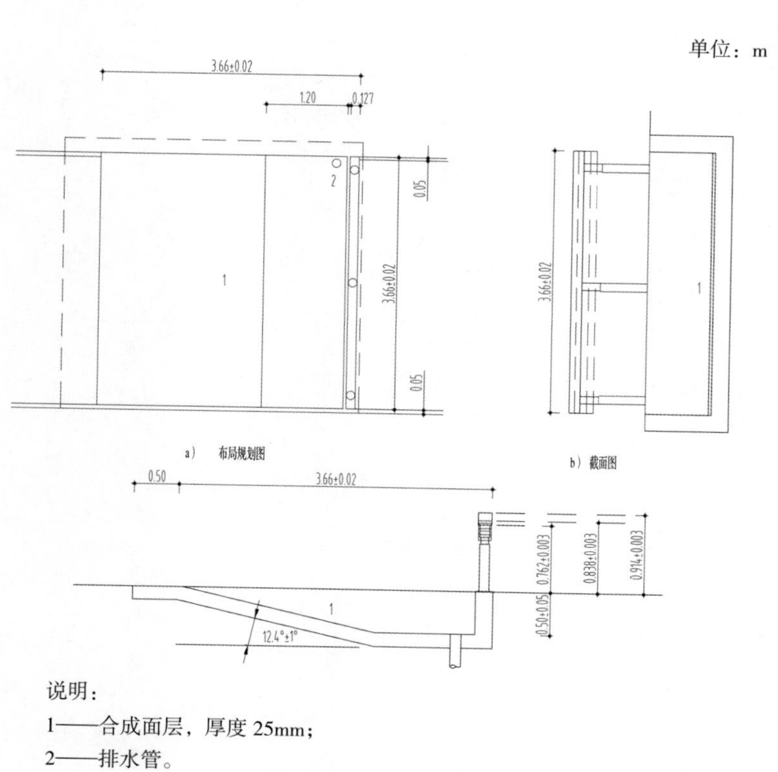

说明：

1——合成面层，厚度 25mm；

2——排水管。

图 5.37 障碍水池设施

各项田径比赛设施要求见图 5.38 至图 5.55。

单位：m

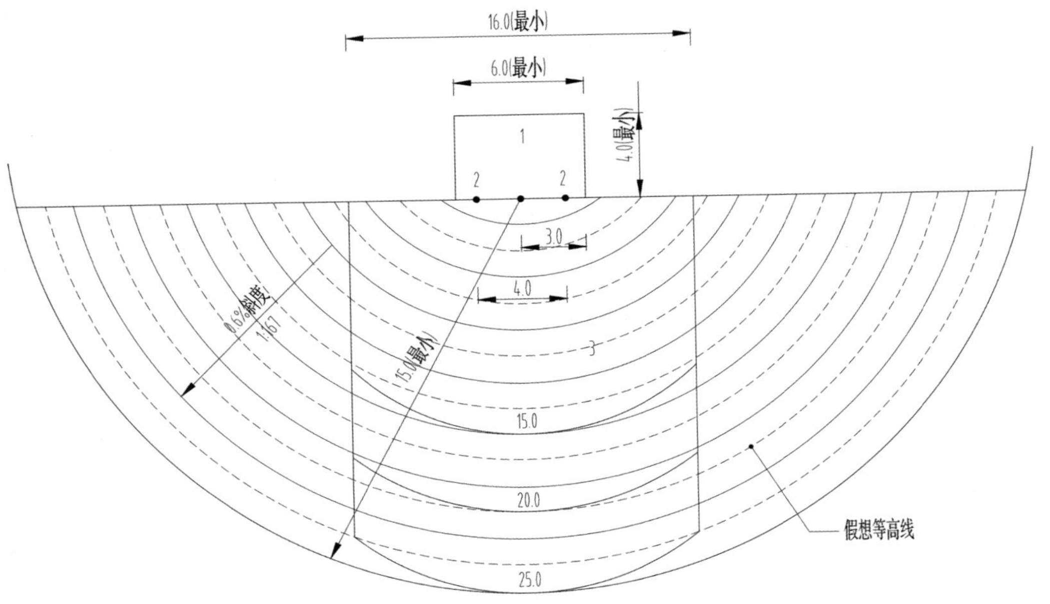

说明：

1——落地区；

1——支架；

1——助跑道区。

图 5.38　跳高设施要求

单位：m

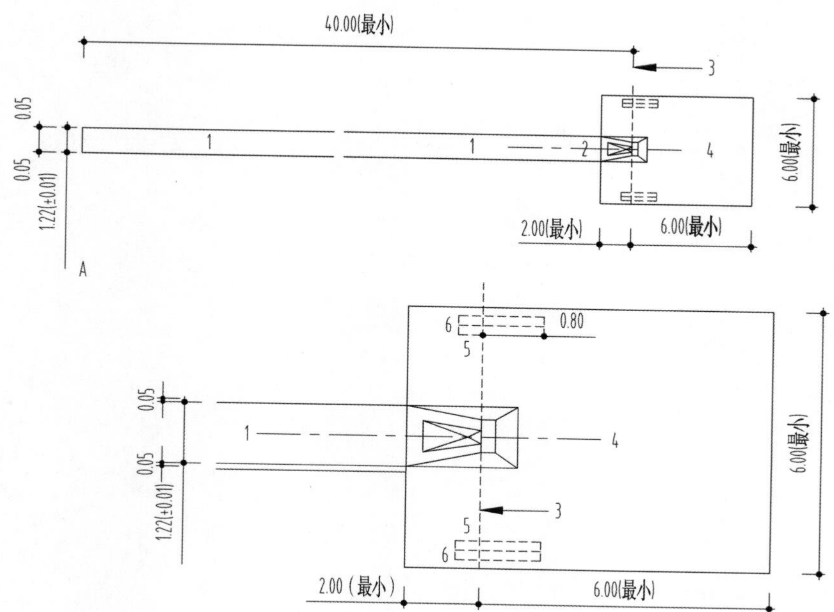

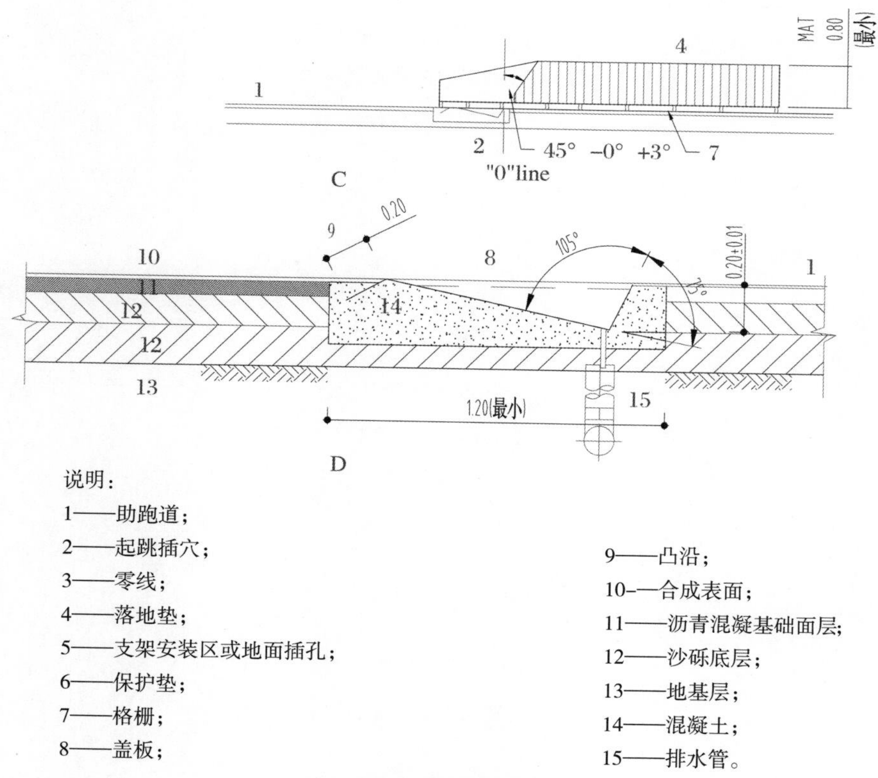

说明：

1——助跑道；
2——起跳插穴；
3——零线；
4——落地垫；
5——支架安装区或地面插孔；
6——保护垫；
7——格栅；
8——盖板；
9——凸沿；
10-—合成表面；
11——沥青混凝基础面层；
12——沙砾底层；
13——地基层；
14——混凝土；
15——排水管。

图 5.39 撑竿跳高设施要求

单位：m

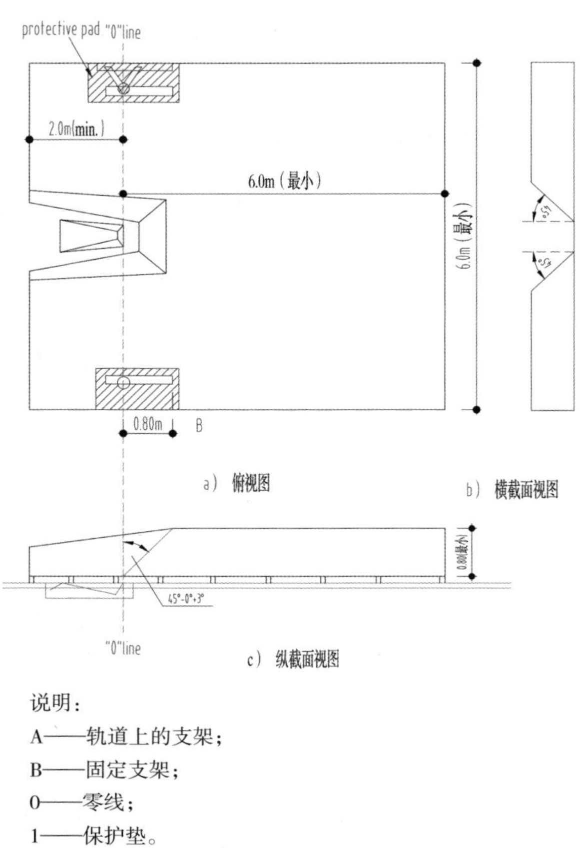

说明：

A——轨道上的支架；

B——固定支架；

0——零线；

1——保护垫。

图 5.40　撑竿跳高落地区要求

单位：m

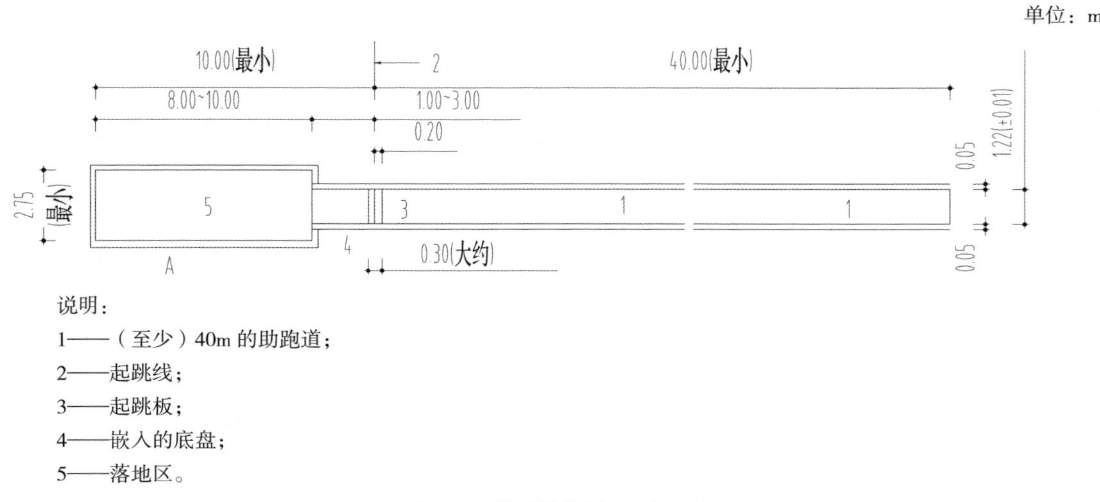

说明：

1——（至少）40m 的助跑道；

2——起跳线；

3——起跳板；

4——嵌入的底盘；

5——落地区。

图 5.41　跳远设施平面布置要求

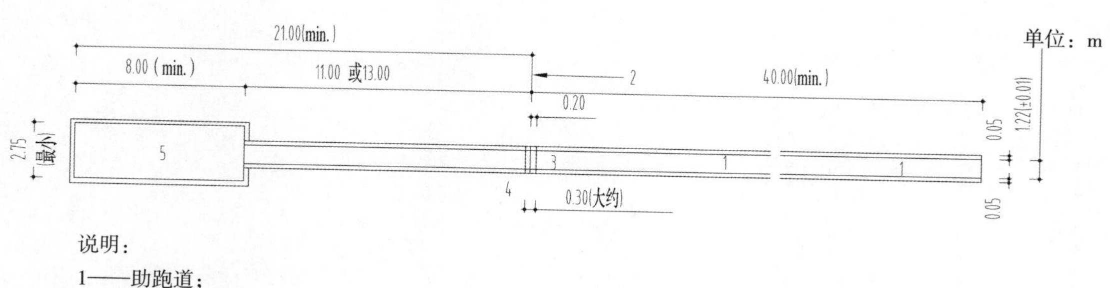

说明：

1——助跑道；

2——起跳线；

3——起跳板；

4——嵌入的底盘；

5——落地区。

图 5.42 三级跳远设施平面布置图要求

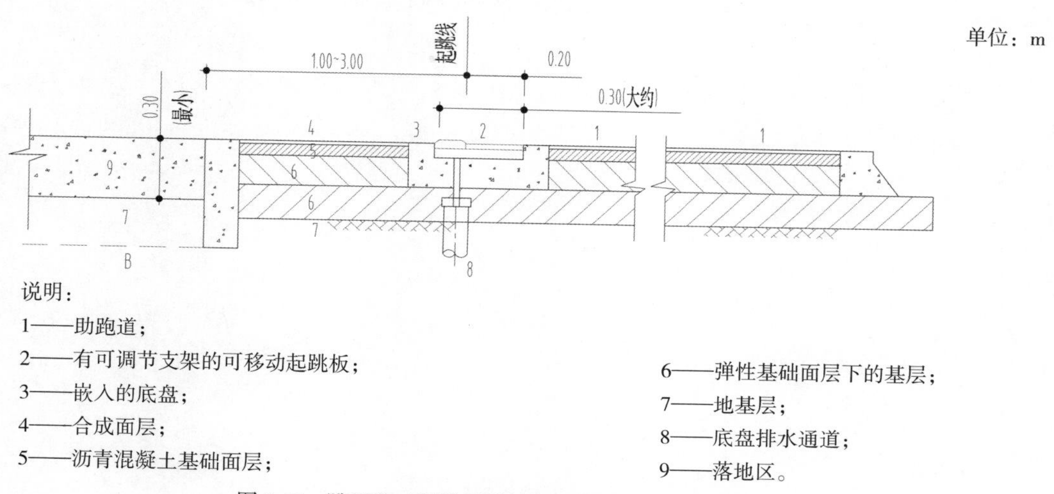

说明：

1——助跑道；

2——有可调节支架的可移动起跳板；

3——嵌入的底盘；

4——合成面层；

5——沥青混凝土基础面层；

6——弹性基础面层下的基层；

7——地基层；

8——底盘排水通道；

9——落地区。

图 5.43 跳远和三级跳远设施用于起跳板嵌入的底盘

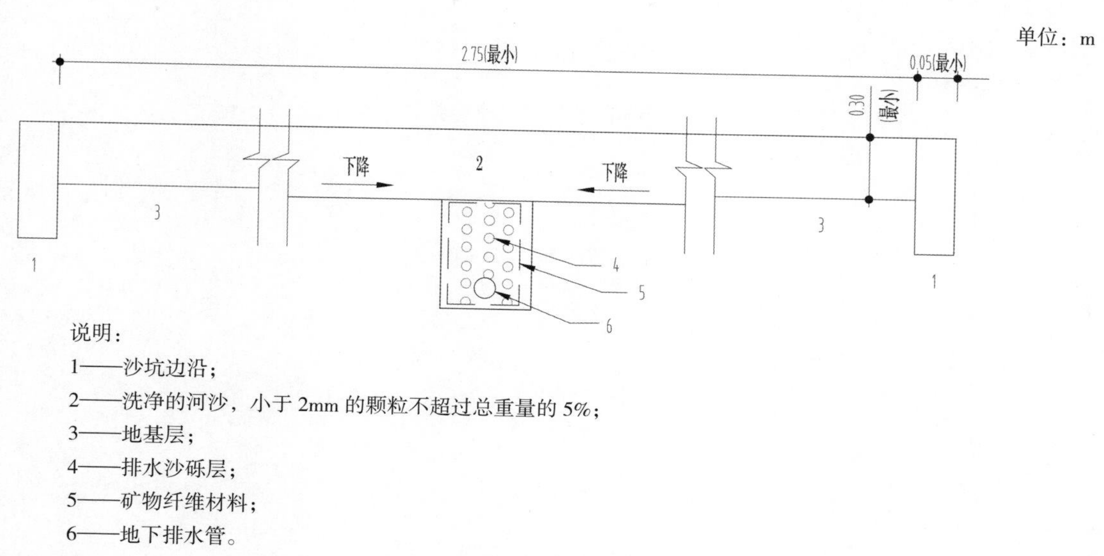

说明：

1——沙坑边沿；

2——洗净的河沙，小于 2mm 的颗粒不超过总重量的 5%；

3——地基层；

4——排水沙砾层；

5——矿物纤维材料；

6——地下排水管。

图 5.44 跳远和三级跳远设施落地区要求

单位：m

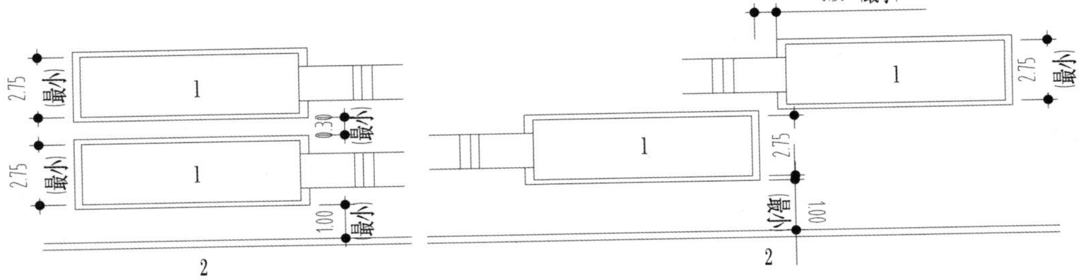

说明：
1——落地区；
2——跑道。

图 5.45　两个平行的跳远和三级跳远设施间的最小距离

单位：m

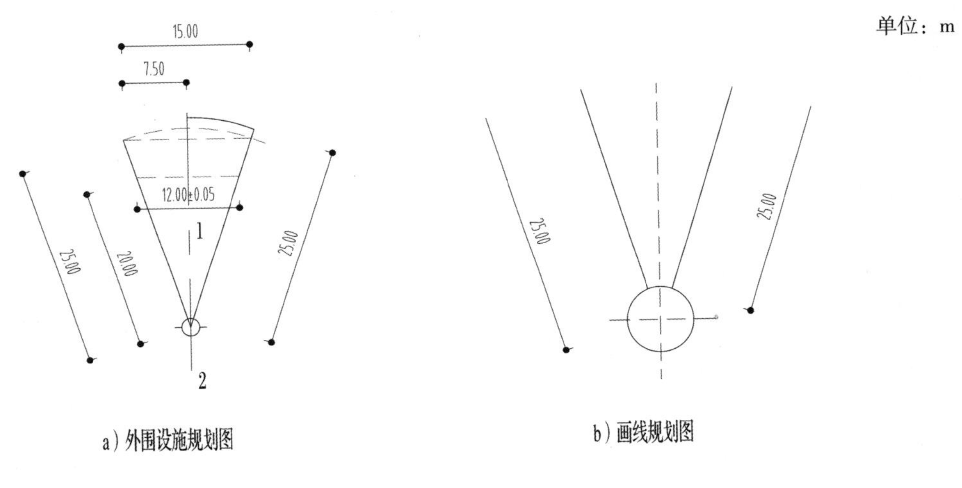

说明：
1——落地区；
2——投掷圈。

图 5.46　推铅球设施要求

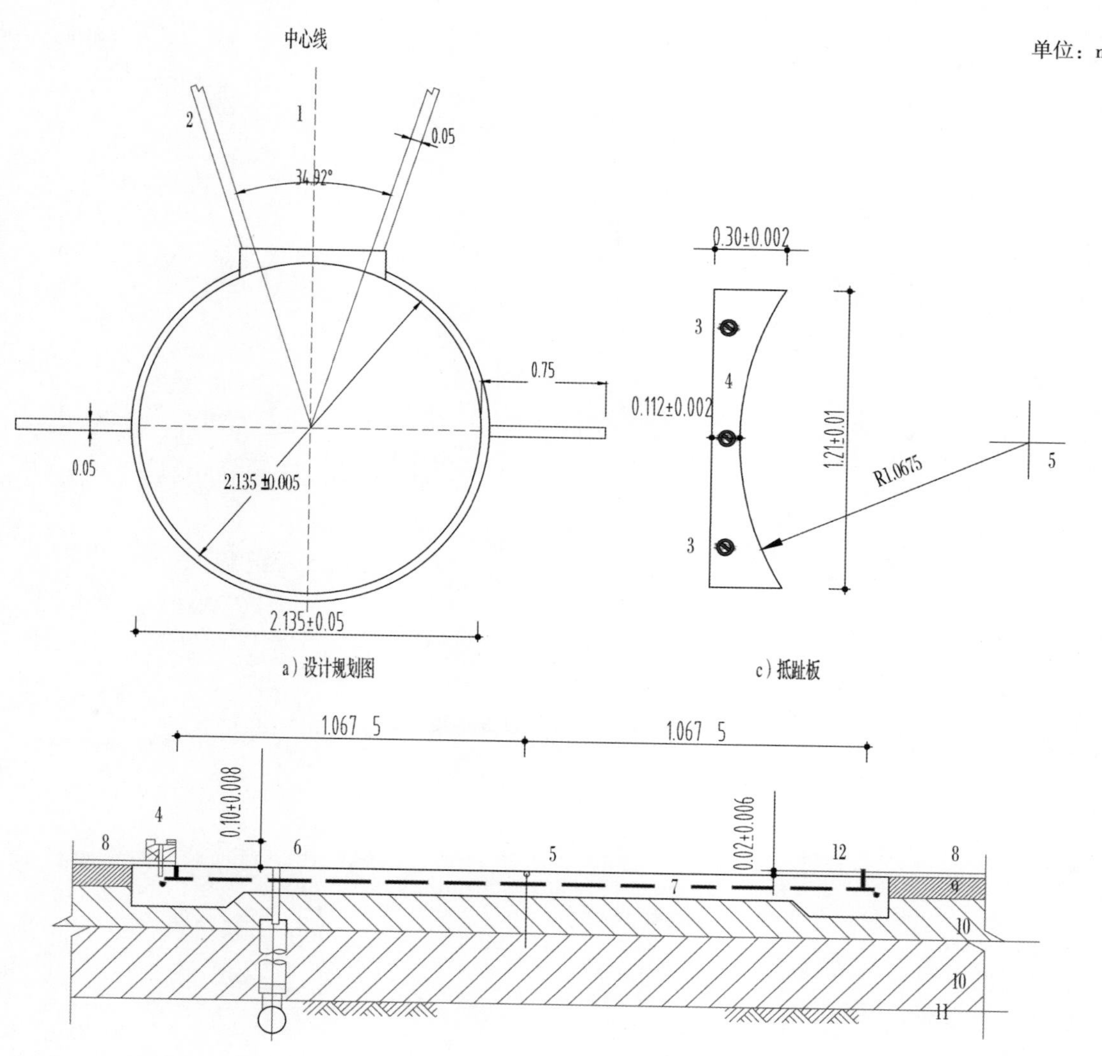

说明：

1——落地区；

2——投掷区扇形区的标记；

3——固定物；

4——抵趾板；

5——中心点 0.004m 直径（黄铜管）；

6——排水管弧形抵趾板；

7——建在金属网上的混凝土（至少 0.15m 厚）；

8——合成面层；

9——沥青混凝土；

10——沙砾底层；

11——地基；

12——环形金属边沿。

图 5.47 推铅球投掷圈要求

单位：m

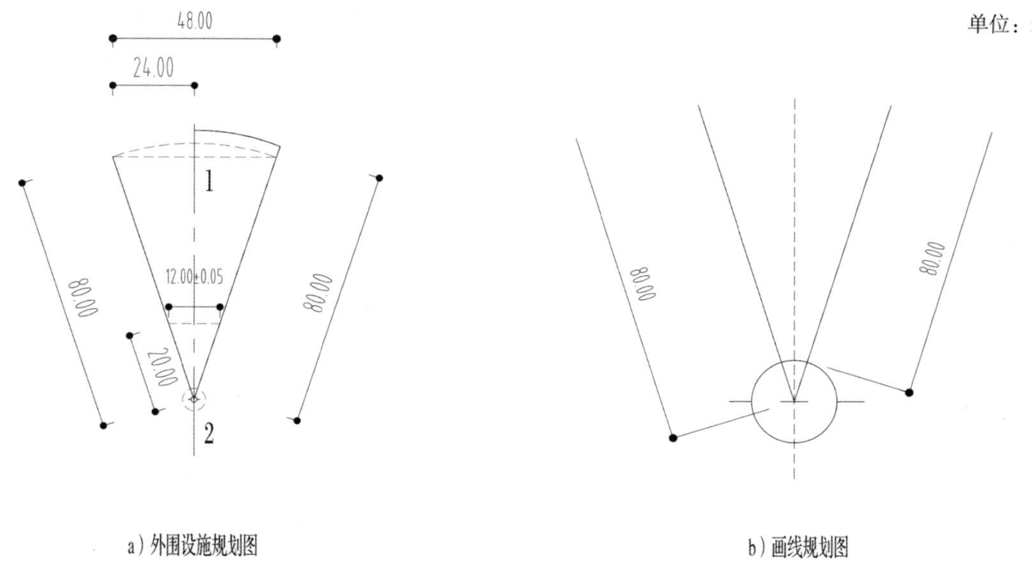

说明：
1——落地区；
2——投掷圈。

图 5.48　掷铁饼设施要求

单位：m

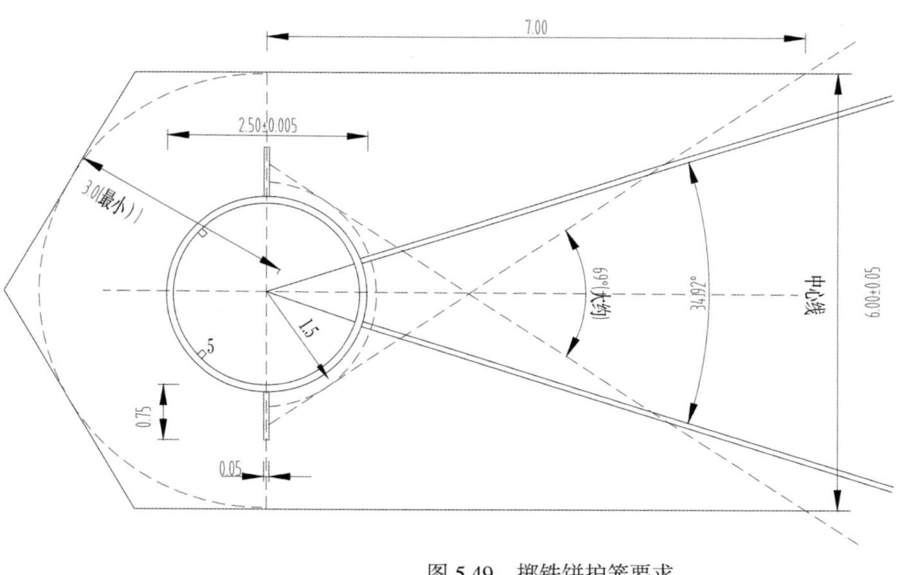

图 5.49　掷铁饼护笼要求

单位：m

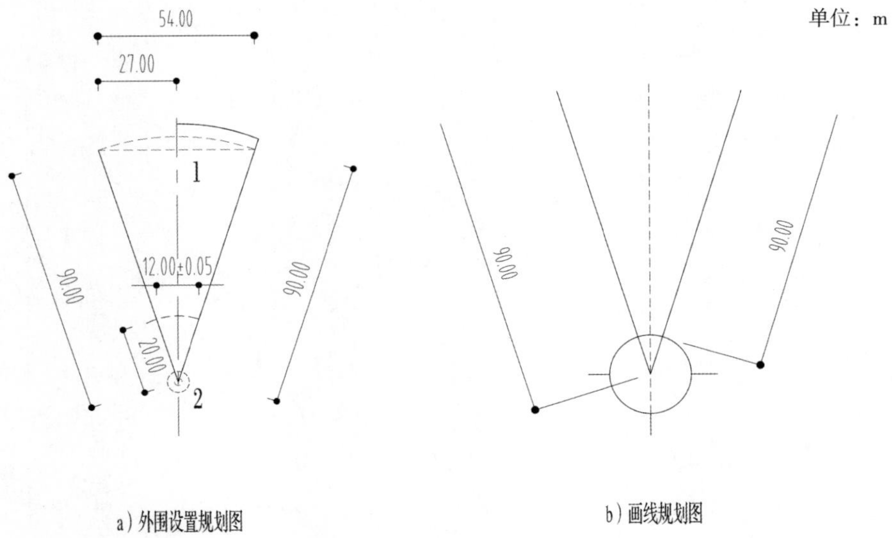

说明：

1——落地区；

2——投掷圈。

图 5.50 掷链球设施要求

单位：m

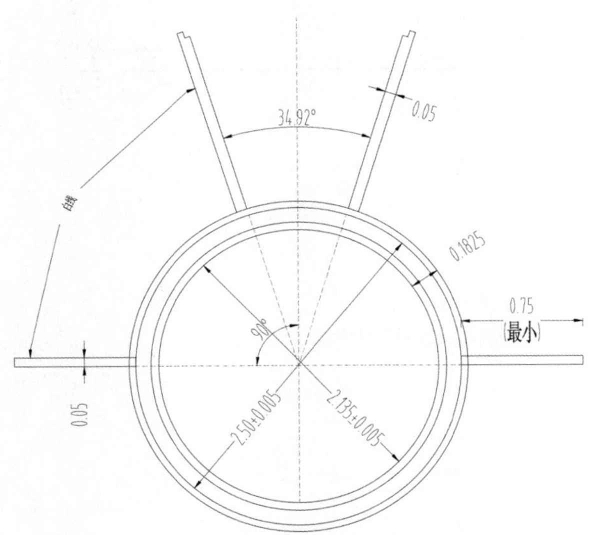

图 5.51 掷链球和掷铁饼共用投掷圈要求

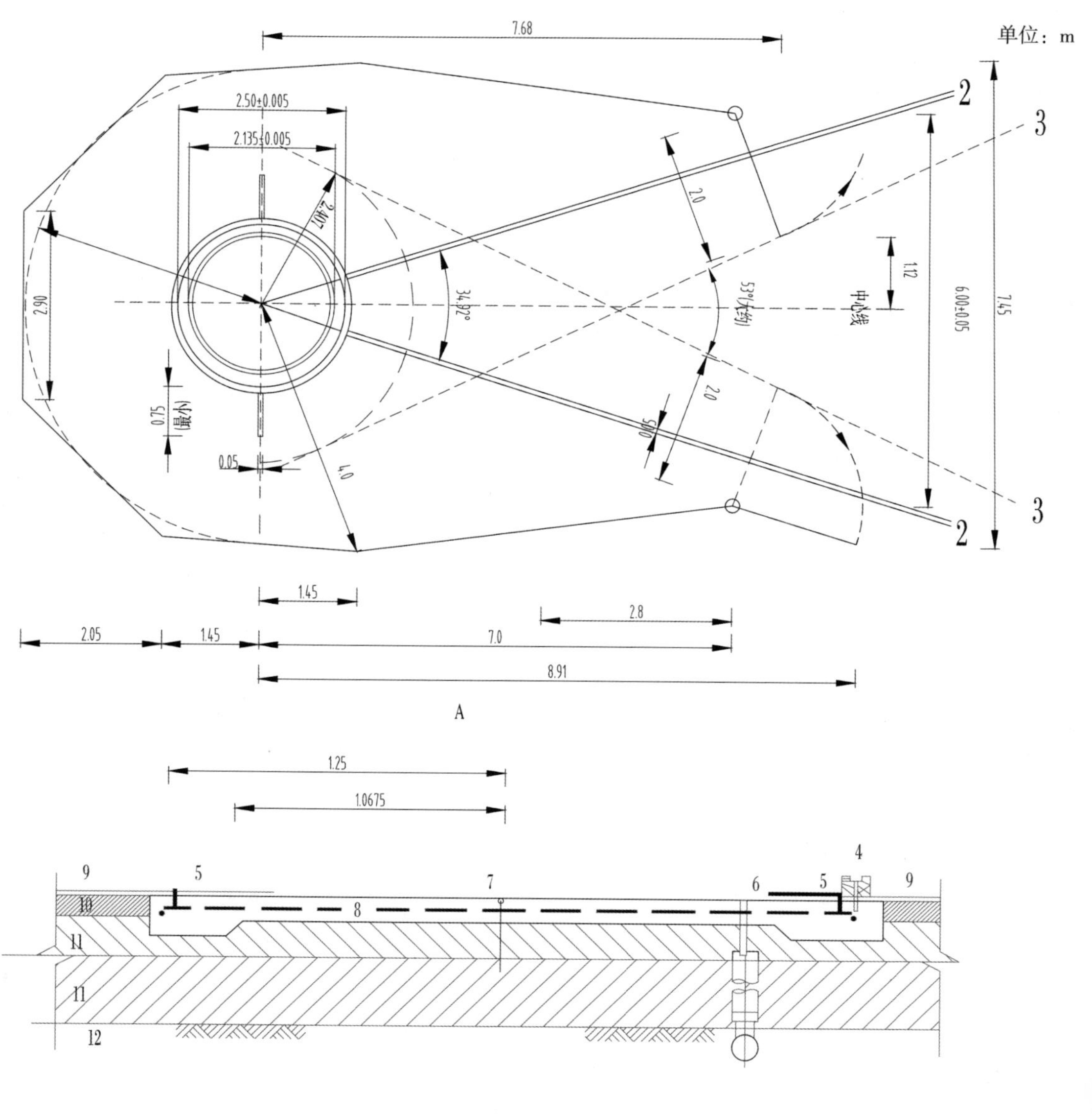

图 5.52　掷链球和掷铁饼两用护笼（同心圆）要求

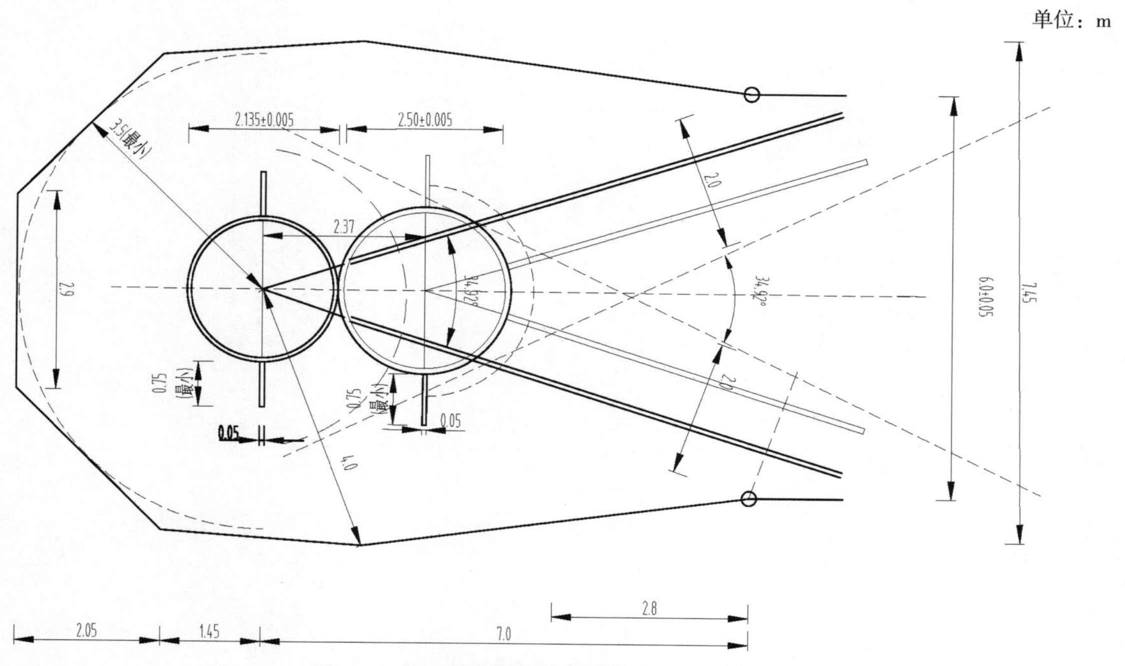

图 5.53 掷链球和掷铁饼两用护笼（外切圆）要求

单位：m

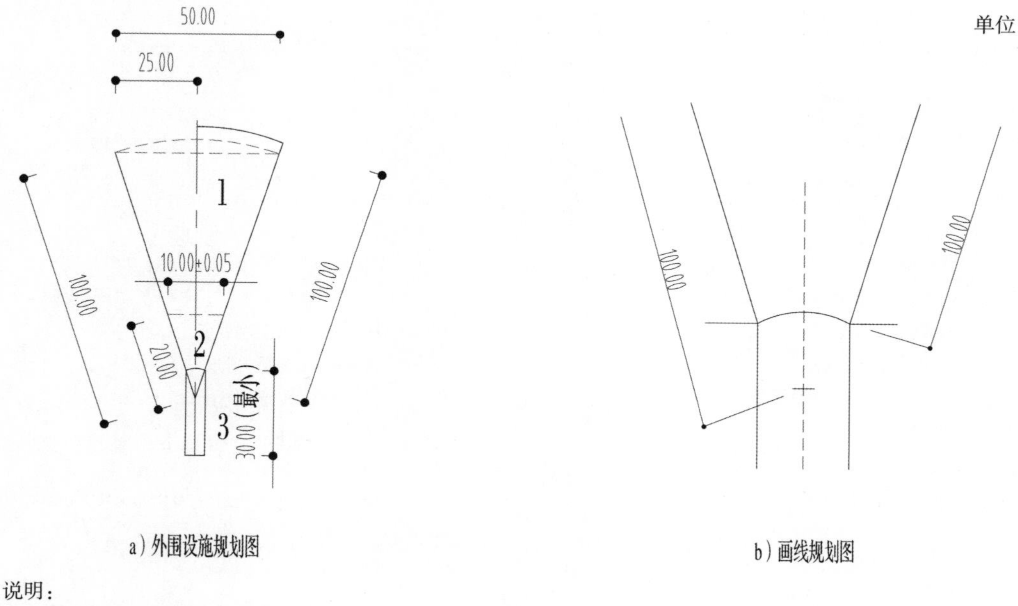

50.00
25.00
1
10.00±0.05
100.00
2
20.00
3
30.00(最小)

a）外围设施规划图

100.00

b）画线规划图

说明：

1——落地区；

2——起掷弧；

3——助跑道。

图 5.54 掷标枪设施要求

单位：m

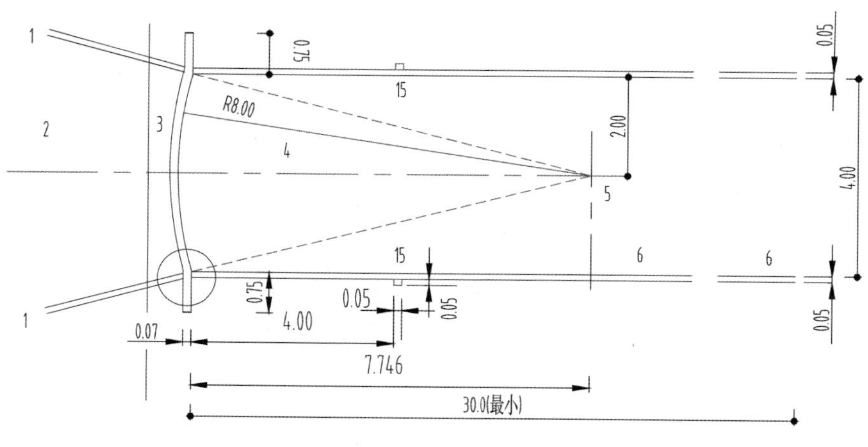

a）设计规划图

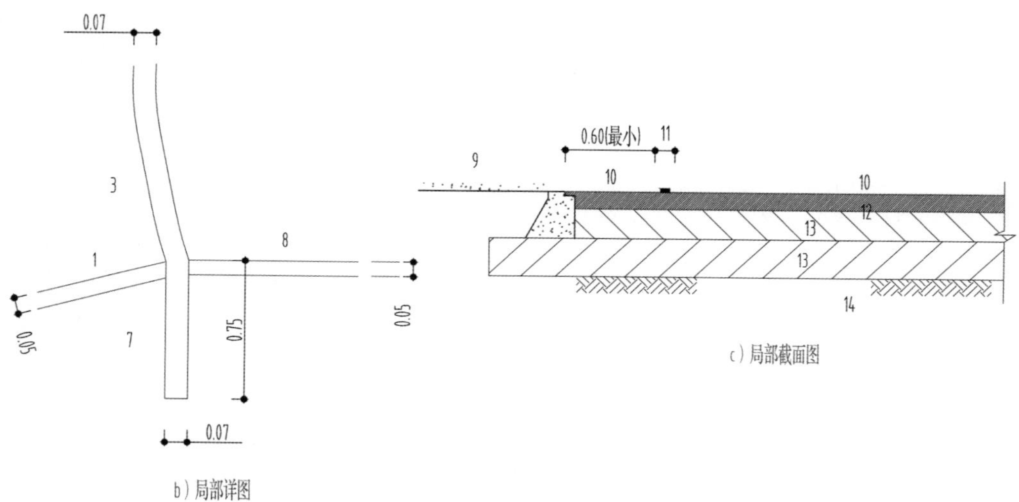

c）局部截面图

b）局部详图

说明：

1——投掷扇形区标记；
2——落地区；
3——起掷弧；
4——加固投掷区；
5——中心点（外围设置规划的交叉点）；
6——助跑道；
7——标志线；
8——侧面边沿标记；
9——草皮；
10——合成面层；
11——起掷弧标记；
12——沥青混凝土；
13——沙砾层；
14——地基层；
15——白色方块标记 0.05m × 0.05m。

图 5.55　掷标枪的助跑道和起掷弧要求

五、LED 显示屏、标准时钟系统及升降旗的项目指标要求

LED 显示屏、标准时钟系统及升降旗的项目指标要求应分别依据附录 C、附录 D 及附录 E 的相关规定。

5.8 羽毛球比赛场馆的体育工艺检测项目指标

一、扩声系统

羽毛球比赛场馆的扩声系统现场检测程序依据附录 A，扩声系统检测要求见表 5.31。

表 5.31 羽毛球比赛场馆扩声系统检测要求

检测类别	检测依据	检测内容	指标	级别
扩声系统	JGJ/T 131—2012 体育场馆声学设计及测量规程	最大声压级	≥ 105dB	一级
			≥ 100dB	二级
			≥ 95dB	三级
		传输频率特性	125 ~ 4000Hz：-4 ~ +4dB 100Hz、5000Hz：-6 ~ +4dB 80Hz、6300Hz：-8 ~ +4dB 63Hz、8000Hz：-10 ~ +4dB	一级
			125 ~ 4000Hz：-6 ~ +4dB 100Hz、5000Hz：-8 ~ +4dB 80Hz、6300Hz：-10 ~ +4dB 63Hz、8000Hz：-12 ~ +4dB	二级
			250 ~ 4000Hz：-8 ~ +4dB 200Hz、5000Hz：-10 ~ +4dB 160Hz、6300Hz：-12 ~ +4dB 125Hz、8000Hz：-14 ~ +4dB	三级
		传声增益	125 ~ 4000Hz：≥ -10dB	一级
			125 ~ 4000Hz：≥ -12dB	二级
			250 ~ 4000Hz：≥ -12dB	三级
		稳态声场不均匀度	1000Hz、4000Hz：≤ 8dB	一级
			1000Hz、4000Hz：≤ 10dB	二级
			1000Hz：≤ 10dB	三级
		系统噪声	扩声系统不产生明显可察觉的噪声干扰	一级

续表

检测类别	检测依据	检测内容	指标	级别
扩声系统	JGJ/T 131—2012 体育场馆声学设计及测量规程	系统噪声	扩声系统不产生明显可察觉的噪声干扰	二级
			扩声系统不产生明显可察觉的噪声干扰	三级
		语言传输指数	≥ 0.5	一级
			≥ 0.5	二级
			≥ 0.5	三级
		混响时间	不同容积比赛大厅 500~1000Hz 满场混响时间： 容积＜ 40000m^3，混响时间 1.3~1.4s； 容积 40000~80000m^3，混响时间 1.4~1.6s； 容积 80000~160000m^3，混响时间 1.6~1.8s； 容积＞ 160000m^3，混响时间 1.9~2.1s	—
			各频率混响时间相对于 500~1000Hz 混响时间的比值： 频率 125Hz，比值 1.0~1.3； 频率 250Hz，比值 1.0~1.2； 频率 2000Hz，比值 0.9~1.0； 频率 4000Hz，比值 0.8~1.0	

注：当比赛大厅容积大于表中列出的最大容积的 1 倍以上时，混响时间可比 2.1s 适当延长。

二、照明系统

羽毛球馆照明系统现场检测程序依据附录 B，照明系统检测要求见表 5.32。

表 5.32　羽毛球馆照明系统检测要求

检测类别	检测依据	检测内容	指标	级别
照明系统	JGJ 153—2016 体育场馆照明设计及检测标准	水平照度	300 lx	Ⅰ
			750 lx（PA）/500（TA）lx	Ⅱ
			1000 lx（PA）/750（TA）lx	Ⅲ
			—	Ⅳ
			—	Ⅴ
			—	Ⅵ
		水平照度均匀度	U_1：—；$U_2 \geq 0.5$	Ⅰ
			$U_1 \geq 0.5/0.4$；$U_2 \geq 0.7/0.6$	Ⅱ
			$U_1 \geq 0.5/0.4$；$U_2 \geq 0.7/0.6$	Ⅲ

续表

检测类别	检测依据	检测内容	指标	级别
照明系统	JGJ 153—2016 体育场馆照明设计及检测标准	水平照度均匀度	$U_1 \geq 0.5/0.4$；$U_2 \geq 0.7/0.6$	Ⅳ
			$U_1 \geq 0.6/0.5$；$U_2 \geq 0.8/0.7$	Ⅴ
			$U_1 \geq 0.7/0.6$；$U_2 \geq 0.8/0.8$	Ⅵ
		垂直照度	—	Ⅰ
			—	Ⅱ
			—	Ⅲ
			$E_{vmai} \geq$ 1000 /750lx；$E_{vaux} \geq$ 750/500 lx	Ⅳ
			$E_{vmai} \geq$ 1400/1000 lx；$E_{vaux} \geq$ 1000/750 lx	Ⅴ
			$E_{vmai} \geq$ 2000/1400 lx；$E_{vaux} \geq$ 1400/1000 lx	Ⅵ
		垂直照度均匀度	—	Ⅰ
			—	Ⅱ
			—	Ⅲ
			E_{vmai}：$U_1 \geq 0.4/0.3$；$U_2 \geq 0.6/0.5$ E_{vaux}：$U_1 \geq 0.3/0.3$；$U_2 \geq 0.5/0.4$	Ⅳ
			E_{vmai}：$U_1 \geq 0.5/0.3$；$U_2 \geq 0.7/0.5$ E_{vaux}：$U_1 \geq 0.3/0.3$；$U_2 \geq 0.5/0.4$	Ⅴ
			E_{vmai}：$U_1 \geq 0.6/0.4$；$U_2 \geq 0.7/0.6$ E_{vaux}：$U_1 \geq 0.4/0.3$；$U_2 \geq 0.6/0.5$	Ⅵ
		色温	≥ 4000K	Ⅰ
			≥ 4000K	Ⅱ
			≥ 4000K	Ⅲ
			≥ 4000K	Ⅳ
			≥ 4000K	Ⅴ
			≥ 5500K	Ⅵ
		显色指数	≥ 65	Ⅰ
			≥ 65	Ⅱ
			≥ 65	Ⅲ
			≥ 80	Ⅳ
			≥ 80	Ⅴ
			≥ 90	Ⅵ

续表

检测类别	检测依据	检测内容	指标	级别
照明系统	JGJ 153—2016 体育场馆照明设计及检测标准	眩光指数	≤ 35	Ⅰ
			≤ 30	Ⅱ
			≤ 30	Ⅲ
			≤ 30	Ⅳ
			≤ 30	Ⅴ
			≤ 30	Ⅵ
		应急照明	≥ 20 lx	Ⅰ
			≥ 20 lx	Ⅱ
			≥ 20 lx	Ⅲ
			≥ 20 lx	Ⅳ
			≥ 20 lx	Ⅴ
			≥ 20 lx	Ⅵ

注：表中同一格有两个值时，“/”前为主赛区（PA）的值，“/”后为总赛区（TA）的值。

三、面层系统

羽毛球馆的面层系统现场检测程序依据附录 F，木地板场地及合成面层场地的检测要求详见表 5.33 和表 5.34。

表 5.33　羽毛球馆木地板场地检测要求

指标		依据标准	要求	
			竞技	健身
基本要求	材种	GB/T 19995.2—2005	选用材种表面不易起刺	
	面层材料外观质量	GB/T 15036.1—2018 GB/T 18103—2022	一等品	
	地板块的加工精度	GB/T 15036.1—2018 GB/T 18103—2022	长度≤ 500mm 时，公称长度与每个测量值之差绝对值≤ 0.5mm； 长度＞ 500mm 时，公称长度与每个测量值之差绝对值≤ 1.0mm； 公称宽度与平均宽度之差绝对值≤ 0.3mm，宽度最大值与最小值之差≤ 0.3mm； 公称厚度与平均厚度之差的绝对值≤ 0.3mm； 厚度最大值与最小值之差≤ 0.4mm	

续表

<table>
<tr><th colspan="2" rowspan="2">指标</th><th rowspan="2">依据标准</th><th colspan="2">要求</th></tr>
<tr><th>竞技</th><th>健身</th></tr>
<tr><td>基本要求</td><td>环保要求</td><td>GB/T 18580—2017
GB 50005—2017</td><td colspan="2">E1</td></tr>
<tr><td colspan="2">结构</td><td>GB/T 19995.2—2005</td><td colspan="2">应仔细考虑场地的主要用途，来决定所需要的木地板场地结构</td></tr>
<tr><td rowspan="6">性能</td><td>冲击吸收</td><td>GB/T 19995.2—2005</td><td>≥ 53%</td><td>≥ 40%</td></tr>
<tr><td>球反弹率</td><td>GB/T 19995.2—2005</td><td>≥ 90%</td><td>≥ 75%</td></tr>
<tr><td>滚动负荷</td><td>GB/T 19995.2—2005</td><td>≥ 1500N</td><td>≥ 1500N</td></tr>
<tr><td>滑动摩擦系数</td><td>GB/T 19995.2—2005</td><td>0.4~0.6</td><td>0.4~0.7</td></tr>
<tr><td>标准垂直变形</td><td>GB/T 19995.2—2005</td><td>≥ 2.3mm</td><td>N/A</td></tr>
<tr><td>垂直变形率 W_{500}</td><td>GB/T 19995.2—2005</td><td>≤ 15%</td><td>N/A</td></tr>
<tr><td colspan="2">平整度</td><td>GB/T 19995.2—2005</td><td colspan="2">间隙≤ 2mm
场地任意间距 15m 的两点高差≤ 15mm</td></tr>
<tr><td colspan="2">涂层性能</td><td>GB/T 19995.2—2005</td><td colspan="2">涂层颜色不应影响赛场区画线的辨认，反光不应影响运动员的发挥，并具有耐磨、防滑、难燃的特性</td></tr>
<tr><td colspan="2">通风设施</td><td>GB/T 19995.2—2005</td><td colspan="2">体育地板结构宜具有通风设施，该设施既能起到良好的通风作用，又要布置合理，不可设在比赛区域内，其颜色和面层相同或相近</td></tr>
<tr><td colspan="2">防变形措施</td><td>GB/T 19995.2—2005</td><td colspan="2">面层应采取防变形措施，避免地板因外界环境变化而发生影响正常使用的起翘、下凹等各种变形</td></tr>
<tr><td colspan="2">特殊要求</td><td>GB/T 19995.2—2005</td><td colspan="2">在使用场馆时，噪声的扩散和振动的传播等地板层的特性应符合合同双方的约定</td></tr>
</table>

表 5.34　羽毛球馆合成面层场地（依据国际羽联）检测要求

指标	依据标准	测试方法	要求
冲击吸收	BS EN 14808:2005	质量为 20kg 的重物自由下落到一个铁砧上，铁砧通过弹簧将力传向测力台底部，测力台通过球形底盘安装在地面。测力台由力值传感器组成，并能在冲击过程中记录下冲击返回力的最大值。 将该最大值与在坚固地面上（如混凝土）所测得的数据进行比较，同时计算出合成表面冲击返回作用力的百分比： $$R=\left(1-\frac{F_S}{F_C}\right)\times 100\%$$	25%~75%

续表

指标	依据标准	测试方法	要求
垂直变形	EN 14809:2005	质量为 20 kg 的重物下落到弹簧上，通过弹簧将负荷传递到放置在被检测物表面的测力台； 测力台内包含一个力值传感器，传感器可以在冲击过程中记录下力值的增量，通过测力台两侧的变形摄取器的平均数来测量出被检测物表面的变形量	≤ 5mm
摩擦	BS EN 13036—4:2011	测试样品时，调节摆动臂的高度，使滑动片与被测表面接触，滑动片从左边缘到右边缘与被测表面接触的距离是 125~127mm； 把所设置的高度固定在这个位置上并反复摆动滑移片以核定距离，然后把摆动臂放在水平重物的位置上； 在测试区保持测试样品表面干燥，放开摆动臂使其自由落下，略去第一次指针计数，然后进行 5 次同样的试验。记录每次摆动后指针所得的刻度读数，计算这 5 个读数的平均值，数值精确到小数点后一位，即为干燥表面的抗滑值 F	80~110
耐压痕	BS EN 1516:1999	① 将（500 ± 10）kg 的砝码压在样品表面，保持 5h； ② 取下砝码，5 分钟后测量压痕深度，24 小时后再次测量	≤ 0.5mm
耐磨损	EN ISO 5470—1:2016	对于合成表面，应采用 H18 磨轮和 1 kg 负载。进行 1000 次磨损循环，称量试样磨损前后变化值	<1000mg

四、场地规格画线

羽毛球场地规格画线要求详见图 5.56、图 5.57。

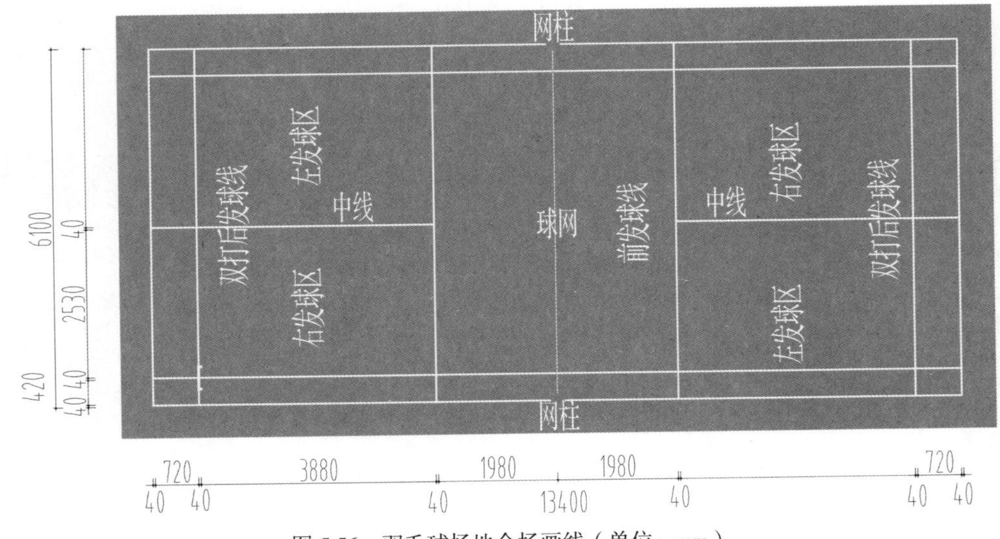

图 5.56　羽毛球场地全场画线（单位：mm）

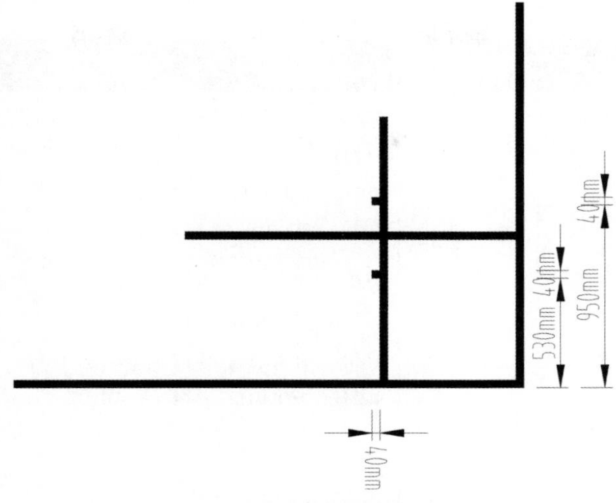

图 5.57　羽毛球场地标志线

五、LED 显示屏、标准时钟系统及升降旗的项目指标要求

LED 显示屏、标准时钟系统及升降旗的项目指标要求应分别依据附录 C、附录 D 及附录 E 的相关规定。

5.9　乒乓球比赛场馆的体育工艺检测项目指标

一、扩声系统

乒乓球比赛场馆扩声系统现场检测程序依据附录 A，扩声系统检测要求见表 5.35。

表 5.35　乒乓球比赛场馆扩声系统检测要求

<table>
<tr><th>检测类别</th><th>检测依据</th><th>检测内容</th><th>指标</th><th>级别</th></tr>
<tr><td rowspan="4">扩声系统</td><td rowspan="4">JGJ/T 131—2012 体育场馆声学设计及测量规程</td><td rowspan="3">最大声压级</td><td>≥ 105dB</td><td>一级</td></tr>
<tr><td>≥ 100dB</td><td>二级</td></tr>
<tr><td>≥ 95dB</td><td>三级</td></tr>
<tr><td>传输频率特性</td><td>125 ~ 4000Hz：−4 ~ +4dB
100Hz、5000Hz：−6 ~ +4dB
80Hz、6300Hz：−8 ~ +4dB
63Hz、8000Hz：−10 ~ +4dB</td><td>一级</td></tr>
</table>

续表

检测类别	检测依据	检测内容	指标	级别
扩声系统	JGJ/T 131—2012 体育场馆声学设计及测量规程	传输频率特性	125 ~ 4000Hz：-6 ~ +4dB 100Hz、5000Hz：-8 ~ +4dB 80Hz、6300Hz：-10 ~ +4dB 63Hz、8000Hz：-12 ~ +4dB	二级
			250 ~ 4000Hz：-8 ~ +4dB 200Hz、5000Hz：-10 ~ +4dB 160Hz、6300Hz：-12 ~ +4dB 125Hz、8000Hz：-14 ~ +4dB	三级
		传声增益	125 ~ 4000Hz：≥ -10dB	一级
			125 ~ 4000Hz：≥ -12dB	二级
			250 ~ 4000Hz：≥ -12dB	三级
		稳态声场不均匀度	1000Hz、4000Hz：≤ 8dB	一级
			1000Hz、4000Hz：≤ 10dB	二级
			1000Hz：≤ 10dB	三级
		系统噪声	扩声系统不产生明显可察觉的噪声干扰	一级
			扩声系统不产生明显可察觉的噪声干扰	二级
			扩声系统不产生明显可察觉的噪声干扰	三级
		语言传输指数	≥ 0.5	一级
			≥ 0.5	二级
			≥ 0.5	三级
		混响时间	不同容积比赛大厅 500~1000Hz 满场混响时间： 容积＜ 40000m^3，混响时间 1.3~1.4s； 容积 40000~80000m^3，混响时间 1.4~1.6s； 容积 80000~160000m^3，混响时间 1.6~1.8s； 容积＞ 160000m^3，混响时间 1.9~2.1s	—
			各频率混响时间相对于 500~1000Hz 混响时间的比值： 频率 125Hz，比值 1.0~1.3； 频率 250Hz，比值 1.0~1.2； 频率 2000Hz，比值 0.9~1.0； 频率 4000Hz，比值 0.8~1.0	

注：当比赛大厅容积大于表中列出的最大容积的 1 倍以上时，混响时间可比 2.1s 适当延长。

二、照明系统

乒乓球馆照明系统现场检测程序依据附录 B，照明系统检测要求见表 5.36。

表 5.36　乒乓球馆照明系统检测要求

检测类别	检测依据	检测内容	指标	级别
照明系统	JGJ 153—2016 体育场馆照明设计及检测标准	水平照度	300 lx	Ⅰ
			500 lx	Ⅱ
			1000 lx	Ⅲ
			—	Ⅳ
			—	Ⅴ
			—	Ⅵ
		水平照度均匀度	U_1：—；$U_2 \geqslant 0.5$	Ⅰ
			$U_1 \geqslant 0.4$；$U_2 \geqslant 0.6$	Ⅱ
			$U_1 \geqslant 0.5$；$U_2 \geqslant 0.7$	Ⅲ
			$U_1 \geqslant 0.5$；$U_2 \geqslant 0.7$	Ⅳ
			$U_1 \geqslant 0.6$；$U_2 \geqslant 0.8$	Ⅴ
			$U_1 \geqslant 0.7$；$U_2 \geqslant 0.8$	Ⅵ
		垂直照度	—	Ⅰ
			—	Ⅱ
			—	Ⅲ
			$E_{vmai} \geqslant 1000$ lx；$E_{vaux} \geqslant 750$ lx	Ⅳ
			$E_{vmai} \geqslant 1400$ lx；$E_{vaux} \geqslant 1000$ lx	Ⅴ
			$E_{vmai} \geqslant 2000$ lx；$E_{vaux} \geqslant 1400$ lx	Ⅵ
		垂直照度均匀度	—	Ⅰ
			—	Ⅱ
			—	Ⅲ
			E_{vmai}：$U_1 \geqslant 0.4$；$U_2 \geqslant 0.6$ E_{vaux}：$U_1 \geqslant 0.3$；$U_2 \geqslant 0.5$	Ⅳ
			E_{vmai}：$U_1 \geqslant 0.5$；$U_2 \geqslant 0.7$ E_{vaux}：$U_1 \geqslant 0.3$；$U_2 \geqslant 0.5$	Ⅴ
			E_{vmai}：$U_1 \geqslant 0.6$；$U_2 \geqslant 0.7$ E_{vaux}：$U_1 \geqslant 0.4$；$U_2 \geqslant 0.6$	Ⅵ

续表

检测类别	检测依据	检测内容	指标	级别
照明系统	JGJ 153—2016 体育场馆照明设计及检测标准	色温	≥ 4000K	Ⅰ
			≥ 4000K	Ⅱ
			≥ 4000K	Ⅲ
			≥ 4000K	Ⅳ
			≥ 4000K	Ⅴ
			≥ 5500K	Ⅵ
		显色指数	≥ 65	Ⅰ
			≥ 65	Ⅱ
			≥ 65	Ⅲ
			≥ 80	Ⅳ
			≥ 80	Ⅴ
			≥ 90	Ⅵ
		眩光指数	≤ 35	Ⅰ
			≤ 30	Ⅱ
			≤ 30	Ⅲ
			≤ 30	Ⅳ
			≤ 30	Ⅴ
			≤ 30	Ⅵ
		应急照明	≥ 20 lx	Ⅰ
			≥ 20 lx	Ⅱ
			≥ 20 lx	Ⅲ
			≥ 20 lx	Ⅳ
			≥ 20 lx	Ⅴ
			≥ 20 lx	Ⅵ

三、LED 显示屏、标准时钟系统及升降旗的项目指标要求

LED 显示屏、标准时钟系统及升降旗的项目指标要求应分别依据附录 C、附录 D 及附录 E 的相关规定。

5.10 射箭比赛场馆的体育工艺检测项目指标

一、扩声系统

射箭比赛场馆的扩声系统现场检测程序依据附录 A，扩声系统检测要求见表 5.37 和 5.38。

表 5.37 射箭比赛场馆扩声系统检测要求

检测类别	检测依据	检测内容	指标	级别
扩声系统	JGJ/T 131—2012 体育场馆声学设计及测量规程	最大声压级	≥ 105dB	一级
			≥ 100dB	二级
			≥ 95dB	三级
		传输频率特性	125 ~ 4000Hz：−4 ~ +4dB 100Hz、5000Hz：−6 ~ +4dB 80Hz、6300Hz：−8 ~ +4dB 63Hz、8000Hz：−10 ~ +4dB	一级
			125 ~ 4000Hz：−6 ~ +4dB 100Hz、5000Hz：−8 ~ +4dB 80Hz、6300Hz：−10 ~ +4dB 63Hz、8000Hz：−12 ~ +4dB	二级
			250 ~ 4000Hz：−8 ~ +4dB 200Hz、5000Hz：−10 ~ +4dB 160Hz、6300Hz：−12 ~ +4dB 125Hz、8000Hz：−14 ~ +4dB	三级
		传声增益	125 ~ 4000Hz：≥ −10dB	一级
			125 ~ 4000Hz：≥ −12dB	二级
			250 ~ 4000Hz：≥ −12dB	三级
		稳态声场不均匀度	1000Hz、4000Hz：≤ 8dB	一级
			1000Hz、4000Hz：≤ 10dB	二级
			1000Hz：≤ 10dB	三级
		系统噪声	扩声系统不产生明显可察觉的噪声干扰	一级
			扩声系统不产生明显可察觉的噪声干扰	二级
			扩声系统不产生明显可察觉的噪声干扰	三级

续表

检测类别	检测依据	检测内容	指标	级别
扩声系统	JGJ/T 131—2012 体育场馆声学设计及测量规程	语言传输指数	≥ 0.5	一级
			≥ 0.5	二级
			≥ 0.5	三级
		混响时间	不同容积比赛大厅 500~1000Hz 满场混响时间： 容积＜ 40000m³，混响时间 1.3~1.4s； 容积 40000~80000m³，混响时间 1.4~1.6s； 容积 80000~160000m³，混响时间 1.6~1.8s； 容积＞ 160000m³，混响时间 1.9~2.1s	—
			各频率混响时间相对于 500~1000Hz 混响时间的比值： 频率 125Hz，比值 1.0~1.3； 频率 250Hz，比值 1.0~1.2； 频率 2000Hz，比值 0.9~1.0； 频率 4000Hz，比值 0.8~1.0	

表 5.38 射箭场扩声系统检测要求

检测类别	检测依据	检测内容	指标	级别
扩声系统	JGJ/T 131—2012 体育场馆声学设计及测量规程	最大声压级	≥ 105dB	一级
			≥ 98dB	二级
			≥ 90dB	三级
		传输频率特性	125 ~ 4000Hz：-6 ~ +4dB 100Hz、5000Hz：-8 ~ +4dB 80Hz、6300Hz：-10 ~ +4dB 63Hz、8000Hz：-12 ~ +4dB	一级
			125 ~ 4000Hz：-8 ~ +4dB 100Hz、5000Hz：-11 ~ +4dB 80Hz、6300Hz：-14 ~ +4dB 63Hz、8000Hz：-17 ~ +4dB	二级
			250 ~ 4000Hz：-10 ~ +4dB 200Hz、5000Hz：-13 ~ +4dB 160Hz、6300Hz：-16 ~ +4dB 125Hz、8000Hz：-19 ~ +4dB	三级
		传声增益	125 ~ 4000Hz：≥ -10dB	一级
			125 ~ 4000Hz：≥ -12dB	二级
			250 ~ 4000Hz：≥ -14dB	三级

续表

检测类别	检测依据	检测内容	指标	级别
扩声系统	JGJ/T 131—2012 体育场馆声学设计及测量规程	稳态声场不均匀度	1000Hz、4000Hz：≤ 8dB	一级
			1000Hz、4000Hz：≤ 10dB	二级
			1000Hz：≤ 12dB	三级
		系统噪声	扩声系统不产生明显可察觉的噪声干扰	一级
			扩声系统不产生明显可察觉的噪声干扰	二级
			扩声系统不产生明显可察觉的噪声干扰	三级
		语言传输指数	≥ 0.45	一级
			≥ 0.45	二级
			≥ 0.45	三级
		混响时间	—	—

注：当比赛大厅容积大于表中列出的最大容积的 1 倍以上时，混响时间可比 2.1s 适当延长。

二、照明系统

射箭场地的照明系统现场检测程序依据附录 B，照明系统检测要求见表 5.39。

表 5.39　射箭场地照明系统检测要求

检测类别	检测依据	检测内容	指标	级别
照明系统	JGJ 153—2016 体育场馆照明设计及检测标准	射箭区、箭道区水平照度	200 lx	Ⅰ
			200 lx	Ⅱ
			300 lx	Ⅲ
			500 lx	Ⅳ
			500 lx	Ⅴ
			600 lx	Ⅵ
		射箭区、箭道区水平照度均匀度	U_1：—；$U_2 \geqslant 0.5$	Ⅰ
			U_1：—；$U_2 \geqslant 0.5$	Ⅱ
			U_1：—；$U_2 \geqslant 0.5$	Ⅲ
			$U_1 \geqslant 0.4$；$U_2 \geqslant 0.6$	Ⅳ
			$U_1 \geqslant 0.4$；$U_2 \geqslant 0.6$	Ⅴ
			$U_1 \geqslant 0.4$；$U_2 \geqslant 0.6$	Ⅵ

续表

检测类别	检测依据	检测内容	指标	级别
照明系统	JGJ 153—2016 体育场馆照明设计及检测标准	靶面垂直照度	1000 lx	Ⅰ
			1000 lx	Ⅱ
			1000 lx	Ⅲ
			1500 lx	Ⅳ
			1500 lx	Ⅴ
			2000 lx	Ⅵ
		垂直照度均匀度	$U_1 \geqslant 0.6$；$U_2 \geqslant 0.7$	Ⅰ
			$U_1 \geqslant 0.6$；$U_2 \geqslant 0.7$	Ⅱ
			$U_1 \geqslant 0.6$；$U_2 \geqslant 0.7$	Ⅲ
			$U_1 \geqslant 0.7$；$U_2 \geqslant 0.8$	Ⅳ
			$U_1 \geqslant 0.7$；$U_2 \geqslant 0.8$	Ⅴ
			$U_1 \geqslant 0.7$；$U_2 \geqslant 0.8$	Ⅵ
		色温	≥ 4000K	Ⅰ
			≥ 4000K	Ⅱ
			≥ 4000K	Ⅲ
			≥ 4000K	Ⅳ
			≥ 5500K	Ⅴ
			≥ 5500K	Ⅵ
		显色指数	≥ 65	Ⅰ
			≥ 65	Ⅱ
			≥ 65	Ⅲ
			≥ 80	Ⅳ
			≥ 80	Ⅴ
			≥ 90	Ⅵ
		眩光指数	—	Ⅰ
			—	Ⅱ
			—	Ⅲ
			—	Ⅳ
			—	Ⅴ

续表

检测类别	检测依据	检测内容	指标	级别
照明系统	JGJ 153—2016 体育场馆照明设计及检测标准	眩光指数	—	Ⅵ
		应急照明	≥ 20 lx	Ⅰ
			≥ 20 lx	Ⅱ
			≥ 20 lx	Ⅲ
			≥ 20 lx	Ⅳ
			≥ 20 lx	Ⅴ
			≥ 20 lx	Ⅵ

三、场地规格尺寸

射箭比赛场地应朝北。每个靶面中心的垂直位置到起射线的距离都应进行准确测量。距离公差 90/70/60m 处为 ±30cm；50/40/30m 处为 ±15cm；25/18m 处为 ±10cm。

在室外射箭场地的起射线后至少 5m 处应设置等候线，室内为至少 3m。等候线前 1 米处为媒体线。

室外射箭场地的箭靶应与垂直方向成 10° ~ 15° 角，室内为 0 ~ 10° 角，同一排箭靶都应以相同的角度设置。

射箭比赛场地规格尺寸详见图 5.58。

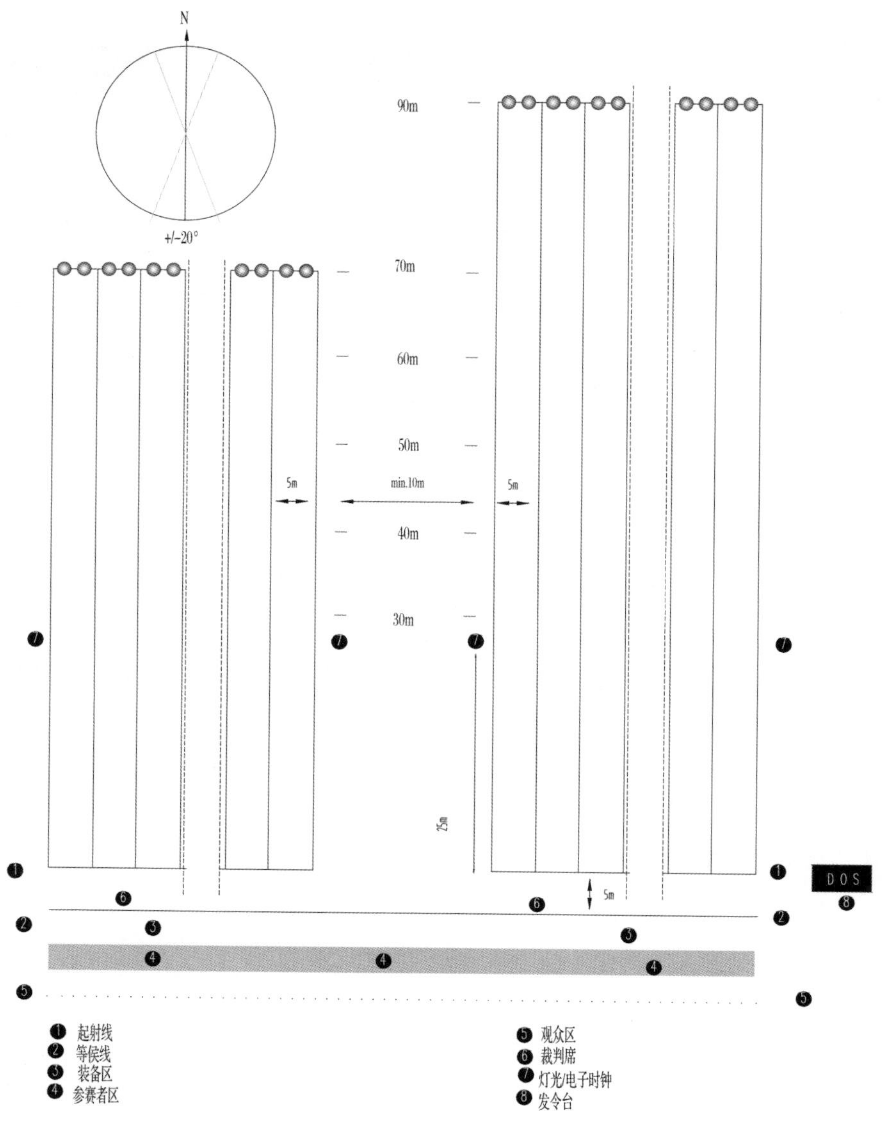

图 5.58　射箭场地规格尺寸

四、LED 显示屏、标准时钟系统及升降旗的项目指标要求

LED 显示屏、标准时钟系统及升降旗的项目指标要求应分别依据附录 C、附录 D 及附录 E 的相关规定。

5.11 击剑比赛场馆的体育工艺检测项目指标

一、扩声系统

击剑比赛场馆的扩声系统现场检测程序依据附录 A，扩声系统检测要求见表 5.40。

表 5.40 击剑比赛场馆扩声系统检测要求

检测类别	检测依据	检测内容	指标	级别
扩声系统	JGJ/T 131—2012 体育场馆声学设计及测量规程	最大声压级	≥ 105dB	一级
			≥ 100dB	二级
			≥ 95dB	三级
		传输频率特性	125 ~ 4000Hz：-4 ~ +4dB 100Hz、5000Hz：-6 ~ +4dB 80Hz、6300Hz：-8 ~ +4dB 63Hz、8000Hz：-10 ~ +4dB	一级
			125 ~ 4000Hz：-6 ~ +4dB 100Hz、5000Hz：-8 ~ +4dB 80Hz、6300Hz：-10 ~ +4dB 63Hz、8000Hz：-12 ~ +4dB	二级
			250 ~ 4000Hz：-8 ~ +4dB 200Hz、5000Hz：-10 ~ +4dB 160Hz、6300Hz：-12 ~ +4dB 125Hz、8000Hz：-14 ~ +4dB	三级
		传声增益	125 ~ 4000Hz：≥ -10dB	一级
			125 ~ 4000Hz：≥ -12dB	二级
			250 ~ 4000Hz：≥ -12dB	三级
		稳态声场不均匀度	1000Hz、4000Hz：≤ 8dB	一级
			1000Hz、4000Hz：≤ 10dB	二级
			1000Hz：≤ 10dB	三级
		系统噪声	扩声系统不产生明显可察觉的噪声干扰	一级
			扩声系统不产生明显可察觉的噪声干扰	二级
			扩声系统不产生明显可察觉的噪声干扰	三级

续表

检测类别	检测依据	检测内容	指标	级别
扩声系统	JGJ/T 131—2012 体育场馆声学设计及测量规程	语言传输指数	≥ 0.5	一级
			≥ 0.5	二级
			≥ 0.5	三级
		混响时间	不同容积比赛大厅 500~1000Hz 满场混响时间： 容积＜ 40000m³，混响时间 1.3~1.4s； 容积 40000~80000m³，混响时间 1.4~1.6s； 容积 80000~160000m³，混响时间 1.6~1.8s； 容积＞ 160000m³，混响时间 1.9~2.1s	—
			各频率混响时间相对于 500~1000Hz 混响时间的比值： 频率 125Hz，比值 1.0~1.3； 频率 250Hz，比值 1.0~1.2； 频率 2000Hz，比值 0.9~1.0； 频率 4000Hz，比值 0.8~1.0	

注：当比赛大厅容积大于表中列出的最大容积的 1 倍以上时，混响时间可比 2.1s 适当延长。

二、照明系统

击剑馆的照明系统现场检测程序依据附录 B，照明系统检测要求见表 5.41。

表 5.41　击剑馆照明系统检测要求

检测类别	检测依据	检测内容	指标	级别
照明系统	JGJ 153—2016 体育场馆照明设计及检测标准	水平照度	300 lx	Ⅰ
			500 lx	Ⅱ
			750 lx	Ⅲ
			—	Ⅳ
			—	Ⅴ
			—	Ⅵ
		水平照度均匀度	U_1：—；$U_2 \geqslant 0.5$	Ⅰ
			$U_1 \geqslant 0.5$；$U_2 \geqslant 0.7$	Ⅱ
			$U_1 \geqslant 0.5$；$U_2 \geqslant 0.7$	Ⅲ
			$U_1 \geqslant 0.5$；$U_2 \geqslant 0.7$	Ⅳ
			$U_1 \geqslant 0.6$；$U_2 \geqslant 0.8$	Ⅴ

续表

检测类别	检测依据	检测内容	指标	级别
照明系统	JGJ 153—2016 体育场馆照明设计及检测标准	水平照度均匀度	$U_1 \geqslant 0.7$；$U_2 \geqslant 0.8$	Ⅵ
		垂直照度	$E_{vmai} \geqslant 200$	Ⅰ
			$E_{vmai} \geqslant 300$	Ⅱ
			$E_{vmai} \geqslant 500$	Ⅲ
			$E_{vmai} \geqslant$ 1000lx；$E_{vaux} \geqslant$ 750 lx	Ⅳ
			$E_{vmai} \geqslant$ 1400 lx；$E_{vaux} \geqslant$ 1000lx	Ⅴ
			$E_{vmai} \geqslant$ 2000 lx；$E_{vaux} \geqslant$ 1400 lx	Ⅵ
		垂直照度均匀度	E_{vmai}：U_1—；$U_2 \geqslant 0.3$	Ⅰ
			E_{vmai}：$U_1 \geqslant 0.3$；$U_2 \geqslant 0.4$	Ⅱ
			E_{vmai}：$U_1 \geqslant 0.3$；$U_2 \geqslant 0.4$	Ⅲ
			E_{vmai}：$U_1 \geqslant 0.4$；$U_2 \geqslant 0.6$ E_{vaux}：$U_1 \geqslant 0.3$；$U_2 \geqslant 0.5$	Ⅳ
			E_{vmai}：$U_1 \geqslant 0.5$；$U_2 \geqslant 0.7$ E_{vaux}：$U_1 \geqslant 0.3$；$U_2 \geqslant 0.5$	Ⅴ
			E_{vmai}：$U_1 \geqslant 0.6$；$U_2 \geqslant 0.7$ E_{vaux}：$U_1 \geqslant 0.4$；$U_2 \geqslant 0.6$	Ⅵ
		色温	≥ 4000K	Ⅰ
			≥ 4000K	Ⅱ
			≥ 4000K	Ⅲ
			≥ 4000K	Ⅳ
			≥ 4000K	Ⅴ
			≥ 5500K	Ⅵ
		显色指数	≥ 65	Ⅰ
			≥ 65	Ⅱ
			≥ 65	Ⅲ
			≥ 80	Ⅳ
			≥ 80	Ⅴ
			≥ 90	Ⅵ
		眩光指数	—	Ⅰ
			—	Ⅱ

续表

检测类别	检测依据	检测内容	指标	级别
照明系统	JGJ 153—2016 体育场馆照明设计及检测标准	眩光指数	—	Ⅲ
			—	Ⅳ
			—	Ⅴ
			—	Ⅵ
		应急照明	≥ 20 lx	Ⅰ
			≥ 20 lx	Ⅱ
			≥ 20 lx	Ⅲ
			≥ 20 lx	Ⅳ
			≥ 20 lx	Ⅴ
			≥ 20 lx	Ⅵ

三、场地规格尺寸

场地表面必须平坦并呈水平状态，不能有利于也不能不利于双方运动员中的任何一方，特别是在光线问题上。

剑道宽 1.5 米；长 14 米，以中心线为界，比赛开始时，双方运动员应各自位于距离中心线两侧 2 米处，身后 5 米的剑道为其活动空间。裁判器桌或其支架与剑道边缘的距离应在 1 米到 1.5 米（见图 5.59）。

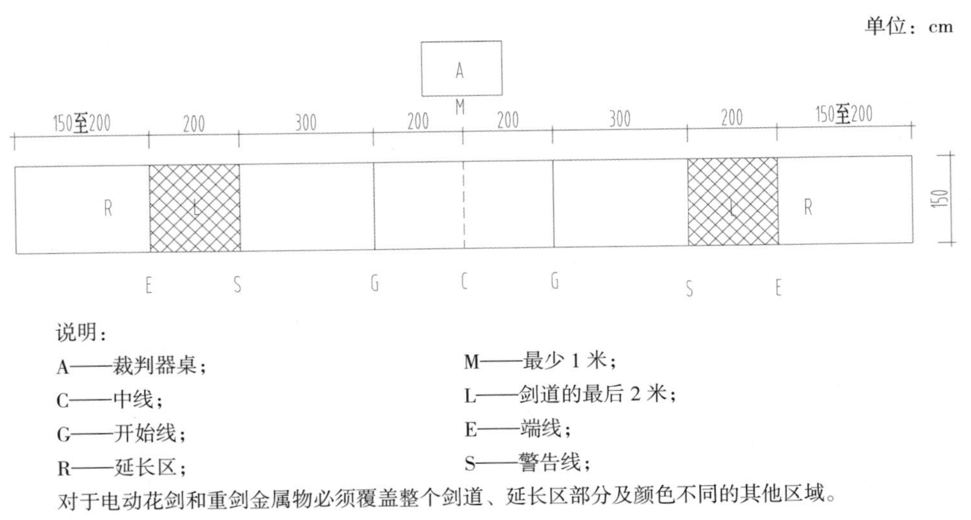

图 5.59　三个剑种的标准剑道示意

在剑道上要非常明显地画出与剑道长边垂直的五条线，即：

一条中心线：与剑道宽度等长，画为虚线；

两条准备线：在中心线两边各 2 米处，与剑道宽度等长；

两条端线：剑道两端，距中心线各 7 米处，与剑道宽度等长。

此外，在剑道端线前最后的 2 米区域应做出明显标记。如有条件，可使用不同颜色的剑道加以区别，使运动员更容易确定自己在剑道上所处的位置。

决赛半决赛击剑台宽为 1.5 ~ 2 米，长为 18 米，高为 30 ~ 50 厘米（见图 5.60）。

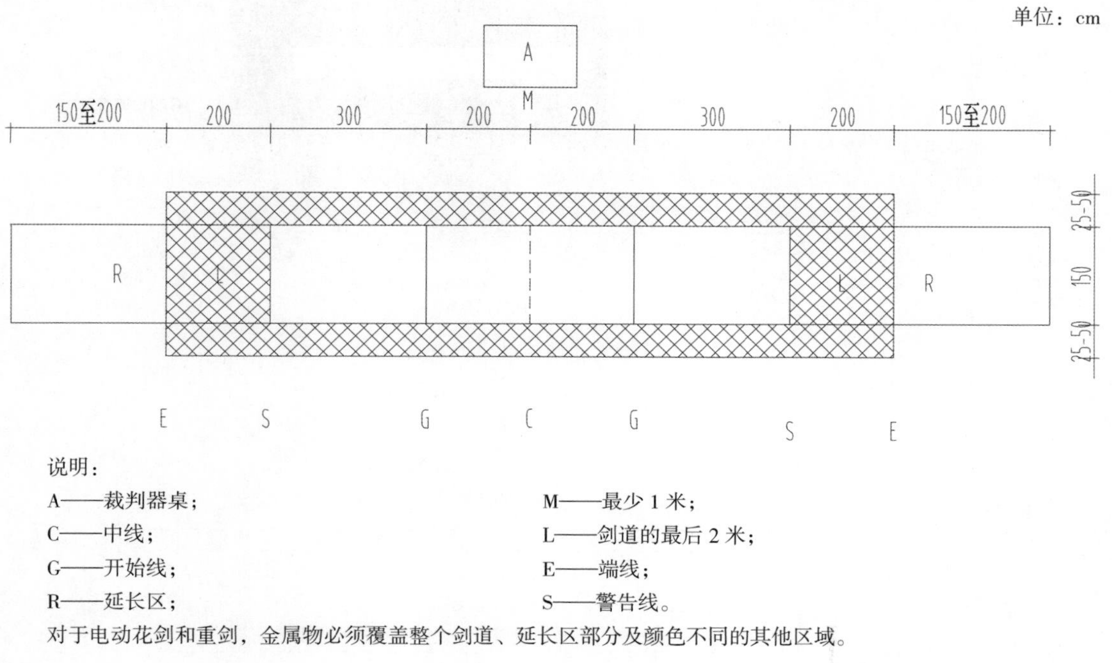

说明：

A——裁判器桌；　　M——最少 1 米；

C——中线；　　L——剑道的最后 2 米；

G——开始线；　　E——端线；

R——延长区；　　S——警告线。

对于电动花剑和重剑，金属物必须覆盖整个剑道、延长区部分及颜色不同的其他区域。

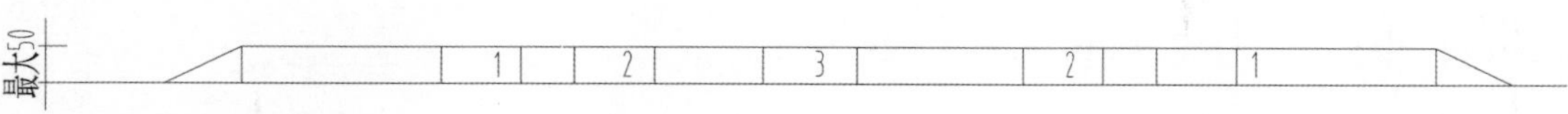

1——裁判器重复灯；

2——运动员姓名及国籍；

3——时间、比分等。

图 5.60　决赛、半决赛击剑台示意

击剑比赛场馆有两种：一个 4 条彩色剑道馆 + 一个决赛馆 +4 条其他剑道；一个（4+1）条彩色剑道馆 +4 条其他剑道。场馆示意图及尺寸要求见图 5.61 至图 5.68。

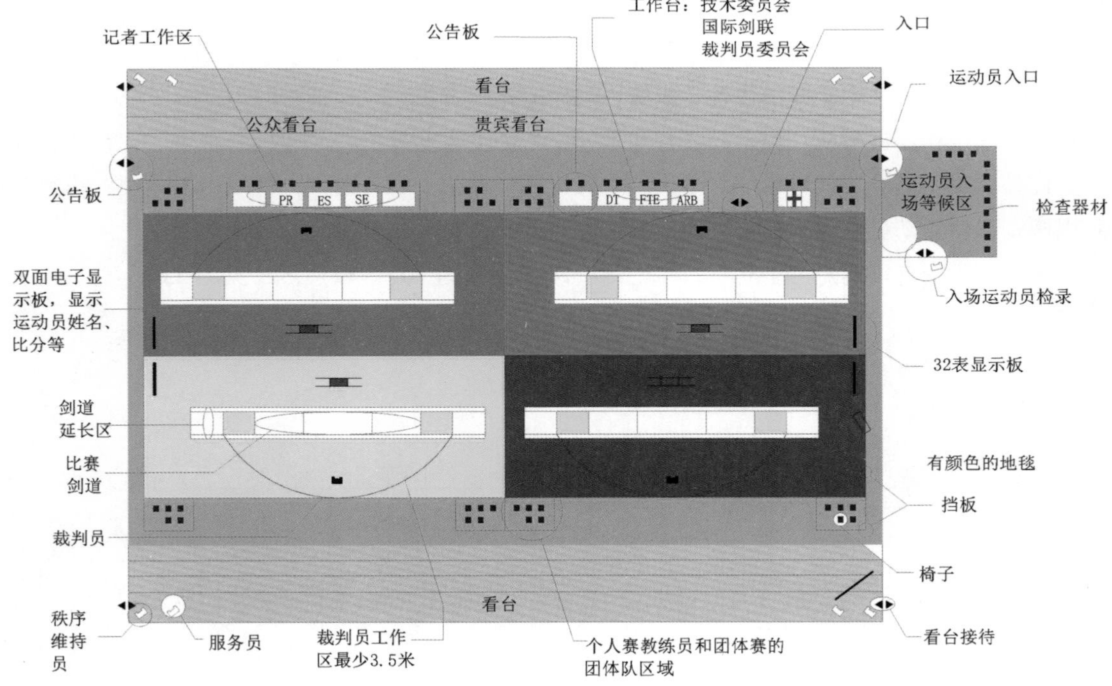

图 5.61　4 条彩色剑道馆示意

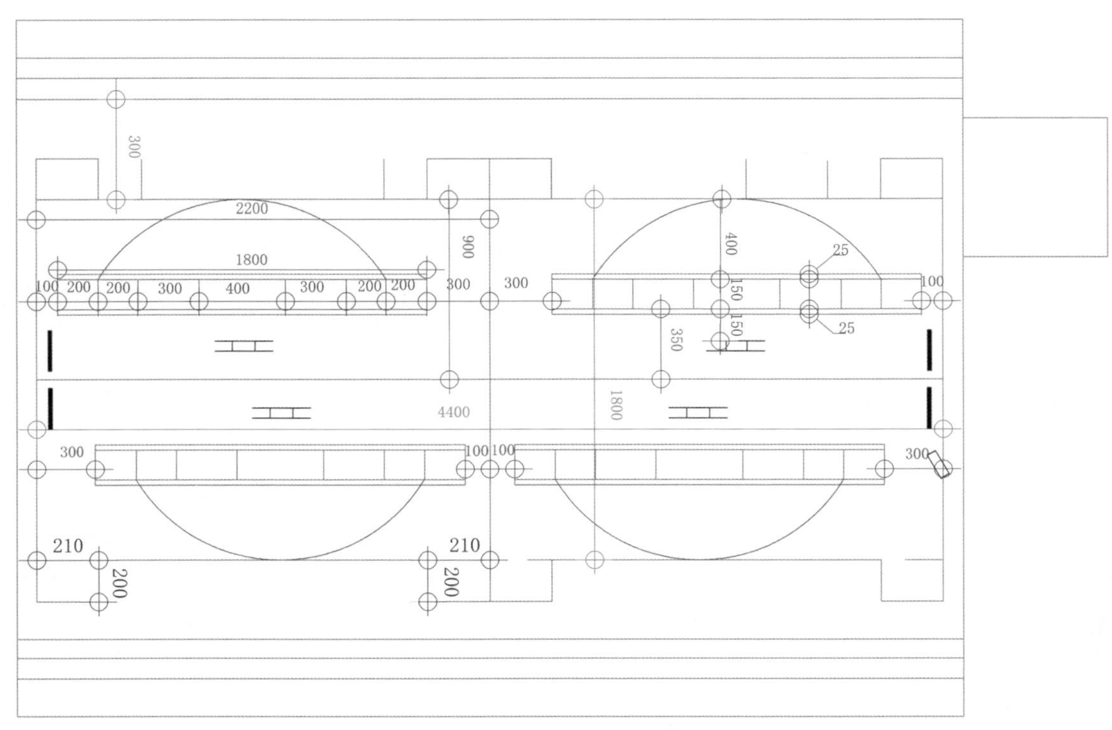

图 5.62　4 条彩色剑道馆尺寸（单位：cm）

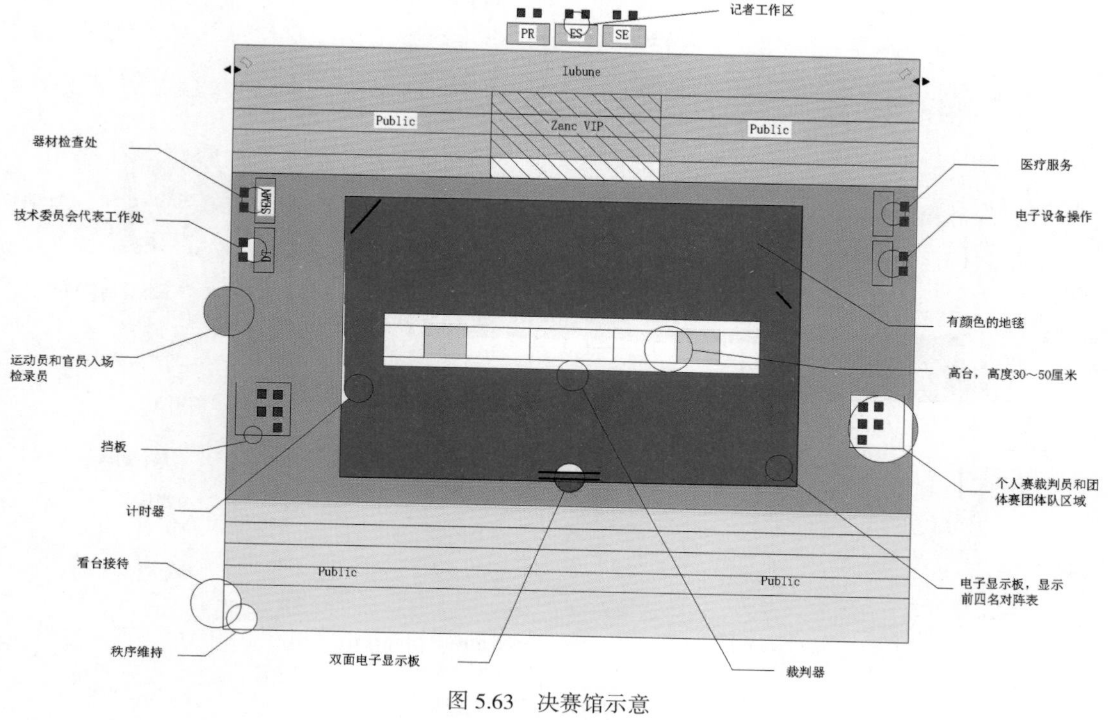

图 5.63 决赛馆示意

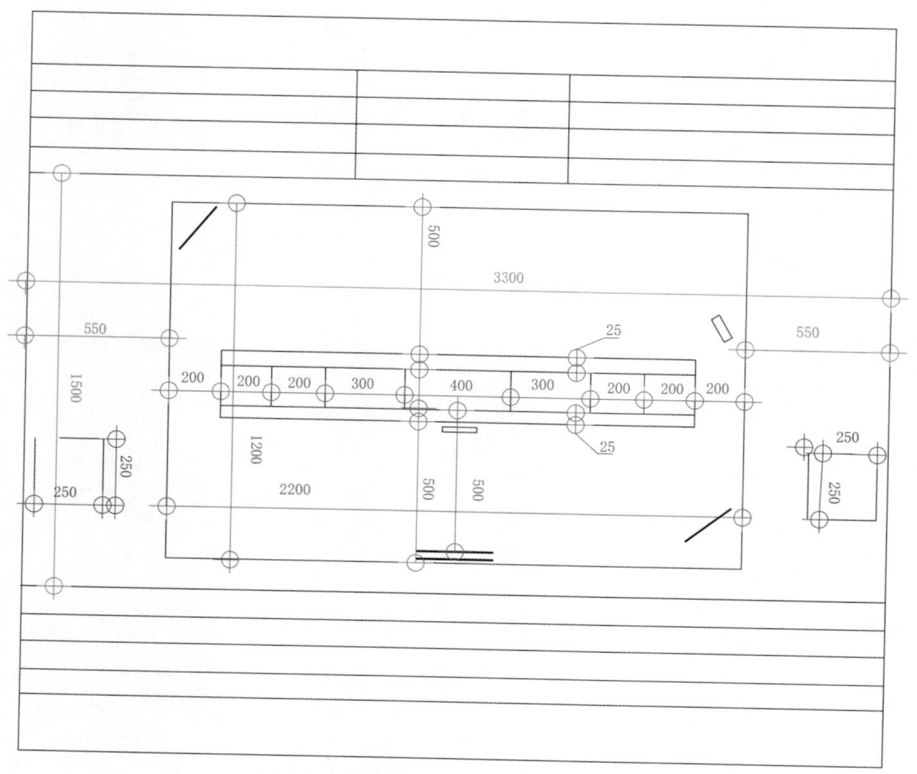

图 5.64 决赛馆尺寸要求（单位：cm）

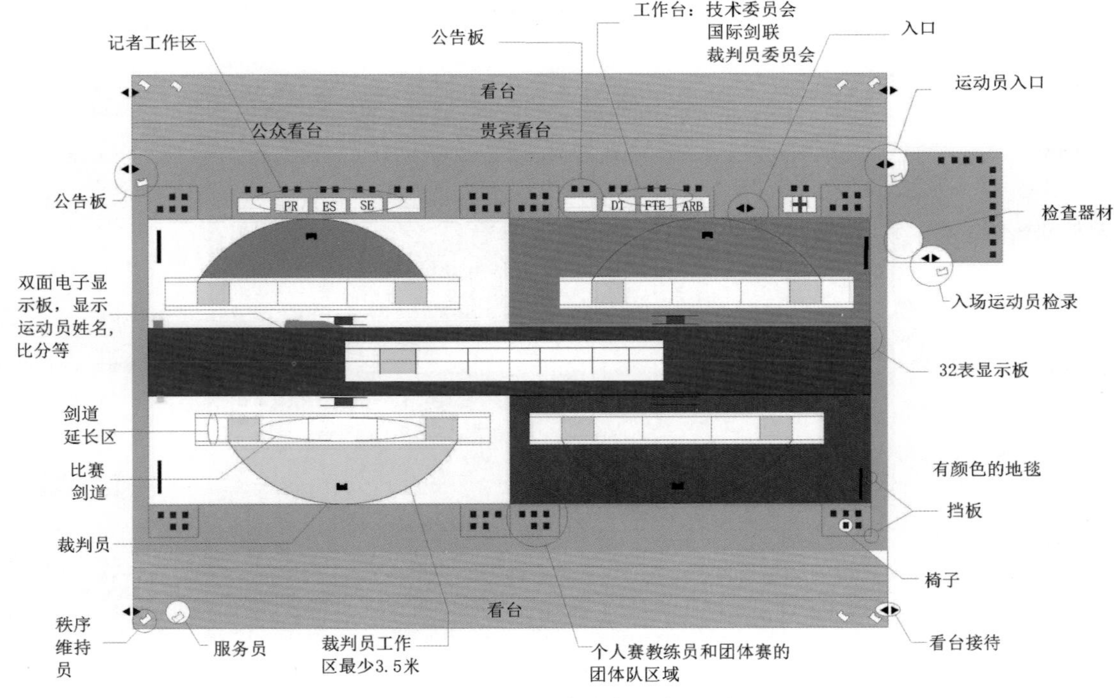

图 5.65　（4+1）条彩色剑道馆示意

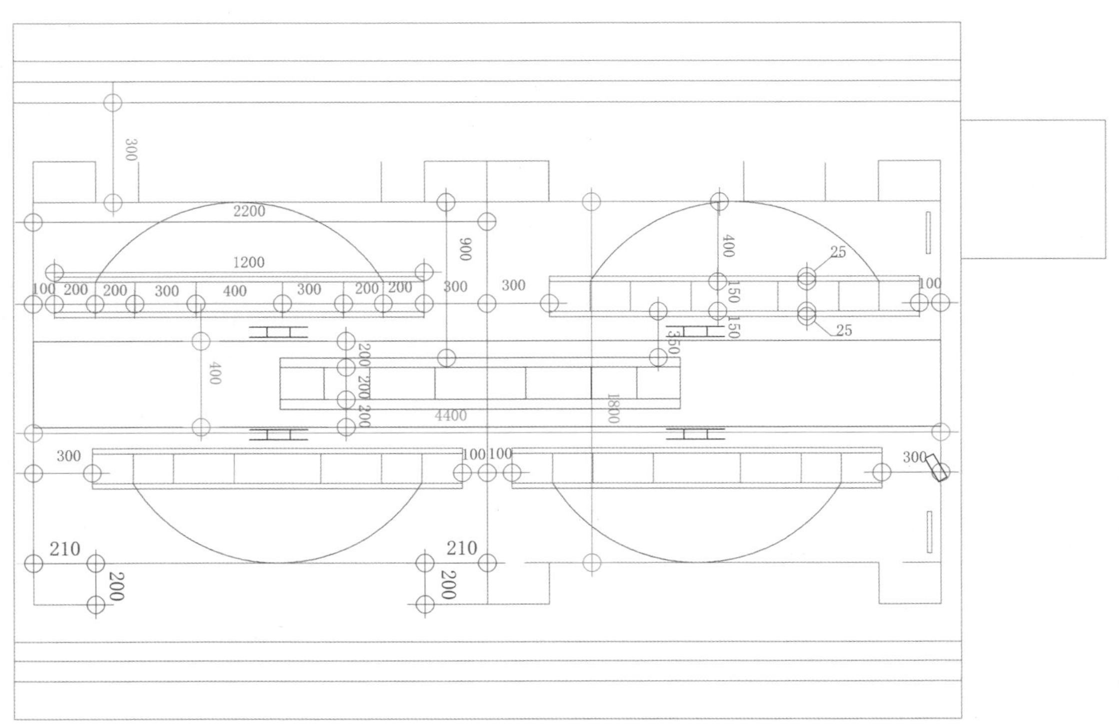

图 5.66　（4+1）条彩色剑道馆尺寸要求（单位：cm）

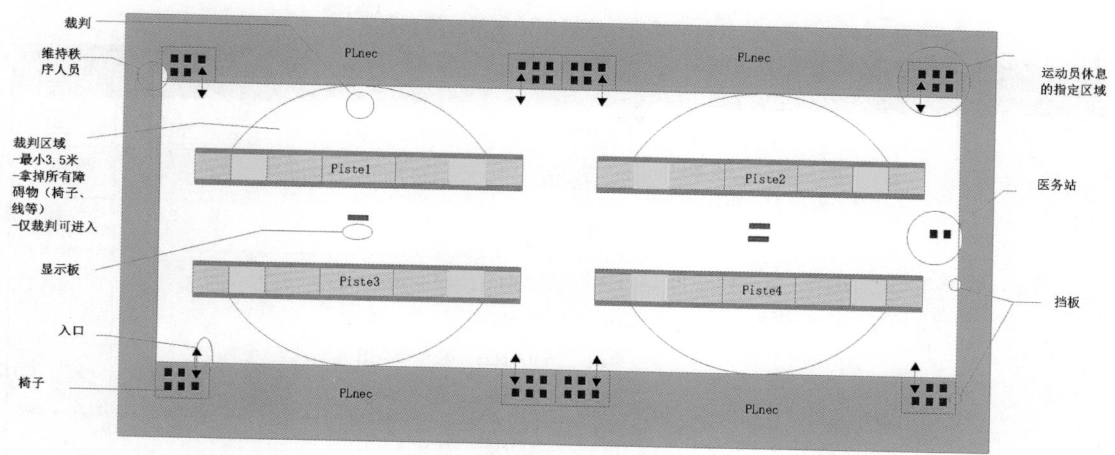

图 5.67　4 条其他剑道示意

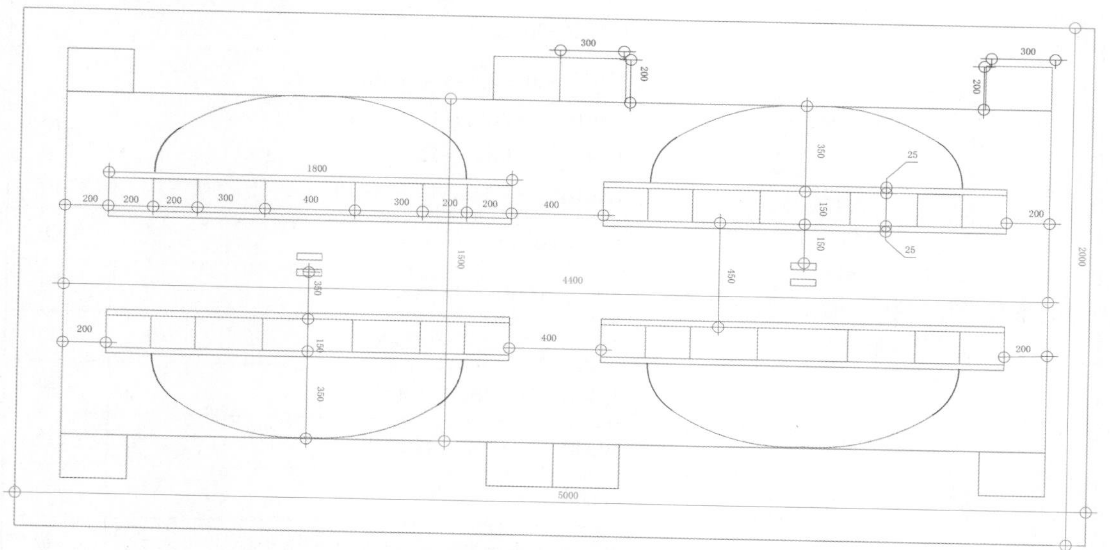

图 5.68　4 条其他剑道尺寸要求（单位：cm）

四、LED 显示屏、标准时钟系统及升降旗的项目指标要求

LED 显示屏、标准时钟系统及升降旗的项目指标要求应分别依据附录 C、附录 D 及附录 E 的相关规定。

5.12　柔道比赛场馆的体育工艺检测项目指标

一、扩声系统

柔道比赛场馆的扩声系统现场检测程序依据附录 A，扩声系统检测要求见表 5.42。

表 5.42　柔道比赛场馆扩声系统检测要求

检测类别	检测依据	检测内容	指标	级别
扩声系统	JGJ/T 131—2012 体育场馆声学设计及测量规程	最大声压级	≥ 105dB	一级
			≥ 100dB	二级
			≥ 95dB	三级
		传输频率特性	125 ~ 4000Hz：−4 ~ +4dB 100Hz、5000Hz：−6 ~ +4dB 80Hz、6300Hz：−8 ~ +4dB 63Hz、8000Hz：−10 ~ +4dB	一级
			125 ~ 4000Hz：−6 ~ +4dB 100Hz、5000Hz：−8 ~ +4dB 80Hz、6300Hz：−10 ~ +4dB 63Hz、8000Hz：−12 ~ +4dB	二级
			250 ~ 4000Hz：−8 ~ +4dB 200Hz、5000Hz：−10 ~ +4dB 160Hz、6300Hz：−12 ~ +4dB 125Hz、8000Hz：−14 ~ +4dB	三级
		传声增益	125 ~ 4000Hz：≥ −10dB	一级
			125 ~ 4000Hz：≥ −12dB	二级
			250 ~ 4000Hz：≥ −12dB	三级
		稳态声场不均匀度	1000Hz、4000Hz：≤ 8dB	一级
			1000Hz、4000Hz：≤ 10dB	二级
			1000Hz：≤ 10dB	三级
		系统噪声	扩声系统不产生明显可察觉的噪声干扰	一级
			扩声系统不产生明显可察觉的噪声干扰	二级
			扩声系统不产生明显可察觉的噪声干扰	三级
		语言传输指数	≥ 0.5	一级
			≥ 0.5	二级
			≥ 0.5	三级
		混响时间	不同容积比赛大厅 500~1000Hz 满场混响时间： 容积＜ 40000m^3，混响时间 1.3~1.4s； 容积 40000~80000m^3，混响时间 1.4~1.6s； 容积 80000~160000m^3，混响时间 1.6~1.8s； 容积＞ 160000m^3，混响时间 1.9~2.1s	—

续表

检测类别	检测依据	检测内容	指标	级别
扩声系统	JGJ/T 131—2012 体育场馆声学设计及测量规程	混响时间	各频率混响时间相对于500~1000Hz混响时间的比值： 频率125Hz，比值1.0~1.3； 频率250Hz，比值1.0~1.2； 频率2000Hz，比值0.9~1.0； 频率4000Hz，比值0.8~1.0	—

注：当比赛大厅容积大于表中列出的最大容积的1倍以上时，混响时间可比2.1s适当延长。

二、照明系统

柔道馆的照明系统现场检测程序依据附录B，照明系统检测要求见表5.43。

表5.43 柔道馆照明系统检测要求

检测类别	检测依据	检测内容	指标	级别
照明系统	JGJ 153—2016 体育场馆照明设计及检测标准	水平照度	300 lx	Ⅰ
			500 lx	Ⅱ
			1000 lx	Ⅲ
			—	Ⅳ
			—	Ⅴ
			—	Ⅵ
		水平照度均匀度	U_1：—；$U_2 \geqslant 0.5$	Ⅰ
			$U_1 \geqslant 0.4$；$U_2 \geqslant 0.6$	Ⅱ
			$U_1 \geqslant 0.5$；$U_2 \geqslant 0.7$	Ⅲ
			$U_1 \geqslant 0.5$；$U_2 \geqslant 0.7$	Ⅳ
			$U_1 \geqslant 0.6$；$U_2 \geqslant 0.8$	Ⅴ
			$U_1 \geqslant 0.7$；$U_2 \geqslant 0.8$	Ⅵ
		垂直照度	—	Ⅰ
			—	Ⅱ
			—	Ⅲ
			$E_{vmai} \geqslant 1000lx$；$E_{vaux} \geqslant 1000\ lx$	Ⅳ
			$E_{vmai} \geqslant 1400\ lx$；$E_{vaux} \geqslant 1400lx$	Ⅴ
			$E_{vmai} \geqslant 2000\ lx$；$E_{vaux} \geqslant 2000\ lx$	Ⅵ

续表

检测类别	检测依据	检测内容	指标	级别
照明系统	JGJ 153—2016 体育场馆照明设计及检测标准	垂直照度均匀度	—	Ⅰ
			—	Ⅱ
			—	Ⅲ
			E_{vmai}：$U_1 \geqslant 0.4$；$U_2 \geqslant 0.6$ E_{vaux}：$U_1 \geqslant 0.4$；$U_2 \geqslant 0.6$	Ⅳ
			E_{vmai}：$U_1 \geqslant 0.5$；$U_2 \geqslant 0.7$ E_{vaux}：$U_1 \geqslant 0.5$；$U_2 \geqslant 0.7$	Ⅴ
			E_{vmai}：$U_1 \geqslant 0.6$；$U_2 \geqslant 0.7$ E_{vaux}：$U_1 \geqslant 0.6$；$U_2 \geqslant 0.7$	Ⅵ
		色温	≥ 4000K	Ⅰ
			≥ 4000K	Ⅱ
			≥ 4000K	Ⅲ
			≥ 4000K	Ⅳ
			≥ 4000K	Ⅴ
			≥ 5500K	Ⅵ
		显色指数	≥ 65	Ⅰ
			≥ 65	Ⅱ
			≥ 65	Ⅲ
			≥ 80	Ⅳ
			≥ 80	Ⅴ
			≥ 90	Ⅵ
		眩光指数	≤ 35	Ⅰ
			≤ 30	Ⅱ
			≤ 30	Ⅲ
			≤ 30	Ⅳ
			≤ 30	Ⅴ
			≤ 30	Ⅵ
		应急照明	≥ 20 lx	Ⅰ
			≥ 20 lx	Ⅱ
			≥ 20 lx	Ⅲ

续表

检测类别	检测依据	检测内容	指标	级别
照明系统	JGJ 153—2016 体育场馆照明设计及检测标准	应急照明	≥ 20 lx	Ⅳ
			≥ 20 lx	Ⅴ
			≥ 20 lx	Ⅵ

三、LED 显示屏、标准时钟系统及升降旗的项目指标要求

LED 显示屏、标准时钟系统及升降旗的项目指标要求应分别依据附录 C、附录 D 及附录 E 的相关规定。

5.13　空手道比赛场馆的体育工艺检测项目指标

一、扩声系统

空手道比赛场馆的扩声系统现场检测程序依据附录 A，扩声系统检测要求见表 5.44。

表 5.44　空手道比赛场馆扩声系统检测要求

检测类别	检测依据	检测内容	指标	级别
扩声系统	JGJ/T 131—2012 体育场馆声学设计及测量规程	最大声压级	≥ 105dB	一级
			≥ 100dB	二级
			≥ 95dB	三级
		传输频率特性	125 ～ 4000Hz：−4 ～ +4dB 100Hz、5000Hz：−6 ～ +4dB 80Hz、6300Hz：−8 ～ +4dB 63Hz、8000Hz：−10 ～ +4dB	一级
			125 ～ 4000Hz：−6 ～ +4dB 100Hz、5000Hz：−8 ～ +4dB 80Hz、6300Hz：−10 ～ +4dB 63Hz、8000Hz：−12 ～ +4dB	二级
			250 ～ 4000Hz：−8 ～ +4dB 200Hz、5000Hz：−10 ～ +4dB 160Hz、6300Hz：−12 ～ +4dB 125Hz、8000Hz：−14 ～ +4dB	三级
		传声增益	125 ～ 4000Hz：≥ −10dB	一级
			125 ～ 4000Hz：≥ −12dB	二级

续表

检测类别	检测依据	检测内容	指标	级别
扩声系统	JGJ/T 131—2012 体育场馆声学设计及测量规程	传声增益	250 ~ 4000Hz：≥ -12dB	三级
		稳态声场不均匀度	1000Hz、4000Hz：≤ 8dB	一级
			1000Hz、4000Hz：≤ 10dB	二级
			1000Hz：≤ 10dB	三级
		系统噪声	扩声系统不产生明显可察觉的噪声干扰	一级
			扩声系统不产生明显可察觉的噪声干扰	二级
			扩声系统不产生明显可察觉的噪声干扰	三级
		语言传输指数	≥ 0.5	一级
			≥ 0.5	二级
			≥ 0.5	三级
		混响时间	不同容积比赛大厅 500~1000Hz 满场混响时间： 容积< 40000m^3，混响时间 1.3~1.4s； 容积 40000~80000m^3，混响时间 1.4~1.6s； 容积 80000~160000m^3，混响时间 1.6~1.8s； 容积> 160000m^3，混响时间 1.9~2.1s	—
			各频率混响时间相对于 500~1000Hz 混响时间的比值： 频率 125Hz，比值 1.0~1.3； 频率 250Hz，比值 1.0~1.2； 频率 2000Hz，比值 0.9~1.0； 频率 4000Hz，比值 0.8~1.0	—

注：当比赛大厅容积大于表中列出的最大容积的 1 倍以上时，混响时间可比 2.1s 适当延长。

二、照明系统

空手道馆的照明系统现场检测程序依据附录 B，照明系统检测要求见表 5.45。

表 5.45　空手道馆照明系统检测要求

检测类别	检测依据	检测内容	指标	级别
照明系统	JGJ 153—2016 体育场馆照明设计及检测标准	水平照度	300 lx	Ⅰ
			500 lx	Ⅱ
			1000 lx	Ⅲ
			—	Ⅳ

续表

检测类别	检测依据	检测内容	指标	级别
照明系统	JGJ 153—2016 体育场馆照明设计及检测标准	水平照度	—	Ⅴ
			—	Ⅵ
		水平照度均匀度	U_1：—；$U_2 \geqslant 0.5$	Ⅰ
			$U_1 \geqslant 0.4$；$U_2 \geqslant 0.6$	Ⅱ
			$U_1 \geqslant 0.5$；$U_2 \geqslant 0.7$	Ⅲ
			$U_1 \geqslant 0.5$；$U_2 \geqslant 0.7$	Ⅳ
			$U_1 \geqslant 0.6$；$U_2 \geqslant 0.8$	Ⅴ
			$U_1 \geqslant 0.7$；$U_2 \geqslant 0.8$	Ⅵ
		垂直照度	—	Ⅰ
			—	Ⅱ
			—	Ⅲ
			$E_{vmai} \geqslant 1000lx$；$E_{vaux} \geqslant 1000\ lx$	Ⅳ
			$E_{vmai} \geqslant 1400\ lx$；$E_{vaux} \geqslant 1400lx$	Ⅴ
			$E_{vmai} \geqslant 2000\ lx$；$E_{vaux} \geqslant 2000\ lx$	Ⅵ
		垂直照度均匀度	—	Ⅰ
			—	Ⅱ
			—	Ⅲ
			E_{vmai}：$U_1 \geqslant 0.4$；$U_2 \geqslant 0.6$ E_{vaux}：$U_1 \geqslant 0.4$；$U_2 \geqslant 0.6$	Ⅳ
			E_{vmai}：$U_1 \geqslant 0.5$；$U_2 \geqslant 0.7$ E_{vaux}：$U_1 \geqslant 0.5$；$U_2 \geqslant 0.7$	Ⅴ
			E_{vmai}：$U_1 \geqslant 0.6$；$U_2 \geqslant 0.7$ E_{vaux}：$U_1 \geqslant 0.6$；$U_2 \geqslant 0.7$	Ⅵ
		色温	≥ 4000K	Ⅰ
			≥ 4000K	Ⅱ
			≥ 4000K	Ⅲ
			≥ 4000K	Ⅳ
			≥ 4000K	Ⅴ
			≥ 5500K	Ⅵ

续表

检测类别	检测依据	检测内容	指标	级别
照明系统	JGJ 153—2016 体育场馆照明设计及检测标准	显色指数	≥ 65	Ⅰ
			≥ 65	Ⅱ
			≥ 65	Ⅲ
			≥ 80	Ⅳ
			≥ 80	Ⅴ
			≥ 90	Ⅵ
		眩光指数	≤ 35	Ⅰ
			≤ 30	Ⅱ
			≤ 30	Ⅲ
			≤ 30	Ⅳ
			≤ 30	Ⅴ
			≤ 30	Ⅵ
		应急照明	≥ 20 lx	Ⅰ
			≥ 20 lx	Ⅱ
			≥ 20 lx	Ⅲ
			≥ 20 lx	Ⅳ
			≥ 20 lx	Ⅴ
			≥ 20 lx	Ⅵ

三、LED 显示屏、标准时钟系统及升降旗的项目指标要求

LED 显示屏、标准时钟系统及升降旗的项目指标要求应分别依据附录 C、附录 D 及附录 E 的相关规定。

5.14 跆拳道比赛场馆的体育工艺检测项目指标

一、扩声系统

跆拳道比赛场馆的扩声系统现场检测程序依据附录 A，扩声系统检测要求见表 5.46。

表 5.46 跆拳道比赛场馆扩声系统检测要求

检测类别	检测依据	检测内容	指标	级别
扩声系统	JGJ/T 131—2012 体育场馆声学设计及测量规程	最大声压级	≥ 105dB	一级
			≥ 100dB	二级
			≥ 95dB	三级
		传输频率特性	125 ~ 4000Hz：−4 ~ +4dB 100Hz、5000Hz：−6 ~ +4dB 80Hz、6300Hz：−8 ~ +4dB 63Hz、8000Hz：−10 ~ +4dB	一级
			125 ~ 4000Hz：−6 ~ +4dB 100Hz、5000Hz：−8 ~ +4dB 80Hz、6300Hz：−10 ~ +4dB 63Hz、8000Hz：−12 ~ +4dB	二级
			250 ~ 4000Hz：−8 ~ +4dB 200Hz、5000Hz：−10 ~ +4dB 160Hz、6300Hz：−12 ~ +4dB 125Hz、8000Hz：−14 ~ +4dB	三级
		传声增益	125 ~ 4000Hz：≥ −10dB	一级
			125 ~ 4000Hz：≥ −12dB	二级
			250 ~ 4000Hz：≥ −12dB	三级
		稳态声场不均匀度	1000Hz、4000Hz：≤ 8dB	一级
			1000Hz、4000Hz：≤ 10dB	二级
			1000Hz：≤ 10dB	三级
		系统噪声	扩声系统不产生明显可察觉的噪声干扰	一级
			扩声系统不产生明显可察觉的噪声干扰	二级
			扩声系统不产生明显可察觉的噪声干扰	三级
		语言传输指数	≥ 0.5	一级
			≥ 0.5	二级
			≥ 0.5	三级
		混响时间	不同容积比赛大厅 500~1000Hz 满场混响时间： 容积＜ 40000m^3，混响时间 1.3~1.4s； 容积 40000~80000m^3，混响时间 1.4~1.6s； 容积 80000~160000m^3，混响时间 1.6~1.8s； 容积＞ 160000m^3，混响时间 1.9~2.1s	—

续表

检测类别	检测依据	检测内容	指标	级别
扩声系统	JGJ/T 131—2012 体育场馆声学设计及测量规程	混响时间	各频率混响时间相对于 500~1000Hz 混响时间的比值： 频率 125Hz，比值 1.0~1.3； 频率 250Hz，比值 1.0~1.2； 频率 2000Hz，比值 0.9~1.0； 频率 4000Hz，比值 0.8~1.0	—

注：当比赛大厅容积大于表中列出的最大容积的 1 倍以上时，混响时间可比 2.1s 适当延长

二、照明系统

跆拳道馆的照明系统现场检测程序依据附录 B，照明系统检测要求见表 5.47。

表 5.47　跆拳道馆照明系统检测要求

检测类别	检测依据	检测内容	指标	级别
照明系统	JGJ 153—2016 体育场馆照明设计及检测标准	水平照度	300 lx	Ⅰ
			500 lx	Ⅱ
			1000 lx	Ⅲ
			—	Ⅳ
			—	Ⅴ
			—	Ⅵ
		水平照度均匀度	U_1：—；$U_2 \geqslant 0.5$	Ⅰ
			$U_1 \geqslant 0.4$；$U_2 \geqslant 0.6$	Ⅱ
			$U_1 \geqslant 0.5$；$U_2 \geqslant 0.7$	Ⅲ
			$U_1 \geqslant 0.5$；$U_2 \geqslant 0.7$	Ⅳ
			$U_1 \geqslant 0.6$；$U_2 \geqslant 0.8$	Ⅴ
			U_1：$\geqslant 0.7$；U_2：$\geqslant 0.8$	Ⅵ
		垂直照度	—	Ⅰ
			—	Ⅱ
			—	Ⅲ
			$E_{vmai} \geqslant 1000lx$；$E_{vaux} \geqslant 1000$ lx	Ⅳ
			$E_{vmai} \geqslant 1400$ lx；$E_{vaux} \geqslant 1400lx$	Ⅴ
			$E_{vmai} \geqslant 2000$ lx；$E_{vaux} \geqslant 2000$ lx	Ⅵ

续表

检测类别	检测依据	检测内容	指标	级别
照明系统	JGJ 153—2016 体育场馆照明设计及检测标准	垂直照度均匀度	—	Ⅰ
			—	Ⅱ
			—	Ⅲ
			E_{vmai}：$U_1 \geqslant 0.4$；$U_2 \geqslant 0.6$ E_{vaux}：$U_1 \geqslant 0.4$；$U_2 \geqslant 0.6$	Ⅳ
			E_{vmai}：$U_1 \geqslant 0.5$；$U_2 \geqslant 0.7$ E_{vaux}：$U_1 \geqslant 0.5$；$U_2 \geqslant 0.7$	Ⅴ
			E_{vmai}：$U_1 \geqslant 0.6$；$U_2 \geqslant 0.7$ E_{vaux}：$U_1 \geqslant 0.6$；$U_2 \geqslant 0.7$	Ⅵ
		色温	≥ 4000K	Ⅰ
			≥ 4000K	Ⅱ
			≥ 4000K	Ⅲ
			≥ 4000K	Ⅳ
			≥ 4000K	Ⅴ
			≥ 5500K	Ⅵ
		显色指数	≥ 65	Ⅰ
			≥ 65	Ⅱ
			≥ 65	Ⅲ
			≥ 80	Ⅳ
			≥ 80	Ⅴ
			≥ 90	Ⅵ
		眩光指数	≤ 35	Ⅰ
			≤ 30	Ⅱ
			≤ 30	Ⅲ
			≤ 30	Ⅳ
			≤ 30	Ⅴ
			≤ 30	Ⅵ
		应急照明	≥ 20 lx	Ⅰ
			≥ 20 lx	Ⅱ
			≥ 20 lx	Ⅲ

续表

检测类别	检测依据	检测内容	指标	级别
照明系统	JGJ 153—2016 体育场馆照明设计及检测标准	应急照明	≥ 20 lx	Ⅳ
			≥ 20 lx	Ⅴ
			≥ 20 lx	Ⅵ

三、场地规格尺寸

跆拳道比赛场地应为 8m × 8m、水平、无障碍物、正方形的场地，比赛场地铺设有弹性、平整的专用比赛垫，详细要求见图 5.69 和图 5.70。

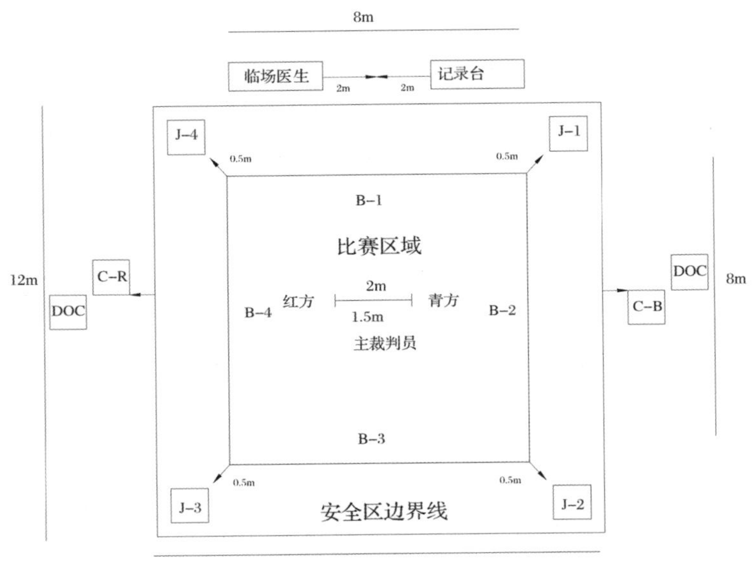

图 5.69 跆拳道场地示意

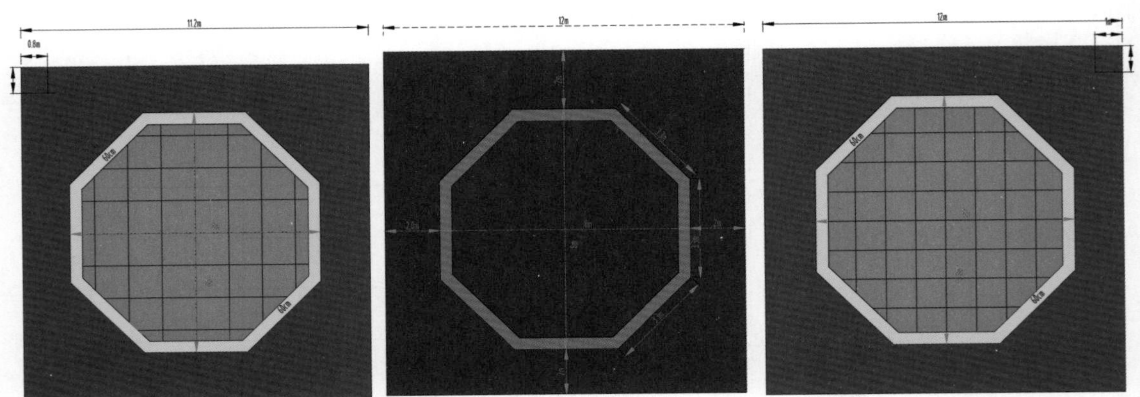
图 5.70 跆拳道比赛垫要求

四、LED 显示屏、标准时钟系统及升降旗的项目指标要求

LED 显示屏、标准时钟系统及升降旗的项目指标要求应分别依据附录 C、附录 D 及附录 E 的相关规定。

5.15 拳击比赛场馆的体育工艺检测项目指标

一、扩声系统

拳击比赛场馆的扩声系统现场检测程序依据附录 A，扩声系统检测要求见表 5.48。

表 5.48 拳击比赛场馆扩声系统检测要求

检测类别	检测依据	检测内容	指标	级别
扩声系统	JGJ/T 131—2012 体育场馆声学设计及测量规程	最大声压级	≥ 105dB	一级
			≥ 100dB	二级
			≥ 95dB	三级
		传输频率特性	125 ~ 4000Hz：−4 ~ +4dB 100Hz、5000Hz：−6 ~ +4dB 80Hz、6300Hz：−8 ~ +4dB 63Hz、8000Hz：−10 ~ +4dB	一级
			125 ~ 4000Hz：−6 ~ +4dB 100Hz、5000Hz：−8 ~ +4dB 80Hz、6300Hz：−10 ~ +4dB 63Hz、8000Hz：−12 ~ +4dB	二级
			250 ~ 4000Hz：−8 ~ +4dB 200Hz、5000Hz：−10 ~ +4dB 160Hz、6300Hz：−12 ~ +4dB 125Hz、8000Hz：−14 ~ +4dB	三级
		传声增益	125 ~ 4000Hz：≥ −10dB	一级
			125 ~ 4000Hz：≥ −12dB	二级
			250 ~ 4000Hz：≥ −12dB	三级
		稳态声场不均匀度	1000Hz、4000Hz：≤ 8dB	一级
			1000Hz、4000Hz：≤ 10dB	二级
			1000Hz：≤ 10dB	三级
		系统噪声	扩声系统不产生明显可察觉的噪声干扰	一级
			扩声系统不产生明显可察觉的噪声干扰	二级

续表

检测类别	检测依据	检测内容	指标	级别
扩声系统	JGJ/T 131—2012 体育场馆声学设计及测量规程	系统噪声	扩声系统不产生明显可察觉的噪声干扰	三级
		语言传输指数	≥ 0.5	一级
			≥ 0.5	二级
			≥ 0.5	三级
		混响时间	不同容积比赛大厅 500~1000Hz 满场混响时间： 容积＜ 40000m³，混响时间 1.3~1.4s； 容积 40000~80000m³，混响时间 1.4~1.6s； 容积 80000~160000m³，混响时间 1.6~1.8s； 容积＞ 160000m³，混响时间 1.9~2.1s	—
			各频率混响时间相对于 500~1000Hz 混响时间的比值： 频率 125Hz，比值 1.0~1.3； 频率 250Hz，比值 1.0~1.2； 频率 2000Hz，比值 0.9~1.0； 频率 4000Hz，比值 0.8~1.0	

注：当比赛大厅容积大于表中列出的最大容积的 1 倍以上时，混响时间可比 2.1s 适当延长。

二、照明系统

拳击场的照明系统现场检测程序依据附录 B，照明系统检测要求见表 5.49。

表 5.49　拳击场照明系统检测要求

检测类别	检测依据	检测内容	指标	级别
照明系统	JGJ 153—2016 体育场馆照明设计及检测标准	水平照度	500 lx	Ⅰ
			1000 lx	Ⅱ
			2000 lx	Ⅲ
			—	Ⅳ
			—	Ⅴ
			—	Ⅵ
		水平照度均匀度	U_1：—；$U_2 \geqslant 0.7$	Ⅰ
			$U_1 \geqslant 0.6$；$U_2 \geqslant 0.8$	Ⅱ
			$U_1 \geqslant 0.7$；$U_2 \geqslant 0.8$	Ⅲ
			$U_1 \geqslant 0.7$；$U_2 \geqslant 0.8$	Ⅳ

续表

检测类别	检测依据	检测内容	指标	级别
照明系统	JGJ 153—2016 体育场馆照明设计及检测标准	水平照度均匀度	$U_1 \geqslant 0.7$；$U_2 \geqslant 0.8$	Ⅴ
			$U_1 \geqslant 0.8$；$U_2 \geqslant 0.9$	Ⅵ
		垂直照度	—	Ⅰ
			—	Ⅱ
			—	Ⅲ
			$E_{vmai} \geqslant 1000lx$；$E_{vaux} \geqslant 1000\ lx$	Ⅳ
			$E_{vmai} \geqslant 2000\ lx$；$E_{vaux} \geqslant 2000lx$	Ⅴ
			$E_{vmai} \geqslant 2500\ lx$；$E_{vaux} \geqslant 2500\ lx$	Ⅵ
		垂直照度均匀度	—	Ⅰ
			—	Ⅱ
			—	Ⅲ
			E_{vmai}：$U_1 \geqslant 0.4$；$U_2 \geqslant 0.6$ E_{vaux}：$U_1 \geqslant 0.4$；$U_2 \geqslant 0.6$	Ⅳ
			E_{vmai}：$U_1 \geqslant 0.6$；$U_2 \geqslant 0.7$ E_{vaux}：$U_1 \geqslant 0.6$；$U_2 \geqslant 0.7$	Ⅴ
			E_{vmai}：$U_1 \geqslant 0.7$；$U_2 \geqslant 0.8$ E_{vaux}：$U_1 \geqslant 0.7$；$U_2 \geqslant 0.8$	Ⅵ
		色温	≥ 4000K	Ⅰ
			≥ 4000K	Ⅱ
			≥ 4000K	Ⅲ
			≥ 4000K	Ⅳ
			≥ 4000K	Ⅴ
			≥ 5500K	Ⅵ
		显色指数	≥ 65	Ⅰ
			≥ 65	Ⅱ
			≥ 65	Ⅲ
			≥ 80	Ⅳ
			≥ 80	Ⅴ
			≥ 90	Ⅵ
		眩光指数	≤ 35	Ⅰ

续表

检测类别	检测依据	检测内容	指标	级别
照明系统	JGJ 153—2016 体育场馆照明设计及检测标准	眩光指数	≤ 30	Ⅱ
			≤ 30	Ⅲ
			≤ 30	Ⅳ
			≤ 30	Ⅴ
			≤ 30	Ⅵ
		应急照明	≥ 20 lx	Ⅰ
			≥ 20 lx	Ⅱ
			≥ 20 lx	Ⅲ
			≥ 20 lx	Ⅳ
			≥ 20 lx	Ⅴ
			≥ 20 lx	Ⅵ

三、拳台规格尺寸及拳击场地布置

拳台高度为 100cm，台面尺寸为 7.8m × 7.8m，围绳内面积为 6.1m × 6.1m。拳台外延与围绳的间距为 85cm，包括紧固拳台所使用的额外的帆布的厚度。角柱高度、围绳间距及围绳宽度的误差不得超过 2cm。四根围绳距台面的高度分别为 40cm、70cm、100cm 和 130cm。围绳的每一边用两条宽 3 ~ 4cm 的帆布带将其上下相连、拴牢，四边帆布带之间的距离应相等。拳台规格尺寸详见图 5.71 和图 5.72。

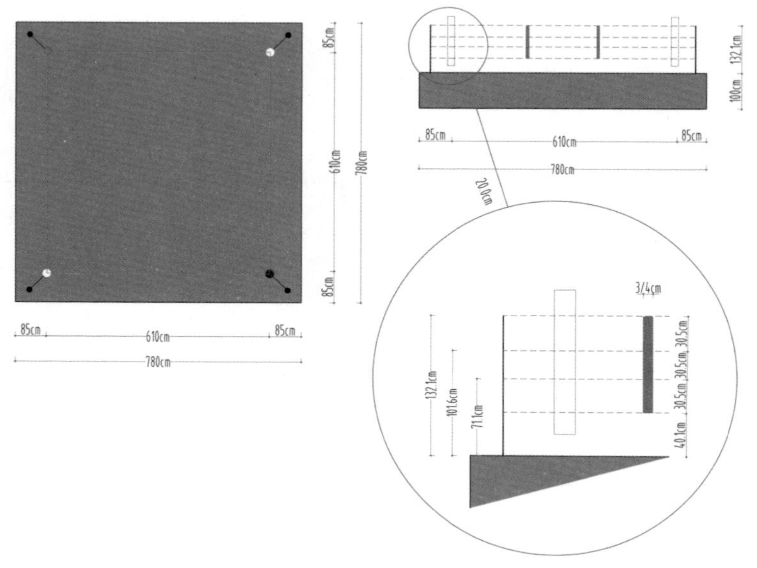

图 5.71　拳台规格尺寸（一）

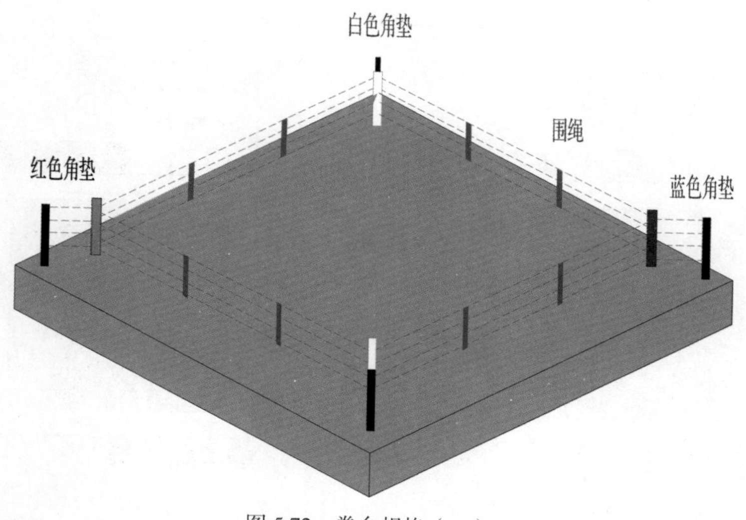

图 5.72　拳台规格（二）

拳击场地布置要求详见图 5.73 和图 5.74。

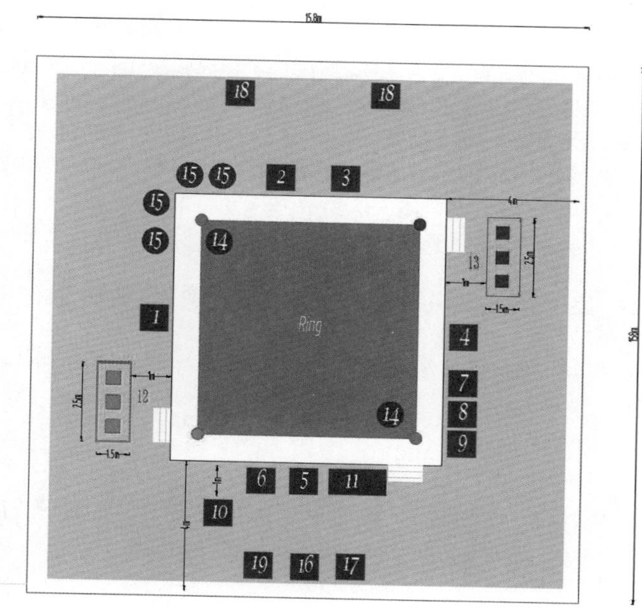

坐席 1–19 的安排如下：

（1）1 号裁判；（2）2 号裁判；（3）3 号裁判；（4）4 号裁判；（5）5 号裁判；（6）副技术代表；（7）宣告；（8）计时员；（9）敲锣员；（10）电子裁判；（11）拳赛医生；（12）红角助手；（13）蓝角助手；（14）中立角；（15）摄像；（16）技术代表；（17）抽签委员；（18）裁判员评估；（19）比赛监督。

裁判引导员及候场裁判的坐席视比赛场地实际情况而定，由技术代表赛前巡场时确定。

图 5.73　场地布置要求（1 个拳台）

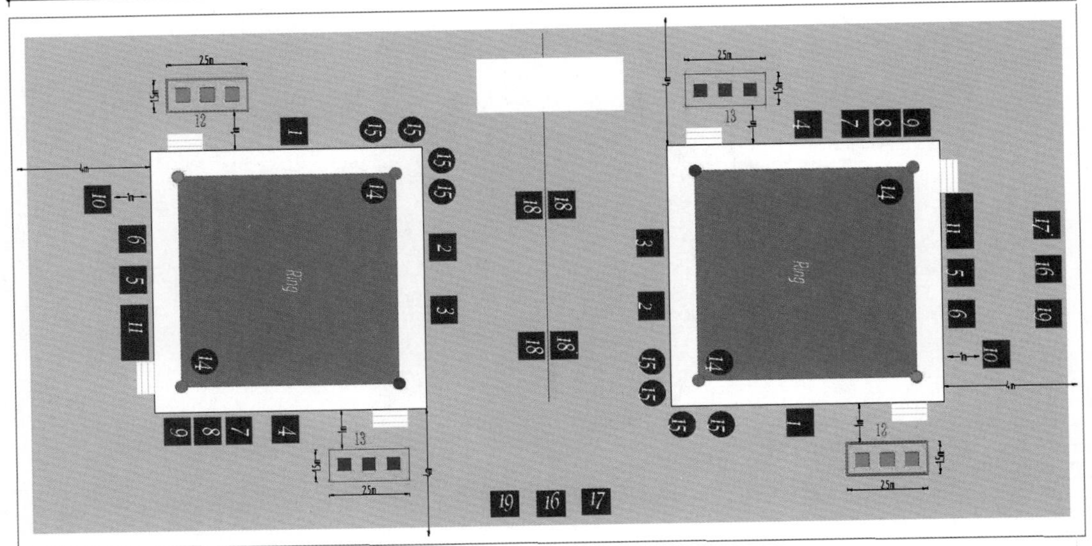

坐席 1–19 的安排如下：

（1）1 号裁判；（2）2 号裁判；（3）3 号裁判；（4）4 号裁判；（5）5 号裁判；（6）副技术代表；（7）宣告；（8）计时员；（9）敲锣员；（10）电子裁判；（11）拳赛医生；（12）红角助手；（13）蓝角助手；（14）中立角；（15）摄像；（16）技术代表；（17）抽签委员；（18）裁判员评估；（19）比赛监督。

裁判引导员及候场裁判的坐席视比赛场地实际情况而定，由技术代表赛前巡场时确定。

图 5.74　场地布置要求（2 个拳台）

四、LED 显示屏、标准时钟系统及升降旗的项目指标要求

LED 显示屏、标准时钟系统及升降旗的项目指标要求应分别依据附录 C、附录 D 及附录 E 的相关规定。

5.16　棒球比赛场馆的体育工艺检测项目指标

一、扩声系统

棒球比赛场馆的扩声系统现场检测程序依据附录 A，扩声系统检测要求见表 5.50。

表 5.50 棒球比赛场扩声系统检测要求

检测类别	检测依据	检测内容	指标	级别
扩声系统	JGJ/T 131—2012 体育场馆声学设计及测量规程	最大声压级	≥ 105dB	一级
			≥ 98dB	二级
			≥ 90dB	三级
		传输频率特性	125 ~ 4000Hz：−6 ~ +4dB 100Hz、5000Hz：−8 ~ +4dB 80Hz、6300Hz：−10 ~ +4dB 63Hz、8000Hz：−12 ~ +4dB	一级
			125 ~ 4000Hz：−8 ~ +4dB 100Hz、5000Hz：−11 ~ +4dB 80Hz、6300Hz：−14 ~ +4dB 63Hz、8000Hz：−17 ~ +4dB	二级
			250 ~ 4000Hz：−10 ~ +4dB 200Hz、5000Hz：−13 ~ +4dB 160Hz、6300Hz：−16 ~ +4dB 125Hz、8000Hz：−19 ~ +4dB	三级
		传声增益	125 ~ 4000Hz：≥ −10dB	一级
			125 ~ 4000Hz：≥ −12dB	二级
			250 ~ 4000Hz：≥ −14dB	三级
		稳态声场不均匀度	1000Hz、4000Hz：≤ 8dB	一级
			1000Hz、4000Hz：≤ 10dB	二级
			1000Hz：≤ 12dB	三级
		系统噪声	扩声系统不产生明显可察觉的噪声干扰	一级
			扩声系统不产生明显可察觉的噪声干扰	二级
			扩声系统不产生明显可察觉的噪声干扰	三级
		语言传输指数	≥ 0.45	一级
			≥ 0.45	二级
			≥ 0.45	三级
		混响时间	—	—

二、照明系统

棒球场照明系统现场检测程序依据附录 B，照明系统检测要求见表 5.51。

表 5.51　棒球场照明系统检测要求

检测类别	检测依据	检测内容	指标	级别
照明系统	JGJ 153—2016 体育场馆照明设计及检测标准	水平照度	300（内场）/200（外场）lx	Ⅰ
			500（内场）/300（外场）lx	Ⅱ
			750（内场）/500（外场）lx	Ⅲ
			—	Ⅳ
			—	Ⅴ
			—	Ⅵ
		水平照度均匀度	U_1：—；$U_2 \geqslant 0.3$	Ⅰ
			$U_1 \geqslant 0.4/0.3$；$U_2 \geqslant 0.6/0.5$	Ⅱ
			$U_1 \geqslant 0.5/0.4$；$U_2 \geqslant 0.7/0.6$	Ⅲ
			$U_1 \geqslant 0.5/0.4$；$U_2 \geqslant 0.7/0.6$	Ⅳ
			$U_1 \geqslant 0.6/0.5$；$U_2 \geqslant 0.8/0.7$	Ⅴ
			$U_1 \geqslant 0.7/0.6$；$U_2 \geqslant 0.8/0.8$	Ⅵ
		垂直照度	—	Ⅰ
			—	Ⅱ
			—	Ⅲ
			$E_{vmai} \geqslant 1000/750$lx；$E_{vaux} \geqslant 750/500$ lx	Ⅳ
			$E_{vmai} \geqslant 1400/1000$ lx；$E_{vaux} \geqslant 1000/750$ lx	Ⅴ
			$E_{vmai} \geqslant 2000/1400$ lx；$E_{vaux} \geqslant 1400/1000$ lx	Ⅵ
		垂直照度均匀度	—	Ⅰ
			—	Ⅱ
			—	Ⅲ
			E_{vmai}：$U_1 \geqslant 0.4/0.3$；$U_2 \geqslant 0.6/0.5$ E_{vaux}：$U_1 \geqslant 0.3/0.3$；$U_2 \geqslant 0.5/0.4$	Ⅳ
			E_{vmai}：$U_1 \geqslant 0.5/0.3$；$U_2 \geqslant 0.7/0.5$ E_{vaux}：$U_1 \geqslant 0.3/0.3$；$U_2 \geqslant 0.5/0.4$	Ⅴ
			E_{vmai}：$U_1 \geqslant 0.6/0.4$；$U_2 \geqslant 0.7/0.6$ E_{vaux}：$U_1 \geqslant 0.4/0.3$；$U_2 \geqslant 0.6/0.5$	Ⅵ
		色温	≥ 4000K	Ⅰ
			≥ 4000K	Ⅱ
			≥ 4000K	Ⅲ

续表

检测类别	检测依据	检测内容	指标	级别
照明系统	JGJ 153—2016 体育场馆照明设计及检测标准	色温	≥ 4000K	Ⅳ
			≥ 5500K	Ⅴ
			≥ 5500K	Ⅵ
		显色指数	≥ 65	Ⅰ
			≥ 65	Ⅱ
			≥ 65	Ⅲ
			≥ 80	Ⅳ
			≥ 80	Ⅴ
			≥ 90	Ⅵ
		眩光指数	≤ 55	Ⅰ
			≤ 50	Ⅱ
			≤ 50	Ⅲ
			≤ 50	Ⅳ
			≤ 50	Ⅴ
			≤ 50	Ⅵ
		应急照明	≥ 20 lx	Ⅰ
			≥ 20 lx	Ⅱ
			≥ 20 lx	Ⅲ
			≥ 20 lx	Ⅳ
			≥ 20 lx	Ⅴ
			≥ 20 lx	Ⅵ

注：表中同一单元格有两个值时，“/”前为内场的值，“/”后为外场的值。

三、面层系统

棒球场地面层系统的性能及要求见表 5.52。

表 5.52　棒球场地要求

指标	依据标准	测试方法	要求
场地外观	GB/T 22517.3—2008	采用目测法进行检测	场地中铺设土质的区域的颜色应均匀一致，其颜色应与比赛器材有明显反差；场地中铺设天然草的区域内的颜色应均匀一致，应无裸地及病、虫害现象
平整度	GB/T 22517.3—2008	均匀选取 50~100 个点，采用 3m 直尺和游标塞尺进行测量	场地中铺有天然草的区域，3m 长度范围内任意两点相对高差应≤ 15mm；场地中铺有土质的区域，3m 长度范围内任意两点相对高差应≤ 5mm
场地高程偏差	GB/T 22517.3—2008	选取至少 10 个点，用水准仪、水准尺进行测量	≤ 5mm
渗水速率	GB/T 22517.3—2008	随机在土质区及天然草区各取 3 个点，采用圆筒法测量渗水速率。采用双筒，内筒为带刻度（精度 ±1mm）的圆筒，直径为（300±5）mm，外筒直径为（500±25）mm，将双筒置入地表以下 5cm，然后在内 / 外筒里注入不少于 120mm 的水，在测试过程中要求保持内外筒水面高差＜ 2mm，记录其渗透完 20mm 高的水所需要的时间。计算单位时间的渗透量，按公式进行计算。每点重复测定不小于 5 次，求平均值	0.4~1.2 mm/min
草坪密度	GB/T 22517.3—2008	在比赛场地内选取有代表性的样方，在样方内选取面积为 100mm×100mm 的小样。计算单位面积内向上生长的草的植株数	草坪密度应为 2~4 株 /$100mm^2$，且草坪中不应出现大于 $2500mm^2$ 的空地
草苗高度	GB/T 22517.3—2008	在草坪区域随机抽取 5 个点的样品，用钢尺现场测量	25~38mm
坡度	GB/T 22517.3—2008	在中心线上均匀选取至少 10 个点，垂直于中心线，在场地界线和本垒打线上找到对应的各点（中心线两侧对称），用水准仪和高度尺或更高精度的测绘仪器测量场地的横向坡度	≤ 5‰

续表

指标	依据标准	测试方法	要求
结构厚度	GB/T 22517.3—2008	用取土器现场钻孔。随机在土质区域取 3 个点，草坪区域取 5 个点，使用钢板尺测量面层厚度	场地内场区应选用土质铺装，结构厚度宜≥ 150 mm；外场区应选用天然种植草，结构厚度宜≥ 70 mm
压实度	GB/T 22517.3—2008	用环刀、天平从现场取样，采用重型击实法在土质区域选取 3 个点，草质区域选取 5 个点	≥ 90%
材料厚度	GB/T 22517.3—2008	用取土器现场钻孔。随机在土质区域取 3 个点，草坪区域取 5 个点，使用钢板尺测量面层厚度	场地的基础应为渗水结构形式，土质区材料厚度宜≥ 200mm，天然草坪区宜≥ 400mm
土质场地扬尘	总悬浮颗粒物（TSP）：GB/T 15432—1995 可吸入颗粒物（PM10）：GB/T 6921	—	总悬浮颗粒物（TSP）＜ 0.30 mg/m³（日平均）。 可吸入颗粒物（PM10）＜ 0.15 mg/m³（日平均）
土地颜色抗老化	GB/T 22517.3—2008	在土质区域中随机取样 3 个点，在给定温、湿度的条件下，用 462 W/m² 紫外线光照射，照射时间不小于 72 h，照射后土质区域应基本不变色	场地中铺有土质的场地区域内应基本不变色

四、场地规格画线

棒球场地详细规格画线见图 5.75 和图 5.76。

单位：m

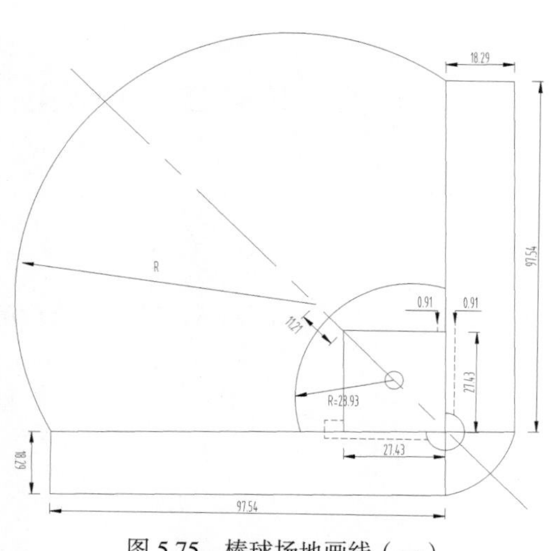

图 5.75　棒球场地画线（一）

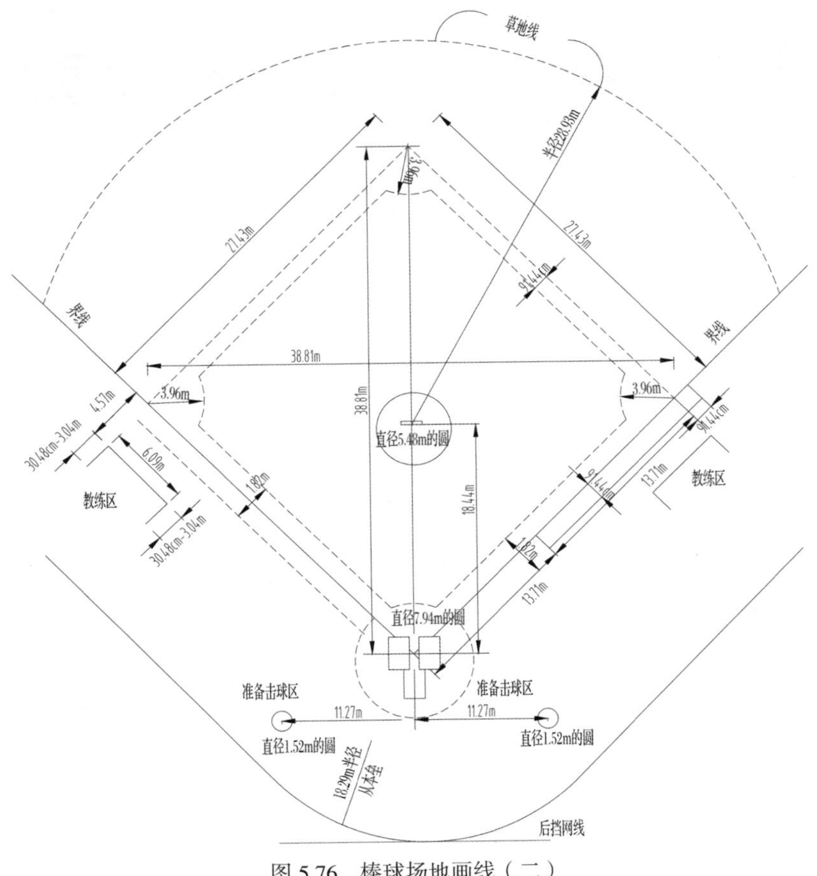

图 5.76　棒球场地画线（二）

五、LED 显示屏、标准时钟系统及升降旗的项目指标要求

LED 显示屏、标准时钟系统及升降旗的项目指标要求应分别依据附录 C、附录 D 及附录 E 的相关规定。

5.17　垒球比赛场馆的体育工艺检测项目指标

一、扩声系统

垒球比赛场馆的扩声系统现场检测程序依据附录 A，扩声系统检测要求见表 5.53。

表 5.53 垒球比赛场馆扩声系统检测要求

检测类别	检测依据	检测内容	指标	级别
扩声系统	JGJ/T 131—2012 体育场馆声学设计及测量规程	最大声压级	≥ 105dB	一级
			≥ 98dB	二级
			≥ 90dB	三级
		传输频率特性	125 ~ 4000Hz：-6 ~ +4dB 100Hz、5000Hz：-8 ~ +4dB 80Hz、6300Hz：-10 ~ +4dB 63Hz、8000Hz：-12 ~ +4dB	一级
			125 ~ 4000Hz：-8 ~ +4dB 100Hz、5000Hz：-11 ~ +4dB 80Hz、6300Hz：-14 ~ +4dB 63Hz、8000Hz：-17 ~ +4dB	二级
			250 ~ 4000Hz：-10 ~ +4dB 200Hz、5000Hz：-13 ~ +4dB 160Hz、6300Hz：-16 ~ +4dB 125Hz、8000Hz：-19 ~ +4dB	三级
		传声增益	125 ~ 4000Hz：≥ -10dB	一级
			125 ~ 4000Hz：≥ -12dB	二级
			250 ~ 4000Hz：≥ -14dB	三级
		稳态声场不均匀度	1000Hz、4000Hz：≤ 8dB	一级
			1000Hz、4000Hz：≤ 10dB	二级
			1000Hz：≤ 12dB	三级
		系统噪声	扩声系统不产生明显可察觉的噪声干扰	一级
			扩声系统不产生明显可察觉的噪声干扰	二级
			扩声系统不产生明显可察觉的噪声干扰	三级
		语言传输指数	≥ 0.45	一级
			≥ 0.45	二级
			≥ 0.45	三级
		混响时间	—	—

二、照明系统

垒球馆的照明系统现场检测程序依据附录 B，照明系统检测要求见表 5.54。

表 5.54　垒球馆照明系统检测要求

检测类别	检测依据	检测内容	指标	级别
照明系统	JGJ 153—2016 体育场馆照明设计及检测标准	水平照度	300lx/200 lx	Ⅰ
			500lx/300 lx	Ⅱ
			750lx/500 lx	Ⅲ
			—	Ⅳ
			—	Ⅴ
			—	Ⅵ
		水平照度均匀度	U_1：—；$U_2 \geqslant 0.3$	Ⅰ
			$U_1 \geqslant 0.4/0.3$；$U_2 \geqslant 0.6/0.5$	Ⅱ
			$U_1 \geqslant 0.5/0.4$；$U_2 \geqslant 0.7/0.6$	Ⅲ
			$U_1 \geqslant 0.5/0.4$；$U_2 \geqslant 0.7/0.6$	Ⅳ
			$U_1 \geqslant 0.6/0.5$；$U_2 \geqslant 0.8/0.7$	Ⅴ
			$U_1 \geqslant 0.7/0.6$；$U_2 \geqslant 0.8/0.8$	Ⅵ
		垂直照度	—	Ⅰ
			—	Ⅱ
			—	Ⅲ
			$E_{vmai} \geqslant 1000lx$；$E_{vaux} \geqslant 750$ lx	Ⅳ
			$E_{vmai} \geqslant 1400$ lx；$E_{vaux} \geqslant 1000lx$	Ⅴ
			$E_{vmai} \geqslant 2000$ lx；$E_{vaux} \geqslant 1400$ lx	Ⅵ
		垂直照度均匀度	—	Ⅰ
			—	Ⅱ
			—	Ⅲ
			E_{vmai}：$U_1 \geqslant 0.4$；$U_2 \geqslant 0.6$ E_{vaux}：$U_1 \geqslant 0.3$；$U_2 \geqslant 0.5$	Ⅳ
			E_{vmai}：$U_1 \geqslant 0.5$；$U_2 \geqslant 0.7$ E_{vaux}：$U_1 \geqslant 0.3$；$U_2 \geqslant 0.5$	Ⅴ
			E_{vmai}：$U_1 \geqslant 0.6$；$U_2 \geqslant 0.7$ E_{vaux}：$U_1 \geqslant 0.4$；$U_2 \geqslant 0.6$	Ⅵ
		色温	≥ 4000K	Ⅰ
			≥ 4000K	Ⅱ
			≥ 4000K	Ⅲ

续表

检测类别	检测依据	检测内容	指标	级别
照明系统	JGJ 153—2016 体育场馆照明设计及检测标准	色温	≥ 4000K	Ⅳ
			≥ 5500K	Ⅴ
			≥ 5500K	Ⅵ
		显色指数	≥ 65	Ⅰ
			≥ 65	Ⅱ
			≥ 65	Ⅲ
			≥ 80	Ⅳ
			≥ 80	Ⅴ
			≥ 90	Ⅵ
		眩光指数	≤ 55	Ⅰ
			≤ 50	Ⅱ
			≤ 50	Ⅲ
			≤ 50	Ⅳ
			≤ 50	Ⅴ
			≤ 50	Ⅵ
		应急照明	≥ 20 lx	Ⅰ
			≥ 20 lx	Ⅱ
			≥ 20 lx	Ⅲ
			≥ 20 lx	Ⅳ
			≥ 20 lx	Ⅴ
			≥ 20 lx	Ⅵ

注：表中同一表格有两个值时，“/”前为内场的值，“/”后为外场的值。

三、面层系统

垒球比赛的场地要求详见表 5.55。

表 5.55　垒球比赛场地要求

指标	依据标准	测试方法	要求
场地外观	GB/T 22517.3—2008	采用目测法进行检测	场地中铺设土质的区域的颜色应均匀一致，其颜色应与比赛器材有明显反差。场地中铺设天然草的区域内的颜色应均匀一致，应无裸地及病、虫害现象
平整度	GB/T 22517.3—2008	均匀选取 50~100 个点，采用 3 m 直尺和游标塞尺进行测量	场地中铺有天然草的区域，3 m 长度范围内任意两点相对高差应≤ 15 mm。场地中铺有土质的区域，3m 长度范围内任意两点相对高差应≤ 5 mm
场地高程偏差	GB/T 22517.3—2008	选取至少 10 个点，用水准仪、水准尺进行测量	≤ 5 mm
渗水速率	GB/T 22517.3—2008	随机在土质区及天然草区各取3个点，采用圆筒法测量渗水速率。采用双筒，内筒为带刻度（精度为 ±1mm）的圆筒，直径为（300±5）mm，外筒直径为（500±25）mm，将双筒置入地表以下 5 cm，然后在内 / 外筒里注入不少于 120 mm 的水，在测试过程中要求保持内外筒水面高差＜ 2mm，记录其渗透完 20mm 高的水所需要的时间。计算单位时间的渗透量，按公式进行计算。每点重复测定不小于 5 次，求平均值	0.4~1.2 mm/min
草坪密度	GB/T 22517.3—2008	在比赛场地内选取有代表性样方，在样方内选取面积为 100mm×100mm 的小样。计算单位面积内向上生长的草的植株数	草坪密度应为 2~4 株 /100 mm^2，且草坪中不应出现大于 2500 mm^2 的空地
草苗高度	GB/T 22517.3—2008	在草坪区域随机抽取 5 个点的样品，用钢尺现场测量	25~38mm
坡度	GB/T 22517.3—2008	在中心线上均匀选取至少 10 个点，垂直于中心线，在场地界线和本垒打线上找到对应的各点（中心线两侧对称），用水准仪和高度尺或更高精度的测绘仪器测量场地的横向坡度	≤ 5‰

续表

指标	依据标准	测试方法	要求
结构厚度	GB/T 22517.3—2008	用取土器现场钻孔。随机在土质区域取 3 个点，草坪区域取 5 个点，使用钢板尺测量面层厚度	场地内场区结构厚度宜 ≥ 150 mm，外场区结构厚度宜≥ 70 mm
压实度	GB/T 22517.3—2008	用环刀、天平从现场取样，采用重型击实法在土质区域选取 3 个点，草质区域选取 5 个点	≥ 90%
材料厚度	GB/T 22517.3—2008	用取土器现场钻孔。随机在土质区域取 3 个点，草坪区域取 5 个点，使用钢板尺测量面层厚度	场地的基础应为渗水结构形式，土质区材料厚度宜 ≥ 200mm，天然草坪区宜 ≥ 400mm
土质场地扬尘	总悬浮颗粒物（TSP）：GB/T 15432—1995 可吸入颗粒物（PM10）：GB/T 6921	—	总悬浮颗粒物（TSP）< 0.30 mg/m^3（日平均）。 可吸入颗粒物（PM10）< 0.15 mg/m^3（日平均）
土地颜色抗老化	GB/T 22517.3—2008	在土质区域中随机在 3 个点取样，在给定温、湿度的条件下，用 462 W/m^2 紫外线光照射，照射时间不小于 72h，照射后土质应基本不变色	场地中铺有土质的场地区域内应基本不变色

四、场地规格画线

垒球场地详细规格画线见图 5.77 和图 5.78。

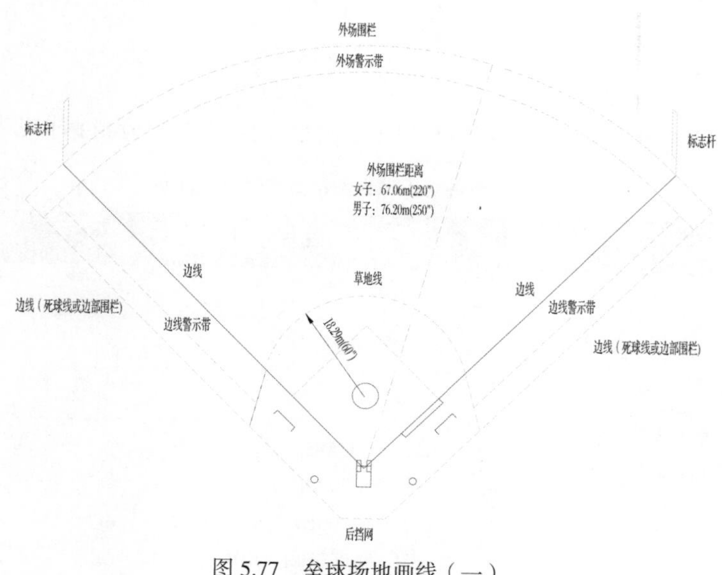

图 5.77　垒球场地画线（一）

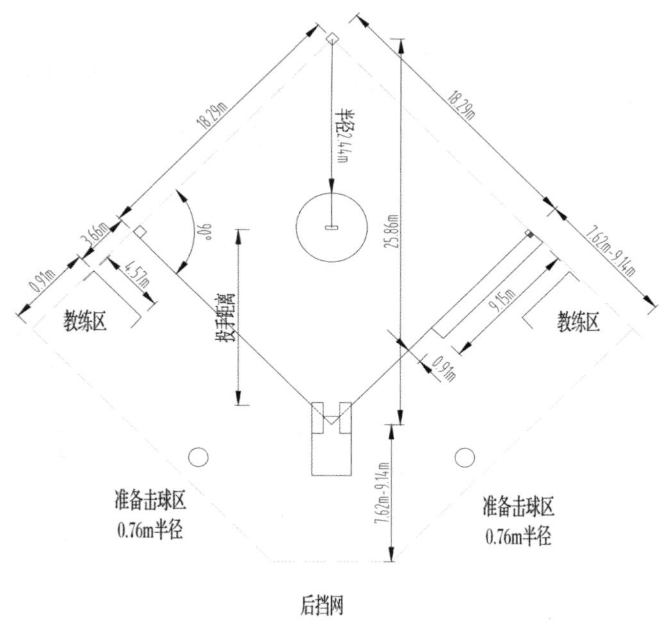

图 5.78　垒球场地画线（二）

五、LED 显示屏、标准时钟系统及升降旗的项目指标要求

LED 显示屏、标准时钟系统及升降旗的项目指标要求应分别依据附录 C、附录 D 及附录 E 的相关规定。

5.18　自行车比赛场馆的体育工艺检测项目指标

一、扩声系统

自行车比赛场馆的扩声系统现场检测程序依据附录 A，扩声系统检测要求见表 5.56 和表 5.57。

表 5.56　自行车比赛场馆扩声系统检测要求

检测类别	检测依据	检测内容	指标	级别
扩声系统	JGJ/T 131—2012 体育场馆声学设计及测量规程	最大声压级	≥ 105dB	一级
			≥ 100dB	二级
			≥ 95dB	三级
		传输频率特性	125 ~ 4000Hz：−4 ~ +4dB 100Hz、5000Hz：−6 ~ +4dB 80Hz、6300Hz：−8 ~ +4dB 63Hz、8000Hz：−10 ~ +4dB	一级

续表

检测类别	检测依据	检测内容	指标	级别
扩声系统	JGJ/T 131—2012 体育场馆声学设计及测量规程	传输频率特性	125 ~ 4000Hz：–6 ~ +4dB 100Hz、5000Hz：–8 ~ +4dB 80Hz、6300Hz：–10 ~ +4dB 63Hz、8000Hz：–12 ~ +4dB	二级
			250 ~ 4000Hz：–8 ~ +4dB 200Hz、5000Hz：–10 ~ +4dB 160Hz、6300Hz：–12 ~ +4dB 125Hz、8000Hz：–14 ~ +4dB	三级
		传声增益	125 ~ 4000Hz：≥ –10dB	一级
			125 ~ 4000Hz：≥ –12dB	二级
			250 ~ 4000Hz：≥ –12dB	三级
		稳态声场不均匀度	1000Hz、4000Hz：≤ 8dB	一级
			1000Hz、4000Hz：≤ 10dB	二级
			1000Hz：≤ 10dB	三级
		系统噪声	扩声系统不产生明显可察觉的噪声干扰	一级
			扩声系统不产生明显可察觉的噪声干扰	二级
			扩声系统不产生明显可察觉的噪声干扰	三级
		语言传输指数	≥ 0.5	一级
			≥ 0.5	二级
			≥ 0.5	三级
		混响时间	不同容积比赛大厅 500~1000Hz 满场混响时间： 容积＜ 40000m^3，混响时间 1.3~1.4s； 容积 40000~80000m^3，混响时间 1.4~1.6s； 容积 80000~160000m^3，混响时间 1.6~1.8s； 容积＞ 160000m^3，混响时间 1.9~2.1s	—
			各频率混响时间相对于 500~1000Hz 混响时间的比值： 频率 125Hz，比值 1.0~1.3； 频率 250Hz，比值 1.0~1.2； 频率 2000Hz，比值 0.9~1.0； 频率 4000Hz，比值 0.8~1.0	

表 5.57　自行车场扩声系统检测要求

检测类别	检测依据	检测内容	指标	级别
扩声系统	JGJ/T 131—2012 体育场馆声学设计及测量规程	最大声压级	≥ 105dB	一级
			≥ 98dB	二级
			≥ 90dB	三级
		传输频率特性	125 ～ 4000Hz：-6 ～ +4dB 100Hz、5000Hz：-8 ～ +4dB 80Hz、6300Hz：-10 ～ +4dB 63Hz、8000Hz：-12 ～ +4dB	一级
			125 ～ 4000Hz：-8 ～ +4dB 100Hz、5000Hz：-11 ～ +4dB 80Hz、6300Hz：-14 ～ +4dB 63Hz、8000Hz：-17 ～ +4dB	二级
		传输频率特性	250 ～ 4000Hz：-10 ～ +4dB 200Hz、5000Hz：-13 ～ +4dB 160Hz、6300Hz：-16 ～ +4dB 125Hz、8000Hz：-19 ～ +4dB	三级
		传声增益	125 ～ 4000Hz：≥ -10dB	一级
			125 ～ 4000Hz：≥ -12dB	二级
			250 ～ 4000Hz：≥ -14dB	三级
		稳态声场不均匀度	1000Hz、4000Hz：≤ 8dB	一级
			1000Hz、4000Hz：≤ 10dB	二级
			1000Hz：≤ 12dB	三级
		系统噪声	扩声系统不产生明显可察觉的噪声干扰	一级
			扩声系统不产生明显可察觉的噪声干扰	二级
			扩声系统不产生明显可察觉的噪声干扰	三级
		语言传输指数	≥ 0.45	一级
			≥ 0.45	二级
			≥ 0.45	三级
		混响时间	—	—

注：当比赛大厅容积大于表中列出的最大容积的 1 倍以上时，混响时间可比 2.1s 适当延长。

二、照明系统

自行车馆的照明系统现场检测程序依据附录 B，照明系统检测要求见表 5.58。

表 5.58 自行车馆场地照明系统检测要求

检测类别	检测依据	检测内容	指标	级别
照明系统	JGJ 153—2016 体育场馆照明设计及检测标准	水平照度	200 lx	Ⅰ
			500 lx	Ⅱ
			750 lx	Ⅲ
			—	Ⅳ
			—	Ⅴ
			—	Ⅵ
		水平照度均匀度	U_1：—；$U_2 \geqslant 0.3$	Ⅰ
			$U_1 \geqslant 0.4$；$U_2 \geqslant 0.6$	Ⅱ
			$U_1 \geqslant 0.5$；$U_2 \geqslant 0.7$	Ⅲ
			$U_1 \geqslant 0.5$；$U_2 \geqslant 0.7$	Ⅳ
			$U_1 \geqslant 0.6$；$U_2 \geqslant 0.8$	Ⅴ
			$U_1 \geqslant 0.7$；$U_2 \geqslant 0.8$	Ⅵ
		垂直照度	—	Ⅰ
			—	Ⅱ
			—	Ⅲ
			$E_{vmai} \geqslant$ 1000lx；$E_{vaux} \geqslant$ 750 lx	Ⅳ
			$E_{vmai} \geqslant$ 1400 lx；$E_{vaux} \geqslant$ 1000lx	Ⅴ
			$E_{vmai} \geqslant$ 2000 lx；$E_{vaux} \geqslant$ 1400 lx	Ⅵ
		垂直照度均匀度	—	Ⅰ
			—	Ⅱ
			—	Ⅲ
			E_{vmai}：$U_1 \geqslant 0.4$；$U_2 \geqslant 0.6$ E_{vaux}：$U_1 \geqslant 0.3$；$U_2 \geqslant 0.5$	Ⅳ
			E_{vmai}：$U_1 \geqslant 0.5$；$U_2 \geqslant 0.7$ E_{vaux}：$U_1 \geqslant 0.3$；$U_2 \geqslant 0.5$	Ⅴ
			E_{vmai}：$U_1 \geqslant 0.6$；$U_2 \geqslant 0.7$ E_{vaux}：$U_1 \geqslant 0.4$；$U_2 \geqslant 0.6$	Ⅵ

续表

检测类别	检测依据	检测内容	指标	级别
照明系统	JGJ 153—2016 体育场馆照明设计及检测标准	色温	≥ 4000K	Ⅰ
			≥ 4000K	Ⅱ
			≥ 4000K	Ⅲ
			≥ 4000K	Ⅳ
			≥ 4000K	Ⅴ
			≥ 5500K	Ⅵ
		显色指数	≥ 65	Ⅰ
			≥ 65	Ⅱ
			≥ 65	Ⅲ
			≥ 80	Ⅳ
			≥ 80	Ⅴ
			≥ 90	Ⅵ
		眩光指数	≤ 35	Ⅰ
			≤ 30	Ⅱ
			≤ 30	Ⅲ
			≤ 30	Ⅳ
			≤ 30	Ⅴ
			≤ 30	Ⅵ
		应急照明	≥ 20 lx	Ⅰ
			≥ 20 lx	Ⅱ
			≥ 20 lx	Ⅲ
			≥ 20 lx	Ⅳ
			≥ 20 lx	Ⅴ
			≥ 20 lx	Ⅵ

三、LED 显示屏、标准时钟系统及升降旗的项目指标要求

LED 显示屏、标准时钟系统及升降旗的项目指标要求应分别依据附录 C、附录 D 及附录 E 的相关规定。

5.19 射击比赛场馆的体育工艺检测项目指标

一、扩声系统

射击比赛场馆的扩声系统现场检测程序依据附录 A，扩声系统检测要求见表 5.59 和表 5.60。

表 5.59 射击比赛场馆扩声系统检测要求

检测类别	检测依据	检测内容	指标	级别
扩声系统	JGJ/T 131—2012 体育场馆声学设计及测量规程	最大声压级	≥ 105dB	一级
			≥ 100dB	二级
			≥ 95dB	三级
		传输频率特性	125 ~ 4000Hz：-4 ~ +4dB 100Hz、5000Hz：-6 ~ +4dB 80Hz、6300Hz：-8 ~ +4dB 63Hz、8000Hz：-10 ~ +4dB	一级
			125 ~ 4000Hz：-6 ~ +4dB 100Hz、5000Hz：-8 ~ +4dB 80Hz、6300Hz：-10 ~ +4dB 63Hz、8000Hz：-12 ~ +4dB	二级
			250 ~ 4000Hz：-8 ~ +4dB 200Hz、5000Hz：-10 ~ +4dB 160Hz、6300Hz：-12 ~ +4dB 125Hz、8000Hz：-14 ~ +4dB	三级
		传声增益	125 ~ 4000Hz：≥ -10dB	一级
			125 ~ 4000Hz：≥ -12dB	二级
			250 ~ 4000Hz：≥ -12dB	三级
		稳态声场不均匀度	1000Hz、4000Hz：≤ 8dB	一级
			1000Hz、4000Hz：≤ 10dB	二级
			1000Hz：≤ 10dB	三级
		系统噪声	扩声系统不产生明显可察觉的噪声干扰	一级
			扩声系统不产生明显可察觉的噪声干扰	二级
			扩声系统不产生明显可察觉的噪声干扰	三级

续表

<table>
<tr><th>检测类别</th><th>检测依据</th><th>检测内容</th><th>指标</th><th>级别</th></tr>
<tr><td rowspan="5">扩声系统</td><td rowspan="5">JGJ/T 131—2012 体育场馆声学设计及测量规程</td><td rowspan="3">语言传输指数</td><td>≥ 0.5</td><td>一级</td></tr>
<tr><td>≥ 0.5</td><td>二级</td></tr>
<tr><td>≥ 0.5</td><td>三级</td></tr>
<tr><td rowspan="2">混响时间</td><td>不同容积比赛大厅 500~1000Hz 满场混响时间：
容积＜ 40000m³，混响时间 1.3~1.4s；
容积 40000~80000m³，混响时间 1.4~1.6s；
容积 80000~160000m³，混响时间 1.6~1.8s；
容积＞ 160000m³，混响时间 1.9~2.1s</td><td rowspan="2">—</td></tr>
<tr><td>各频率混响时间相对于 500~1000Hz 混响时间的比值：
频率 125Hz，比值 1.0~1.3；
频率 250Hz，比值 1.0~1.2；
频率 2000Hz，比值 0.9~1.0；
频率 4000Hz，比值 0.8~1.0</td></tr>
</table>

表 5.60　射击场扩声系统检测要求

<table>
<tr><th>检测类别</th><th>检测依据</th><th>检测内容</th><th>指标</th><th>级别</th></tr>
<tr><td rowspan="8">扩声系统</td><td rowspan="8">JGJ/T 131—2012 体育场馆声学设计及测量规程</td><td rowspan="3">最大声压级</td><td>≥ 105dB</td><td>一级</td></tr>
<tr><td>≥ 98dB</td><td>二级</td></tr>
<tr><td>≥ 90dB</td><td>三级</td></tr>
<tr><td rowspan="3">传输频率特性</td><td>125 ~ 4000Hz：−6 ~ +4dB
100Hz、5000Hz：−8 ~ +4dB
80Hz、6300Hz：−10 ~ +4dB
63Hz、8000Hz：−12 ~ +4dB</td><td>一级</td></tr>
<tr><td>125 ~ 4000Hz：−8 ~ +4dB
100Hz、5000Hz：−11 ~ +4dB
80Hz、6300Hz：−14 ~ +4dB
63Hz、8000Hz：−17 ~ +4dB</td><td>二级</td></tr>
<tr><td>250 ~ 4000Hz：−10 ~ +4dB
200Hz、5000Hz：−13 ~ +4dB
160Hz、6300Hz：−16 ~ +4dB
125Hz、8000Hz：−19 ~ +4dB</td><td>三级</td></tr>
<tr><td rowspan="2">传声增益</td><td>125 ~ 4000Hz：≥ −10dB</td><td>一级</td></tr>
<tr><td>125 ~ 4000Hz：≥ −12dB</td><td>二级</td></tr>
</table>

续表

检测类别	检测依据	检测内容	指标	级别
扩声系统	JGJ/T 131—2012 体育场馆声学设计及测量规程	传声增益	250 ~ 4000Hz：≥ -14dB	三级
		稳态声场不均匀度	1000Hz、4000Hz：≤ 8dB	一级
			1000Hz、4000Hz：≤ 10dB	二级
			1000Hz：≤ 12dB	三级
		系统噪声	扩声系统不产生明显可察觉的噪声干扰	一级
			扩声系统不产生明显可察觉的噪声干扰	二级
			扩声系统不产生明显可察觉的噪声干扰	三级
		语言传输指数	≥ 0.45	一级
			≥ 0.45	二级
			≥ 0.45	三级
		混响时间	—	—

注：当比赛大厅容积大于表中列出的最大容积的 1 倍以上时，混响时间可比 2.1s 适当延长。

二、照明系统

射击馆的照明系统现场检测程序依据附录 B，照明系统项目指标见表 5.61。

表 5.61　射击馆照明系统检测要求

检测类别	检测依据	检测内容	指标	级别
照明系统	JGJ 153—2016 体育场馆照明设计及检测标准	射击区、弹道区水平照度	200 lx	Ⅰ
			200 lx	Ⅱ
			300 lx	Ⅲ
			500 lx	Ⅳ
			500 lx	Ⅴ
			600 lx	Ⅵ
		射击区、弹道区水平照度均匀度	U_1：—；$U_2 \geq 0.5$	Ⅰ
			U_1：—；$U_2 \geq 0.5$	Ⅱ
			U_1：—；$U_2 \geq 0.5$	Ⅲ
			$U_1 \geq 0.4$；$U_2 \geq 0.6$	Ⅳ
			$U_1 \geq 0.4$；$U_2 \geq 0.6$	Ⅴ
			$U_1 \geq 0.4$；$U_2 \geq 0.6$	Ⅵ

续表

检测类别	检测依据	检测内容	指标	级别
照明系统	JGJ 153—2016 体育场馆照明设计及检测标准	靶面垂直照度	1000 lx	Ⅰ
			1000 lx	Ⅱ
			1000 lx	Ⅲ
			1500 lx	Ⅳ
			1500 lx	Ⅴ
			2000 lx	Ⅵ
		靶面垂直照度均匀度	$U_1 \geqslant 0.6$；$U_2 \geqslant 0.7$	Ⅰ
			$U_1 \geqslant 0.6$；$U_2 \geqslant 0.7$	Ⅱ
			$U_1 \geqslant 0.6$；$U_2 \geqslant 0.7$	Ⅲ
			$U_1 \geqslant 0.7$；$U_2 \geqslant 0.8$	Ⅳ
			$U_1 \geqslant 0.7$；$U_2 \geqslant 0.8$	Ⅴ
			$U_1 \geqslant 0.7$；$U_2 \geqslant 0.8$	Ⅵ
		色温	≥ 3000K	Ⅰ
			≥ 3000K	Ⅱ
			≥ 3000K	Ⅲ
			≥ 3000K	Ⅳ
			≥ 3000K	Ⅴ
			≥ 4000K	Ⅵ
		显色指数	≥ 65	Ⅰ
			≥ 65	Ⅱ
			≥ 65	Ⅲ
			≥ 80	Ⅳ
			≥ 80	Ⅴ
			≥ 80	Ⅵ
		眩光指数	—	Ⅰ
			—	Ⅱ
			—	Ⅲ
			—	Ⅳ
			—	Ⅴ

续表

检测类别	检测依据	检测内容	指标	级别
照明系统	JGJ 153—2016 体育场馆照明设计及检测标准	眩光指数	—	Ⅵ
		应急照明	≥ 20 lx	Ⅰ
			≥ 20 lx	Ⅱ
			≥ 20 lx	Ⅲ
			≥ 20 lx	Ⅳ
			≥ 20 lx	Ⅴ
			≥ 20 lx	Ⅵ

三、LED 显示屏、标准时钟系统及升降旗的项目指标要求

LED 显示屏、标准时钟系统及升降旗的项目指标要求应分别依据附录 C、附录 D 及附录 E 的相关规定。

5.20 皮划艇比赛场馆的体育工艺检测项目指标

一、扩声系统

皮划艇比赛场馆的扩声系统现场检测程序依据附录 A，扩声系统检测要求见表 5.62。

表 5.62 皮划艇比赛场馆扩声系统检测要求

检测类别	检测依据	检测内容	指标	级别
扩声系统	JGJ/T 131—2012 体育场馆声学设计及测量规程	最大声压级	≥ 105dB	一级
			≥ 98dB	二级
			≥ 90dB	三级
		传输频率特性	125 ~ 4000Hz：−6 ~ +4dB 100Hz、5000Hz：−8 ~ +4dB 80Hz、6300Hz：−10 ~ +4dB 63Hz、8000Hz：−12 ~ +4dB	一级
			125 ~ 4000Hz：−8 ~ +4dB 100Hz、5000Hz：−11 ~ +4dB 80Hz、6300Hz：−14 ~ +4dB 63Hz、8000Hz：−17 ~ +4dB	二级

续表

检测类别	检测依据	检测内容	指标	级别
扩声系统	JGJ/T 131—2012 体育场馆声学设计及测量规程	传输频率特性	250 ~ 4000Hz：-10 ~ +4dB 200Hz、5000Hz：-13 ~ +4dB 160Hz、6300Hz：-16 ~ +4dB 125Hz、8000Hz：-19 ~ +4dB	三级
		传声增益	125 ~ 4000Hz：≥ -10dB	一级
			125 ~ 4000Hz：≥ -12dB	二级
			250 ~ 4000Hz：≥ -14dB	三级
		稳态声场不均匀度	1000Hz、4000Hz：≤ 8dB	一级
			1000Hz、4000Hz：≤ 10dB	二级
			1000Hz：≤ 12dB	三级
		系统噪声	扩声系统不产生明显可察觉的噪声干扰	一级
			扩声系统不产生明显可察觉的噪声干扰	二级
			扩声系统不产生明显可察觉的噪声干扰	三级
		语言传输指数	≥ 0.45	一级
			≥ 0.45	二级
			≥ 0.45	三级
		混响时间	—	—

注：当比赛大厅容积大于表中列出的最大容积的 1 倍以上时，混响时间可比 2.1s 适当延长。

二、LED 显示屏、标准时钟系统及升降旗的项目指标要求

LED 显示屏、标准时钟系统及升降旗的项目指标要求应分别依据附录 C、附录 D 及附录 E 的相关规定。

5.21 体操比赛场馆的体育工艺检测项目指标

一、扩声系统

体操比赛场馆的扩声系统现场检测程序依据附录 A，扩声系统检测要求见表 5.63。

表 5.63 体操比赛场馆扩声系统检测要求

检测类别	检测依据	检测内容	指标	级别
扩声系统	JGJ/T 131—2012 体育场馆声学设计及测量规程	最大声压级	≥ 105dB	一级
			≥ 100dB	二级
			≥ 95dB	三级
		传输频率特性	125 ~ 4000Hz：-4 ~ +4dB 100Hz、5000Hz：-6 ~ +4dB 80Hz、6300Hz：-8 ~ +4dB 63Hz、8000Hz：-10 ~ +4dB	一级
			125 ~ 4000Hz：-6 ~ +4dB 100Hz、5000Hz：-8 ~ +4dB 80Hz、6300Hz：-10 ~ +4dB 63Hz、8000Hz：-12 ~ +4dB	二级
			250 ~ 4000Hz：-8 ~ +4dB 200Hz、5000Hz：-10 ~ +4dB 160Hz、6300Hz：-12 ~ +4dB 125Hz、8000Hz：-14 ~ +4dB	三级
		传声增益	125 ~ 4000Hz：≥ -10dB	一级
			125 ~ 4000Hz：≥ -12dB	二级
			250 ~ 4000Hz：≥ -12dB	三级
		稳态声场不均匀度	1000Hz、4000Hz：≤ 8dB	一级
			1000Hz、4000Hz：≤ 10dB	二级
			1000Hz：≤ 10dB	三级
		系统噪声	扩声系统不产生明显可察觉的噪声干扰	一级
			扩声系统不产生明显可察觉的噪声干扰	二级
			扩声系统不产生明显可察觉的噪声干扰	三级
		语言传输指数	≥ 0.5	一级
			≥ 0.5	二级
			≥ 0.5	三级
		混响时间	不同容积比赛大厅 500~1000Hz 满场混响时间： 容积＜ 40000m^3，混响时间 1.3~1.4s； 容积 40000~80000m^3，混响时间 1.4~1.6s； 容积 80000~160000m^3，混响时间 1.6~1.8s； 容积＞ 160000m^3，混响时间 1.9~2.1s	—

续表

检测类别	检测依据	检测内容	指标	级别
扩声系统	JGJ/T 131—2012 体育场馆声学设计及测量规程	混响时间	各频率混响时间相对于500~1000Hz混响时间的比值： 频率125Hz，比值1.0~1.3； 频率250Hz，比值1.0~1.2； 频率2000Hz，比值0.9~1.0； 频率4000Hz，比值0.8~1.0	—

注：当比赛大厅容积大于表中列出的最大容积的1倍以上时，混响时间可比2.1s适当延长。

二、照明系统

体操馆的照明系统现场检测程序依据附录B，照明系统检测要求见表5.64。

表5.64 体操馆照明系统检测要求

检测类别	检测依据	检测内容	指标	级别
照明系统	JGJ 153—2016 体育场馆照明设计及检测标准	水平照度	300 lx	Ⅰ
			500 lx	Ⅱ
			750 lx	Ⅲ
			—	Ⅳ
			—	Ⅴ
			—	Ⅵ
		水平照度均匀度	U_1：—；$U_2 \geqslant 0.3$	Ⅰ
			$U_1 \geqslant 0.4$；$U_2 \geqslant 0.6$	Ⅱ
			$U_1 \geqslant 0.5$；$U_2 \geqslant 0.7$	Ⅲ
			$U_1 \geqslant 0.5$；$U_2 \geqslant 0.7$	Ⅳ
			$U_1 \geqslant 0.6$；$U_2 \geqslant 0.8$	Ⅴ
			$U_1 \geqslant 0.7$；$U_2 \geqslant 0.8$	Ⅵ
		垂直照度	—	Ⅰ
			—	Ⅱ
			—	Ⅲ
			$E_{vmai} \geqslant 1000lx$；$E_{vaux} \geqslant 750\ lx$	Ⅳ
			$E_{vmai} \geqslant 1400\ lx$；$E_{vaux} \geqslant 1000lx$	Ⅴ
			$E_{vmai} \geqslant 2000\ lx$；$E_{vaux} \geqslant 1400\ lx$	Ⅵ

续表

检测类别	检测依据	检测内容	指标	级别
照明系统	JGJ 153—2016 体育场馆照明设计及检测标准	垂直照度均匀度	—	Ⅰ
			—	Ⅱ
			—	Ⅲ
			E_{vmai}：$U_1 \geqslant 0.4$；$U_2 \geqslant 0.6$ E_{vaux}：$U_1 \geqslant 0.3$；$U_2 \geqslant 0.5$	Ⅳ
			E_{vmai}：$U_1 \geqslant 0.5$；$U_2 \geqslant 0.7$ E_{vaux}：$U_1 \geqslant 0.3$；$U_2 \geqslant 0.5$	Ⅴ
			E_{vmai}：$U_1 \geqslant 0.6$；$U_2 \geqslant 0.7$ E_{vaux}：$U_1 \geqslant 0.4$；$U_2 \geqslant 0.6$	Ⅵ
		色温	≥ 4000K	Ⅰ
			≥ 4000K	Ⅱ
			≥ 4000K	Ⅲ
			≥ 4000K	Ⅳ
			≥ 4000K	Ⅴ
			≥ 5500K	Ⅵ
		显色指数	≥ 65	Ⅰ
			≥ 65	Ⅱ
			≥ 65	Ⅲ
			≥ 80	Ⅳ
			≥ 80	Ⅴ
			≥ 90	Ⅵ
		眩光指数	≤ 35	Ⅰ
			≤ 30	Ⅱ
			≤ 30	Ⅲ
			≤ 30	Ⅳ
			≤ 30	Ⅴ
			≤ 30	Ⅵ
		应急照明	≥ 20 lx	Ⅰ
			≥ 20 lx	Ⅱ
			≥ 20 lx	Ⅲ

续表

检测类别	检测依据	检测内容	指标	级别
照明系统	JGJ 153—2016 体育场馆照明设计及检测标准	应急照明	≥ 20 lx	Ⅳ
			≥ 20 lx	Ⅴ
			≥ 20 lx	Ⅵ

三、LED 显示屏、标准时钟系统及升降旗的项目指标要求

LED 显示屏、标准时钟系统及升降旗的项目指标要求应分别依据附录 C、附录 D 及附录 E 的相关规定。

5.22 攀岩比赛场馆的体育工艺检测项目指标

一、扩声系统

攀岩比赛场馆的扩声系统现场检测程序依据附录 A，扩声系统检测要求见表 5.65。

表 5.65 攀岩比赛场馆扩声系统检测要求

检测类别	检测依据	检测内容	指标	级别
扩声系统	JGJ/T 131—2012 体育场馆声学设计及测量规程	最大声压级	≥ 105dB	一级
			≥ 98dB	二级
			≥ 90dB	三级
		传输频率特性	125 ～ 4000Hz：−6 ～ +4dB 100Hz、5000Hz：−8 ～ +4dB 80Hz、6300Hz：−10 ～ +4dB 63Hz、8000Hz：−12 ～ +4dB	一级
			125 ～ 4000Hz：−8 ～ +4dB 100Hz、5000Hz：−11 ～ +4dB 80Hz、6300Hz：−14 ～ +4dB 63Hz、8000Hz：−17 ～ +4dB	二级
			250 ～ 4000Hz：−10 ～ +4dB 200Hz、5000Hz：−13 ～ +4dB 160Hz、6300Hz：−16 ～ +4dB 125Hz、8000Hz：−19 ～ +4dB	三级
		传声增益	125 ～ 4000Hz：≥ −10dB	一级
			125 ～ 4000Hz：≥ −12dB	二级

续表

检测类别	检测依据	检测内容	指标	级别
扩声系统	JGJ/T 131—2012 体育场馆声学设计及测量规程	传声增益	250 ~ 4000Hz：≥ -14dB	三级
		稳态声场不均匀度	1000Hz、4000Hz：≤ 8dB	一级
			1000Hz、4000Hz：≤ 10dB	二级
			1000Hz：≤ 12dB	三级
		系统噪声	扩声系统不产生明显可察觉的噪声干扰	一级
			扩声系统不产生明显可察觉的噪声干扰	二级
			扩声系统不产生明显可察觉的噪声干扰	三级
		语言传输指数	≥ 0.45	一级
			≥ 0.45	二级
			≥ 0.45	三级
		混响时间	—	—

注：当比赛大厅容积大于表中列出的最大容积的 1 倍以上时，混响时间可比 2.1s 适当延长。

二、LED 显示屏、标准时钟系统及升降旗的项目指标要求

LED 显示屏、标准时钟系统及升降旗的项目指标要求应分别依据附录 C、附录 D 及附录 E 的相关规定。

5.23 举重比赛场馆的体育工艺检测项目指标

一、扩声系统

举重比赛场馆的扩声系统场检测程序依据附录 A，扩声系统检测要求见表 5.66。

表 5.66 举重比赛场馆扩声系统检测要求

检测类别	检测依据	检测内容	指标	级别
扩声系统	JGJ/T 131—2012 体育场馆声学设计及测量规程	最大声压级	≥ 105dB	一级
			≥ 100dB	二级
			≥ 95dB	三级
		传输频率特性	125 ~ 4000Hz：-4 ~ +4dB 100Hz、5000Hz：-6 ~ +4dB 80Hz、6300Hz：-8 ~ +4dB 63Hz、8000Hz：-10 ~ +4dB	一级

续表

<table>
<tr><th>检测类别</th><th>检测依据</th><th>检测内容</th><th>指标</th><th>级别</th></tr>
<tr><td rowspan="19">扩声系统</td><td rowspan="19">JGJ/T 131—2012 体育场馆声学设计及测量规程</td><td rowspan="2">传输频率特性</td><td>125 ~ 4000Hz：−6 ~ +4dB
100Hz、5000Hz：−8 ~ +4dB
80Hz、6300Hz：−10 ~ +4dB
63Hz、8000Hz：−12 ~ +4dB</td><td>二级</td></tr>
<tr><td>250 ~ 4000Hz：−8 ~ +4dB
200Hz、5000Hz：−10 ~ +4dB
160Hz、6300Hz：−12 ~ +4dB
125Hz、8000Hz：−14 ~ +4dB</td><td>三级</td></tr>
<tr><td rowspan="3">传声增益</td><td>125 ~ 4000Hz：≥ −10dB</td><td>一级</td></tr>
<tr><td>125 ~ 4000Hz：≥ −12dB</td><td>二级</td></tr>
<tr><td>250 ~ 4000Hz：≥ −12dB</td><td>三级</td></tr>
<tr><td rowspan="3">稳态声场不均匀度</td><td>1000Hz、4000Hz：≤ 8dB</td><td>一级</td></tr>
<tr><td>1000Hz、4000Hz：≤ 10dB</td><td>二级</td></tr>
<tr><td>1000Hz：≤ 10dB</td><td>三级</td></tr>
<tr><td rowspan="3">系统噪声</td><td>扩声系统不产生明显可察觉的噪声干扰</td><td>一级</td></tr>
<tr><td>扩声系统不产生明显可察觉的噪声干扰</td><td>二级</td></tr>
<tr><td>扩声系统不产生明显可察觉的噪声干扰</td><td>三级</td></tr>
<tr><td rowspan="3">语言传输指数</td><td>≥ 0.5</td><td>一级</td></tr>
<tr><td>≥ 0.5</td><td>二级</td></tr>
<tr><td>≥ 0.5</td><td>三级</td></tr>
<tr><td rowspan="2">混响时间</td><td>不同容积比赛大厅 500~1000Hz 满场混响时间：
容积＜ 40000m^3，混响时间 1.3~1.4s；
容积 40000~80000m^3，混响时间 1.4~1.6s；
容积 80000~160000m^3，混响时间 1.6~1.8s；
容积＞ 160000m^3，混响时间 1.9~2.1s</td><td rowspan="2">—</td></tr>
<tr><td>各频率混响时间相对于 500~1000Hz 混响时间的比值：
频率 125Hz，比值 1.0~1.3；
频率 250Hz，比值 1.0~1.2；
频率 2000Hz，比值 0.9~1.0；
频率 4000Hz，比值 0.8~1.0</td></tr>
</table>

注：当比赛大厅容积大于表中列出的最大容积的 1 倍以上时，混响时间可比 2.1s 适当延长。

二、照明系统

举重馆的照明系统现场检测程序依据附录 B，照明系统项目指标见表 5.67。

表 5.67 举重馆照明系统检测要求

检测类别	检测依据	检测内容	指标	级别
照明系统	JGJ 153—2016 体育场馆照明设计及检测标准	水平照度	300 lx	Ⅰ
			500 lx	Ⅱ
			750 lx	Ⅲ
			—	Ⅳ
			—	Ⅴ
			—	Ⅵ
		水平照度均匀度	U_1：—；$U_2 \geqslant 0.3$	Ⅰ
			$U_1 \geqslant 0.4$；$U_2 \geqslant 0.6$	Ⅱ
			$U_1 \geqslant 0.5$；$U_2 \geqslant 0.7$	Ⅲ
			$U_1 \geqslant 0.5$；$U_2 \geqslant 0.7$	Ⅳ
			$U_1 \geqslant 0.6$；$U_2 \geqslant 0.8$	Ⅴ
			$U_1 \geqslant 0.7$；$U_2 \geqslant 0.8$	Ⅵ
		垂直照度	—	Ⅰ
			—	Ⅱ
			—	Ⅲ
			$E_{vmai} \geqslant 1000lx$；$E_{vaux}$：—	Ⅳ
			$E_{vmai} \geqslant 1400\ lx$；$E_{vaux}$：—	Ⅴ
			$E_{vmai} \geqslant 2000\ lx$；$E_{vaux}$：—	Ⅵ
		垂直照度均匀度	—	Ⅰ
			—	Ⅱ
			—	Ⅲ
			E_{vmai}：$U_1 \geqslant 0.4$；$U_2 \geqslant 0.6$；E_{vaux}：—	Ⅳ
			E_{vmai}：$U_1 \geqslant 0.5$；$U_2 \geqslant 0.7$；E_{vaux}：—	Ⅴ
			E_{vmai}：$U_1 \geqslant 0.6$；$U_2 \geqslant 0.7$；E_{vaux}：—	Ⅵ
		色温	≥ 4000K	Ⅰ
			≥ 4000K	Ⅱ

续表

检测类别	检测依据	检测内容	指标	级别
照明系统	JGJ 153—2016 体育场馆照明设计及检测标准	色温	≥ 4000K	Ⅲ
			≥ 4000K	Ⅳ
			≥ 4000K	Ⅴ
			≥ 5500K	Ⅵ
		显色指数	≥ 65	Ⅰ
			≥ 65	Ⅱ
			≥ 65	Ⅲ
			≥ 80	Ⅳ
			≥ 80	Ⅴ
			≥ 90	Ⅵ
		眩光指数	≤ 35	Ⅰ
			≤ 30	Ⅱ
			≤ 30	Ⅲ
			≤ 30	Ⅳ
			≤ 30	Ⅴ
			≤ 30	Ⅵ
		应急照明	≥ 20 lx	Ⅰ
			≥ 20 lx	Ⅱ
			≥ 20 lx	Ⅲ
			≥ 20 lx	Ⅳ
			≥ 20 lx	Ⅴ
			≥ 20 lx	Ⅵ

三、LED 显示屏、标准时钟系统及升降旗的项目指标要求

LED 显示屏、标准时钟系统及升降旗的项目指标要求应分别依据附录 C、附录 D 及附录 E 的相关规定。

5.24　摔跤比赛场馆的体育工艺检测项目指标

一、扩声系统

摔跤比赛场馆的扩声系统现场检测程序依据附录 A，扩声系统检测要求见表 5.68。

表 5.68　摔跤比赛场馆扩声系统检测要求

检测类别	检测依据	检测内容	指标	级别
扩声系统	JGJ/T 131—2012 体育场馆声学设计及测量规程	最大声压级	≥ 105dB	一级
			≥ 100dB	二级
			≥ 95dB	三级
		传输频率特性	125 ~ 4000Hz：-4 ~ +4dB 100Hz、5000Hz：-6 ~ +4dB 80Hz、6300Hz：-8 ~ +4dB 63Hz、8000Hz：-10 ~ +4dB	一级
			125 ~ 4000Hz：-6 ~ +4dB 100Hz、5000Hz：-8 ~ +4dB 80Hz、6300Hz：-10 ~ +4dB 63Hz、8000Hz：-12 ~ +4dB	二级
			250 ~ 4000Hz：-8 ~ +4dB 200Hz、5000Hz：-10 ~ +4dB 160Hz、6300Hz：-12 ~ +4dB 125Hz、8000Hz：-14 ~ +4dB	三级
		传声增益	125 ~ 4000Hz：≥ -10dB	一级
			125 ~ 4000Hz：≥ -12dB	二级
			250 ~ 4000Hz：≥ -12dB	三级
		稳态声场不均匀度	1000Hz、4000Hz：≤ 8dB	一级
			1000Hz、4000Hz：≤ 10dB	二级
			1000Hz：≤ 10dB	三级
		系统噪声	扩声系统不产生明显可察觉的噪声干扰	一级
			扩声系统不产生明显可察觉的噪声干扰	二级
			扩声系统不产生明显可察觉的噪声干扰	三级

续表

检测类别	检测依据	检测内容	指标	级别
扩声系统	JGJ/T 131—2012 体育场馆声学设计及测量规程	语言传输指数	≥ 0.5	一级
			≥ 0.5	二级
			≥ 0.5	三级
		混响时间	不同容积比赛大厅 500~1000Hz 满场混响时间： 容积＜ $40000m^3$，混响时间 1.3~1.4s； 容积 40000~$80000m^3$，混响时间 1.4~1.6s； 容积 80000~$160000m^3$，混响时间 1.6~1.8s； 容积＞ $160000m^3$，混响时间 1.9~2.1s	—
			各频率混响时间相对于 500~1000Hz 混响时间的比值： 频率 125Hz，比值 1.0~1.3； 频率 250Hz，比值 1.0~1.2； 频率 2000Hz，比值 0.9~1.0； 频率 4000Hz，比值 0.8~1.0	

注：当比赛大厅容积大于表中列出的最大容积的 1 倍以上时，混响时间可比 2.1s 适当延长。

二、照明系统

摔跤馆的照明系统现场检测程序依据附录 B，照明系统检测要求见表 5.69。

表 5.69　摔跤馆照明系统检测要求

检测类别	检测依据	检测内容	指标	级别
照明系统	JGJ 153—2016 体育场馆照明设计及检测标准	水平照度	300 lx	Ⅰ
			500 lx	Ⅱ
			1000 lx	Ⅲ
			—	Ⅳ
			—	Ⅴ
			—	Ⅵ
		水平照度均匀度	U_1：—；U_2 ≥ 0.5	Ⅰ
			U_1 ≥ 0.4；U_2 ≥ 0.6	Ⅱ
			U_1 ≥ 0.5；U_2 ≥ 0.7	Ⅲ
			U_1 ≥ 0.5；U_2 ≥ 0.7	Ⅳ
			U_1 ≥ 0.6；U_2 ≥ 0.8	Ⅴ

续表

检测类别	检测依据	检测内容	指标	级别
照明系统	JGJ 153—2016 体育场馆照明设计及检测标准	水平照度均匀度	$U_1 \geqslant 0.7$；$U_2 \geqslant 0.8$	Ⅵ
		垂直照度	—	Ⅰ
			—	Ⅱ
			—	Ⅲ
			$E_{vmai} \geqslant 1000lx$；$E_{vaux} \geqslant 1000\ lx$	Ⅳ
			$E_{vmai} \geqslant 1400\ lx$；$E_{vaux} \geqslant 1400lx$	Ⅴ
			$E_{vmai} \geqslant 2000\ lx$；$E_{vaux} \geqslant 2000\ lx$	Ⅵ
		垂直照度均匀度	—	Ⅰ
			—	Ⅱ
			—	Ⅲ
			E_{vmai}：$U_1 \geqslant 0.4$；$U_2 \geqslant 0.6$ E_{vaux}：$U_1 \geqslant 0.4$；$U_2 \geqslant 0.6$	Ⅳ
			E_{vmai}：$U_1 \geqslant 0.5$；$U_2 \geqslant 0.7$ E_{vaux}：$U_1 \geqslant 0.5$；$U_2 \geqslant 0.7$	Ⅴ
			E_{vmai}：$U_1 \geqslant 0.6$；$U_2 \geqslant 0.7$ E_{vaux}：$U_1 \geqslant 0.6$；$U_2 \geqslant 0.7$	Ⅵ
		色温	≥ 4000K	Ⅰ
			≥ 4000K	Ⅱ
			≥ 4000K	Ⅲ
			≥ 4000K	Ⅳ
			≥ 4000K	Ⅴ
			≥ 5500K	Ⅵ
		显色指数	≥ 65	Ⅰ
			≥ 65	Ⅱ
			≥ 65	Ⅲ
			≥ 80	Ⅳ
			≥ 80	Ⅴ
			≥ 90	Ⅵ
		眩光指数	≤ 35	Ⅰ
			≤ 30	Ⅱ

续表

检测类别	检测依据	检测内容	指标	级别
照明系统	JGJ 153—2016 体育场馆照明设计及检测标准	眩光指数	≤ 30	Ⅲ
			≤ 30	Ⅳ
			≤ 30	Ⅴ
			≤ 30	Ⅵ
		应急照明	≥ 20 lx	Ⅰ
			≥ 20 lx	Ⅱ
			≥ 20 lx	Ⅲ
			≥ 20 lx	Ⅳ
			≥ 20 lx	Ⅴ
			≥ 20 lx	Ⅵ

三、LED 显示屏、标准时钟系统及升降旗的项目指标要求

LED 显示屏、标准时钟系统及升降旗的项目指标要求应分别依据附录 C、附录 D 及附录 E 的相关规定。

5.25　网球比赛场馆的体育工艺检测项目指标

一、扩声系统

网球比赛场馆的扩声系统现场检测程序依据附录 A，扩声系统检测要求见表 5.70 和表 5.71。

表 5.70　网球比赛场馆扩声系统检测要求

检测类别	检测依据	检测内容	指标	级别
扩声系统	JGJ/T 131—2012 体育场馆声学设计及测量规程	最大声压级	≥ 105dB	一级
			≥ 100dB	二级
			≥ 95dB	三级
		传输频率特性	125 ~ 4000Hz：-4 ~ +4dB 100Hz、5000Hz：-6 ~ +4dB 80Hz、6300Hz：-8 ~ +4dB 63Hz、8000Hz：-10 ~ +4dB	一级

续表

检测类别	检测依据	检测内容	指标	级别
扩声系统	JGJ/T 131—2012 体育场馆声学设计及测量规程	传输频率特性	125 ~ 4000Hz：−6 ~ +4dB 100Hz、5000Hz：−8 ~ +4dB 80Hz、6300Hz：−10 ~ +4dB 63Hz、8000Hz：−12 ~ +4dB	二级
			250 ~ 4000Hz：−8 ~ +4dB 200Hz、5000Hz：−10 ~ +4dB 160Hz、6300Hz：−12 ~ +4dB 125Hz、8000Hz：−14 ~ +4dB	三级
		传声增益	125 ~ 4000Hz：≥ −10dB	一级
			125 ~ 4000Hz：≥ −12dB	二级
			250 ~ 4000Hz：≥ −12dB	三级
		稳态声场不均匀度	1000Hz、4000Hz：≤ 8dB	一级
			1000Hz、4000Hz：≤ 10dB	二级
			1000Hz：≤ 10dB	三级
		系统噪声	扩声系统不产生明显可察觉的噪声干扰	一级
			扩声系统不产生明显可察觉的噪声干扰	二级
			扩声系统不产生明显可察觉的噪声干扰	三级
		语言传输指数	≥ 0.5	一级
			≥ 0.5	二级
			≥ 0.5	三级
		混响时间	不同容积比赛大厅 500~1000Hz 满场混响时间： 容积＜ 40000m^3，混响时间 1.3~1.4s； 容积 40000~80000m^3，混响时间 1.4~1.6s； 容积 80000~160000m^3，混响时间 1.6~1.8s； 容积＞ 160000m^3，混响时间 1.9~2.1s	—
			各频率混响时间相对于 500~1000Hz 混响时间的比值： 频率 125Hz，比值 1.0~1.3； 频率 250Hz，比值 1.0~1.2； 频率 2000Hz，比值 0.9~1.0； 频率 4000Hz，比值 0.8~1.0	

表 5.71　网球场扩声系统检测要求

检测类别	检测依据	检测内容	指标	级别
扩声系统	JGJ/T 131—2012 体育场馆声学设计及测量规程	最大声压级	≥ 105dB	一级
			≥ 98dB	二级
			≥ 90dB	三级
		传输频率特性	125 ~ 4000Hz：−6 ~ +4dB 100Hz、5000Hz：−8 ~ +4dB 80Hz、6300Hz：−10 ~ +4dB 63Hz、8000Hz：−12 ~ +4dB	一级
			125 ~ 4000Hz：−8 ~ +4dB 100Hz、5000Hz：−11 ~ +4dB 80Hz、6300Hz：−14 ~ +4dB 63Hz、8000Hz：−17 ~ +4dB	二级
			250 ~ 4000Hz：−10 ~ +4dB 200Hz、5000Hz：−13 ~ +4dB 160Hz、6300Hz：−16 ~ +4dB 125Hz、8000Hz：−19 ~ +4dB	三级
		传声增益	125 ~ 4000Hz：≥ −10dB	一级
			125 ~ 4000Hz：≥ −12dB	二级
			250 ~ 4000Hz：≥ −14dB	三级
		稳态声场不均匀度	1000Hz、4000Hz：≤ 8dB	一级
			1000Hz、4000Hz：≤ 10dB	二级
			1000Hz：≤ 12dB	三级
		系统噪声	扩声系统不产生明显可察觉的噪声干扰	一级
			扩声系统不产生明显可察觉的噪声干扰	二级
			扩声系统不产生明显可察觉的噪声干扰	三级
		语言传输指数	≥ 0.45	一级
			≥ 0.45	二级
			≥ 0.45	三级
		混响时间	—	—

注：当比赛大厅容积大于表中列出的最大容积的 1 倍以上时，混响时间可比 2.1s 适当延长。

二、照明系统

网球馆的照明系统现场检测程序依据附录 B，照明系统检测要求见表 5.72。

表 5.72 网球馆照明系统检测要求

检测类别	检测依据	检测内容	指标	级别
照明系统	JGJ 153—2016 体育场馆照明设计及检测标准	水平照度	300 lx	Ⅰ
			500 lx（PA）/300（TA）lx	Ⅱ
			750 lx（PA）/500（TA）lx	Ⅲ
			—	Ⅳ
			—	Ⅴ
			—	Ⅵ
		水平照度均匀度	U_1：—；$U_2 \geqslant 0.5$	Ⅰ
			$U_1 \geqslant 0.4/0.3$；$U_2 \geqslant 0.6/0.5$	Ⅱ
			$U_1 \geqslant 0.5/0.4$；$U_2 \geqslant 0.7/0.6$	Ⅲ
			$U_1 \geqslant 0.5/0.4$；$U_2 \geqslant 0.7/0.6$	Ⅳ
			$U_1 \geqslant 0.6/0.5$；$U_2 \geqslant 0.8/0.7$	Ⅴ
			$U_1 \geqslant 0.7/0.6$；$U_2 \geqslant 0.8/0.8$	Ⅵ
		垂直照度	—	Ⅰ
			—	Ⅱ
			—	Ⅲ
			$E_{vmai} \geqslant 1000/750$lx；$E_{vaux} \geqslant 750/500$ lx	Ⅳ
			$E_{vmai} \geqslant 1400/1000$ lx；$E_{vaux} \geqslant 1000/750$ lx	Ⅴ
			$E_{vmai} \geqslant 2000/1400$ lx；$E_{vaux} \geqslant 1400/1000$ lx	Ⅵ
		垂直照度均匀度	—	Ⅰ
			—	Ⅱ
			—	Ⅲ
			E_{vmai}：$U_1 \geqslant 0.4/0.3$；$U_2 \geqslant 0.6/0.5$ E_{vaux}：$U_1 \geqslant 0.3/0.3$；$U_2 \geqslant 0.5/0.4$	Ⅳ
			E_{vmai}：$U_1 \geqslant 0.5/0.3$；$U_2 \geqslant 0.7/0.5$ E_{vaux}：$U_1 \geqslant 0.3/0.3$；$U_2 \geqslant 0.5/0.4$	Ⅴ
			E_{vmai}：$U_1 \geqslant 0.6/0.4$；$U_2 \geqslant 0.7/0.6$ E_{vaux}：$U_1 \geqslant 0.4/0.3$；$U_2 \geqslant 0.6/0.5$	Ⅵ

续表

检测类别	检测依据	检测内容	指标	级别
照明系统	JGJ 153—2016 体育场馆照明设计及检测标准	色温	≥ 4000K	Ⅰ
			≥ 4000K	Ⅱ
			≥ 4000K	Ⅲ
			≥ 4000K	Ⅳ
			≥ 4000K	Ⅴ
			≥ 5500K	Ⅵ
		显色指数	≥ 65	Ⅰ
			≥ 65	Ⅱ
			≥ 65	Ⅲ
			≥ 80	Ⅳ
			≥ 80	Ⅴ
			≥ 90	Ⅵ
		眩光指数	≤ 35	Ⅰ
			≤ 30	Ⅱ
			≤ 30	Ⅲ
			≤ 30	Ⅳ
			≤ 30	Ⅴ
			≤ 30	Ⅵ
		应急照明	≥ 20 lx	Ⅰ
			≥ 20 lx	Ⅱ
			≥ 20 lx	Ⅲ
			≥ 20 lx	Ⅳ
			≥ 20 lx	Ⅴ
			≥ 20 lx	Ⅵ

注：表中同一表格有两个值时，“/”前为主赛区（PA）的值，“/”后为总赛区（TA）的值。

三、面层系统

网球馆比赛场地的面层系统要求详见表 5.73、表 5.74、表 5.75。

表 5.73　丙烯酸网球场性能及要求

指标	依据标准	测试方法	要求
场地外观	GB/T 22517.7—2018	现场观察、触摸、检查场地完好情况	①场地表面应颜色均匀，无明显色差； ②场地面层应黏结牢固，无断裂、起泡、起鼓、脱皮、空鼓现象
平整度	GB/T 22517.7—2018	将 3m 直尺轻放于被选点之上，用塞尺测量最大局部凹凸	场地表面任何位置的凹凸应不大于 3 mm
坡度	GB/T 22517.7—2018	①应使用精度为 ±1mm 的水准仪或更高精度仪器进行现场检测； ②测量每片场地边线或端线上 3 组点的标高及距离，按公式计算每组点的坡度： $$p=\frac{h}{L}\times 100\%$$	①单片场地应在同一个斜面上； ②场地坡度方向宜从边线向边线倾斜，且不大于 1.0%； ③从边线到边线向同一方向倾斜的场地应不大于 2 片； ④从端线到端线向同一方向倾斜的场地应不大于 1 片
球反弹率	GB/T 22517.7—2018	①检测点位置应至少包括使用率高、中、低的不同位置及场地画线上。如果场地有连接或特殊构造，也应在相应位置进行检测。 ②让网球从不低于（1.27 ± 0.01）m 的高度自由下落，测量网球在场地面层和刚性混凝土面层上弹起的高度。每个检测点应进行 5 次测量，并计算其平均值： $$BR=\frac{h_1}{h_2}\times 100\%$$	标准网球自由下落于网球场地上的反弹高度与下落于混凝土面层上的反弹高度之比应不小于 80%
滑动性能	GB/T 22517.7—2018	调整检测装置，使各个方向都趋于水平。调节摆锤高度，使当用手将摆锤沿摆动弧线移动到最高点时摆锤下悬挂的物体离检测样本的距离为（125 ± 1）mm。让摆锤做 3 次适应性摆动，但不记录读数，然后让摆锤摆动一次，记录刻度表显示的读数。重复这一步骤，获取 5 个读数	60~100BPN
地面速率	GB/T 22517.7—2018	①检测点位置应至少包括使用率高、中、低的不同位置及场地画线上； ②调节网球投射设备，将球以（16 ± 2）° 的角度和（30 ± 2）m/s 的速度投出。将网球向场地或检测样本	30~44

续表

指标	依据标准	测试方法	要求
地面速率	GB/T 22517.7—2018	投射 3 次，但不记录数据。目的是使每个球都能从储存一段时间而形成的“永久形变”中恢复过来； ③应将 3 个球分别按相同的顺序向样本地面投射 3 次，共进行 9 次检测；记录网球落地之前和之后的速度和角度。所有检测要在 1 h 内完成，以最大限度地降低环境条件带来的影响； ④天然草场地，网球的投射方向为场地长轴方向； ⑤每次投射网球前，先使用表面温度计测试网球表面温度。当温度在 10℃ ~30℃时，可进行测试，否则应更换网球或停止测试	30~44
排水性能	GB/T 22517.7—2018	雨后 2h 或打开给水设施对场地喷淋 20min 后，观察场地积水情况	宜设置在场地周边。室内场地排水沟应设沟盖板
场地基础	GB/T 22517.7—2018	①目测，查验场地给排水设施安装情况； ②查看场地基础、给水设施、排水设施竣工资料	①底层应密实、坚固、稳定，并无裂缝、无空鼓、不起沙； ②基础表面平整度、坡度应与场地面层要求一致

表 5.74　天然草网球场性能及要求

指标	依据标准	测试方法	要求
草坪外观	GB/T 22517.7—2018	①颜色及病、虫害特征：现场观察； ②草坪覆盖率：测量裸地面积，以总面积减去裸地面积的差除以总面积，即得到草坪覆盖率； ③杂草数量：在场地上取 0.1m × 0.1m 的样方，数出杂草和所有草茎的数量，以杂草数除以所有草茎的数量，计算百分比	①草坪应颜色均匀，无病、虫害特征； ②草坪覆盖率应不小于 95%； ③草坪中杂草数量（向上生长茎的数）应小于 0.05%
草苗高度	GB/T 22517.7—2018	用钢板尺测量	养护时草苗高度应不大于 20mm，比赛时草苗高度应为 2~10mm
球场面积	GB/T 22517.7—2018	用符合 QB/T 2443 规定的 Ⅰ 级钢卷尺或精度不低于 ± 10 mm/km 的其他测距仪器现场测量	根据高磨损区草坪休养的需要，应适当扩大场地面积，并埋设预备网柱基座

续表

指标	依据标准	测试方法	要求
平整度	GB/T 22517.7—2018	将 3m 直尺轻放于被选点之上，用塞尺测量最大局部凹凸	用 3m 直尺测量，场地表面任何位置的凹凸应不大于 6mm
坡度	GB/T 22517.7—2018	①应使用精度为 ±1mm 的水准仪或更高精度仪器现场检测； ②测量每片场地边线或端线上 3 组点的标高及距离，按公式计算每组点的坡度： $$p=\frac{h}{L}\times100\%$$	单片场地应在同一斜面上，坡度应不大于 0.6%
球反弹率	GB/T 22517.7—2018	①检测点位置应至少包括使用率高、中、低的不同位置及场地画线上。如果场地有连接或特殊构造，也应在相应位置进行检测。 ②让网球从不低于（1.27±0.01）m 的高度自由下落，测量网球在场地面层和刚性混凝土面层上弹起的高度。每个检测点应进行 5 次测量，并计算其平均值： $$BR=\frac{h_1}{h_2}\times100\%$$	标准网球自由下落于网球场地上的反弹高度与下落于混凝土面层上的反弹高度之比应不小于 80%
地面速率	GB/T 22517.7—2018	①检测点位置应至少包括使用率高、中、低的不同位置及场地画线上； ②调节网球投射设备，将球以（16±2）° 的角度和（30±2）m/s 的速度投出。将网球向场地或检测样本投射 3 次，但不记录数据。其目的是使每个球都能从储存一段时间而形成的“永久形变”中恢复过来； ③应将 3 个球分别按相同的顺序向样本地面投射 3 次，共进行 9 次检测；记录网球落地之前和之后的速度和角度。所有检测要在 1 h 内完成，以最大限度地降低环境条件带来的影响； ④天然草场地，网球的投射方向为场地长轴方向； ⑤每次投射网球前，先使用表面温度计测试网球表面温度。当温度在 10℃ ~30℃时，可进行测试，否则应更换网球或停止测试	宜不小于 40

续表

指标	依据标准	测试方法	要求
给水设施	GB/T 22517.7—2018	目测，查验场地给排水设施安装情况。查看场地基础、给水设施、排水设施竣工资料	场地应配置适合的给水设施，可以采用地上全自动喷灌系统或手动喷洒设备，喷头等障碍物不应设置在场地内
排水性能	GB/T 22517.7—2018	雨后 2h 或打开给水设施对场地喷淋 20min 后，观察场地积水情况	雨后 2h，应无可见积水

表 5.75 红土网球场性能及要求

指标	依据标准	测试方法	要求
土质类型	GB/T 22517.7—2018	现场观察	应采用石粉、复合红土等
场地外观	GB/T 22517.7—2018	现场观察，并在场地内随机选取 10 个位置，用孔径不大于 0.3 mm 的筛网检查场地表面滑动沙粒的粒径	场地应颜色均匀，无明显色差。场地表面应均匀覆盖滑动颗粒，粒径应不大于 0.3 mm
平整度	GB/T 22517.7—2018	将 3m 直尺轻放于被选点之上，用塞尺测量最大局部凹凸	用 3 m 直尺测量，场地表面任何位置的凹凸应不大于 6 mm
场地坡度	GB/T 22517.7—2018	①应使用精度为 ±1mm 的水准仪或更高精度仪器现场检测； ②测量每片场地边线或端线上 3 组点的标高及距离，按公式计算每组点的坡度： $$p=\frac{h}{L}\times 100\%$$	单片场地应在同一斜面上，坡度应不大于 0.6%
球反弹率	GB/T 22517.7—2018	①检测点位置应至少包括使用率高、中、低的不同位置及场地画线上。如果场地有连接或特殊构造，也应在相应位置进行检测。 ②让网球从不低于（1.27 ± 0.01）m 的高度自由下落，测量网球在场地面层和刚性混凝土面层上弹起的高度。每个检测点应进行 5 次测量，并计算其平均值： $$BR=\frac{h_1}{h_2}\times 100\%$$	网球自由下落于网球场地上的反弹高度与下落于混凝土面层上的反弹高度之比应不小于 80%
地面速率	GB/T 22517.7—2018	①检测点位置应至少包括使用率高、中、低的不同位置及场地画线上；	宜不大于 29

续表

指标	依据标准	测试方法	要求
地面速率	GB/T 22517.7—2018	②调节网球投射设备，将球以（16 ± 2）° 的角度和（30 ± 2）m/s 的速度投出。将网球向场地或检测样本投射 3 次，但不记录数据。其目的是使每个球都能从储存一段时间而形成的“永久形变”中恢复过来； ③应将 3 个球分别按相同的顺序向样本地面投射 3 次，共进行 9 次检测。记录网球落地之前和之后的速度和角度。所有检测要在 1 h 内完成，以最大限度地降低环境条件带来的影响； ④天然草场地，网球的投射方向为场地长轴方向； ⑤每次投射网球前，先使用表面温度计测试网球表面温度。当温度在 10℃ ~30℃时，可进行测试，否则应更换网球或停止测试	宜不大于 29
给水设施	GB/T 22517.7—2018	①目测，查验场地给排水设施安装情况； ②查看场地基础、给水设施、排水设施竣工资料	应配置适合的给水设施。地上喷洒系统应达到最大的降水均匀度，并应避免浇水过程冲刷场地面层材料。地下给水系统适用于石粉材料的快干型网球场地，应实现水分自动调控
场地基础	—	①目测，查验场地给排水设施安装情况； ②查看场地基础、给水设施、排水设施竣工资料	①砂土网球场基础结构应为一至两层级配碎石，厚度应为 100~150 mm。碎石粒径与级配比例应满足场地面层铺装要求的稳定性； ②场地基础应考虑渗水和排水的要求

四、场地规格画线

网球场地详细规格画线见图 5.79。

单位：m

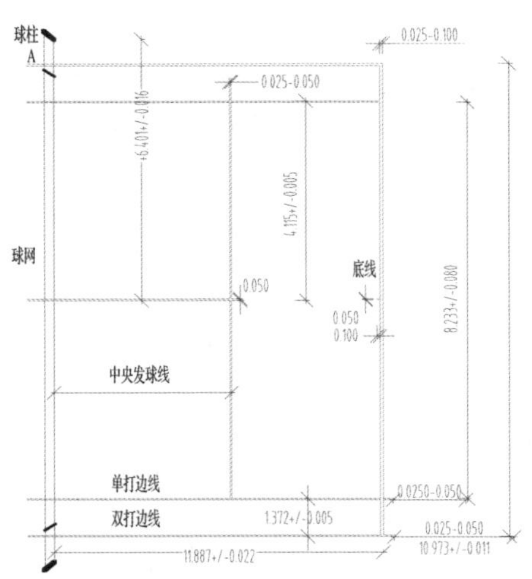

图 5.79　网球场地半场画线

五、LED 显示屏、标准时钟系统及升降旗的项目指标要求

LED 显示屏、标准时钟系统及升降旗的项目指标要求应分别依据附录 C、附录 D 及附录 E 的相关规定。

5.26　马术比赛场馆的体育工艺检测项目指标

一、扩声系统

马术比赛场馆的扩声系统现场检测程序依据附录 A，扩声系统检测要求见表 5.76。

表 5.76　马术比赛场馆扩声系统检测要求

检测类别	检测依据	检测内容	指标	级别
扩声系统	JGJ/T 131—2012 体育场馆声学设计及测量规程	最大声压级	≥ 105dB	一级
			≥ 98dB	二级
			≥ 90dB	三级
		传输频率特性	125 ~ 4000Hz：−6 ~ +4dB 100Hz、5000Hz：−8 ~ +4dB 80Hz、6300Hz：−10 ~ +4dB 63Hz、8000Hz：−12 ~ +4dB	一级
			125 ~ 4000Hz：−8 ~ +4dB 100Hz、5000Hz：−11 ~ +4dB 80Hz、6300Hz：−14 ~ +4dB 63Hz、8000Hz：−17 ~ +4dB	二级

续表

检测类别	检测依据	检测内容	指标	级别
扩声系统	JGJ/T 131—2012 体育场馆声学设计及测量规程	传输频率特性	250 ~ 4000Hz：−10 ~ +4dB 200Hz、5000Hz：−13 ~ +4dB 160Hz、6300Hz：−16 ~ +4dB 125Hz、8000Hz：−19 ~ +4dB	三级
		传声增益	125 ~ 4000Hz：≥ −10dB	一级
			125 ~ 4000Hz：≥ −12dB	二级
			250 ~ 4000Hz：≥ −14dB	三级
		稳态声场不均匀度	1000Hz、4000Hz：≤ 8dB	一级
			1000Hz、4000Hz：≤ 10dB	二级
			1000Hz：≤ 12dB	三级
		系统噪声	扩声系统不产生明显可察觉的噪声干扰	一级
			扩声系统不产生明显可察觉的噪声干扰	二级
			扩声系统不产生明显可察觉的噪声干扰	三级
		语言传输指数	≥ 0.45	一级
			≥ 0.45	二级
			≥ 0.45	三级
		混响时间	—	—

二、照明系统

马术场馆的照明系统现场检测程序依据附录 B，照明系统检测要求见表 5.77。

表 5.77　马术场馆照明系统检测要求

检测类别	检测依据	检测内容	指标	级别
照明系统	JGJ 153—2016 体育场馆照明设计及检测标准	水平照度	200 lx	Ⅰ
			300 lx	Ⅱ
			500 lx	Ⅲ
			—	Ⅳ
			—	Ⅴ
			—	Ⅵ
		水平照度均匀度	U_1：—；$U_2 \geq 0.3$	Ⅰ
			$U_1 \geq 0.4$；$U_2 \geq 0.6$	Ⅱ

续表

检测类别	检测依据	检测内容	指标	级别
照明系统	JGJ 153—2016 体育场馆照明设计及检测标准	水平照度均匀度	$U_1 \geqslant 0.5$；$U_2 \geqslant 0.7$	Ⅲ
			$U_1 \geqslant 0.5$；$U_2 \geqslant 0.7$	Ⅳ
			$U_1 \geqslant 0.6$；$U_2 \geqslant 0.8$	Ⅴ
			$U_1 \geqslant 0.7$；$U_2 \geqslant 0.8$	Ⅵ
		垂直照度	—	Ⅰ
			—	Ⅱ
			—	Ⅲ
			$E_{vmai} \geqslant 1000lx$；$E_{vaux} \geqslant 750\ lx$	Ⅳ
			$E_{vmai} \geqslant 1400\ lx$；$E_{vaux} \geqslant 1000lx$	Ⅴ
			$E_{vmai} \geqslant 2000\ lx$；$E_{vaux} \geqslant 1400\ lx$	Ⅵ
		垂直照度均匀度	—	Ⅰ
			—	Ⅱ
			—	Ⅲ
			E_{vmai}：$U_1 \geqslant 0.4$；$U_2 \geqslant 0.6$ E_{vaux}：$U_1 \geqslant 0.3$；$U_2 \geqslant 0.5$	Ⅳ
			E_{vmai}：$U_1 \geqslant 0.5$；$U_2 \geqslant 0.7$ E_{vaux}：$U_1 \geqslant 0.3$；$U_2 \geqslant 0.5$	Ⅴ
			E_{vmai}：$U_1 \geqslant 0.6$；$U_2 \geqslant 0.7$ E_{vaux}：$U_1 \geqslant 0.4$；$U_2 \geqslant 0.6$	Ⅵ
		色温	$\geqslant$ 4000K	Ⅰ
			$\geqslant$ 4000K	Ⅱ
			$\geqslant$ 4000K	Ⅲ
			$\geqslant$ 4000K	Ⅳ
			$\geqslant$ 5500K	Ⅴ
			$\geqslant$ 5500K	Ⅵ
		显色指数	$\geqslant$ 65	Ⅰ
			$\geqslant$ 65	Ⅱ
			$\geqslant$ 65	Ⅲ
			$\geqslant$ 80	Ⅳ
			$\geqslant$ 80	Ⅴ

续表

检测类别	检测依据	检测内容	指标	级别
照明系统	JGJ 153—2016 体育场馆照明设计及检测标准	显色指数	≥ 90	Ⅵ
		眩光指数	—	Ⅰ
			—	Ⅱ
			—	Ⅲ
			—	Ⅳ
			—	Ⅴ
			—	Ⅵ
		应急照明	≥ 20 lx	Ⅰ
			≥ 20 lx	Ⅱ
			≥ 20 lx	Ⅲ
			≥ 20 lx	Ⅳ
			≥ 20 lx	Ⅴ
			≥ 20 lx	Ⅵ

三、LED 显示屏、标准时钟系统及升降旗的项目指标要求

LED 显示屏、标准时钟系统及升降旗的项目指标要求应分别依据附录 C、附录 D 及附录 E 的相关规定。

5.27 手球比赛场馆的体育工艺检测项目指标

一、扩声系统

手球比赛场馆的扩声系统现场检测程序依据附录 A，扩声系统检测要求见表 5.78、表 5.79。

表 5.78 手球馆扩声系统检测要求

检测类别	检测依据	检测内容	指标	级别
扩声系统	JGJ/T 131—2012 体育场馆声学设计及测量规程	最大声压级	≥ 105dB	一级
			≥ 100dB	二级
			≥ 95dB	三级
		传输频率特性	125 ~ 4000Hz：−4 ~ +4dB 100Hz、5000Hz：−6 ~ +4dB	一级

续表

检测类别	检测依据	检测内容	指标	级别
扩声系统	JGJ/T 131—2012 体育场馆声学设计及测量规程	传输频率特性	80Hz、6300Hz：-8 ~ +4dB 63Hz、8000Hz：-10 ~ +4dB	一级
			125 ~ 4000Hz：-6 ~ +4dB 100Hz、5000Hz：-8 ~ +4dB 80Hz、6300Hz：-10 ~ +4dB 63Hz、8000Hz：-12 ~ +4dB	二级
			250 ~ 4000Hz：-8 ~ +4dB 200Hz、5000Hz：-10 ~ +4dB 160Hz、6300Hz：-12 ~ +4dB 125Hz、8000Hz：-14 ~ +4dB	三级
		传声增益	125 ~ 4000Hz：≥ -10dB	一级
			125 ~ 4000Hz：≥ -12dB	二级
			250 ~ 4000Hz：≥ -12dB	三级
		稳态声场不均匀度	1000Hz、4000Hz：≤ 8dB	一级
			1000Hz、4000Hz：≤ 10dB	二级
			1000Hz：≤ 10dB	三级
		系统噪声	扩声系统不产生明显可察觉的噪声干扰	一级
			扩声系统不产生明显可察觉的噪声干扰	二级
			扩声系统不产生明显可察觉的噪声干扰	三级
		语言传输指数	≥ 0.5	一级
			≥ 0.5	二级
			≥ 0.5	三级
		混响时间	不同容积比赛大厅 500~1000Hz 满场混响时间： 容积＜ 40000m^3，混响时间 1.3~1.4s； 容积 40000~80000m^3，混响时间 1.4~1.6s； 容积 80000~160000m^3，混响时间 1.6~1.8s； 容积＞ 160000m^3，混响时间 1.9~2.1s	—
			各频率混响时间相对于 500~1000Hz 混响时间的比值： 频率 125Hz，比值 1.0~1.3； 频率 250Hz，比值 1.0~1.2； 频率 2000Hz，比值 0.9~1.0； 频率 4000Hz，比值 0.8~1.0	

注：当比赛大厅容积大于表中列出的最大容积的 1 倍以上时，混响时间可比 2.1s 适当延长。

表 5.79 手球场扩声系统检测要求

检测类别	检测依据	检测内容	指标	级别
扩声系统	JGJ/T 131—2012 体育场馆声学设计及测量规程	最大声压级	≥ 105dB	一级
			≥ 98dB	二级
			≥ 90dB	三级
		传输频率特性	125 ~ 4000Hz：−6 ~ +4dB 100Hz、5000Hz：−8 ~ +4dB 80Hz、6300Hz：−10 ~ +4dB 63Hz、8000Hz：−12 ~ +4dB	一级
			125 ~ 4000Hz：−8 ~ +4dB 100Hz、5000Hz：−11 ~ +4dB 80Hz、6300Hz：−14 ~ +4dB 63Hz、8000Hz：−17 ~ +4dB	二级
			250 ~ 4000Hz：−10 ~ +4dB 200Hz、5000Hz：−13 ~ +4dB 160Hz、6300Hz：−16 ~ +4dB 125Hz、8000Hz：−19 ~ +4dB	三级
		传声增益	125 ~ 4000Hz：≥ −10dB	一级
			125 ~ 4000Hz：≥ −12dB	二级
			250 ~ 4000Hz：≥ −14dB	三级
		稳态声场不均匀度	1000Hz、4000Hz：≤ 8dB	一级
			1000Hz、4000Hz：≤ 10dB	二级
			1000Hz：≤ 12dB	三级
		系统噪声	扩声系统不产生明显可察觉的噪声干扰	一级
			扩声系统不产生明显可察觉的噪声干扰	二级
			扩声系统不产生明显可察觉的噪声干扰	三级
		语言传输指数	≥ 0.45	一级
			≥ 0.45	二级
			≥ 0.45	三级
		混响时间	—	—

二、照明系统

手球馆的照明系统现场检测程序依据附录 B，照明系统检测要求见表 5.80。

表 5.80　手球馆照明系统检测要求

检测类别	检测依据	检测内容	指标	级别
照明系统	JGJ 153—2016 体育场馆照明设计及检测标准	水平照度	300 lx	Ⅰ
			500 lx	Ⅱ
			750 lx	Ⅲ
			—	Ⅳ
			—	Ⅴ
			—	Ⅵ
		水平照度均匀度	U_1：—；$U_2 \geqslant 0.3$	Ⅰ
			$U_1 \geqslant 0.4$；$U_2 \geqslant 0.6$	Ⅱ
			$U_1 \geqslant 0.5$；$U_2 \geqslant 0.7$	Ⅲ
			$U_1 \geqslant 0.5$；$U_2 \geqslant 0.7$	Ⅳ
			$U_1 \geqslant 0.6$；$U_2 \geqslant 0.8$	Ⅴ
			$U_1 \geqslant 0.7$；$U_2 \geqslant 0.8$	Ⅵ
		垂直照度	—	Ⅰ
			—	Ⅱ
			—	Ⅲ
			$E_{vmai} \geqslant 1000$ lx；$E_{vaux} \geqslant 750$ lx	Ⅳ
			$E_{vmai} \geqslant 1400$ lx；$E_{vaux} \geqslant 1000$ lx	Ⅴ
			$E_{vmai} \geqslant 2000$ lx；$E_{vaux} \geqslant 1400$ lx	Ⅵ
		垂直照度均匀度	—	Ⅰ
			—	Ⅱ
			—	Ⅲ
			E_{vmai}：$U_1 \geqslant 0.4$；$U_2 \geqslant 0.6$ E_{vaux}：$U_1 \geqslant 0.3$；$U_2 \geqslant 0.5$	Ⅳ
			E_{vmai}：$U_1 \geqslant 0.5$；$U_2 \geqslant 0.7$ E_{vaux}：$U_1 \geqslant 0.3$；$U_2 \geqslant 0.5$	Ⅴ
			E_{vmai}：$U_1 \geqslant 0.6$；$U_2 \geqslant 0.7$ E_{vaux}：$U_1 \geqslant 0.4$；$U_2 \geqslant 0.6$	Ⅵ
		色温	≥ 4000K	Ⅰ
			≥ 4000K	Ⅱ
			≥ 4000K	Ⅲ

续表

检测类别	检测依据	检测内容	指标	级别
照明系统	JGJ 153—2016 体育场馆照明设计及检测标准	色温	≥ 4000K	Ⅳ
			≥ 4000K	Ⅴ
			≥ 5500K	Ⅵ
		显色指数	≥ 65	Ⅰ
			≥ 65	Ⅱ
			≥ 65	Ⅲ
			≥ 80	Ⅳ
			≥ 80	Ⅴ
			≥ 90	Ⅵ
		眩光指数	≤ 35	Ⅰ
			≤ 30	Ⅱ
			≤ 30	Ⅲ
			≤ 30	Ⅳ
			≤ 30	Ⅴ
			≤ 30	Ⅵ
		应急照明	≥ 20 lx	Ⅰ
			≥ 20 lx	Ⅱ
			≥ 20 lx	Ⅲ
			≥ 20 lx	Ⅳ
			≥ 20 lx	Ⅴ
			≥ 20 lx	Ⅵ

三、面层系统

手球馆木地板场地面层系统现场检测程序依据附录 F，检测要求详见表 5.81 和表 5.82。

表 5.81　手球馆木地板场地检测要求

指标		依据标准	要求	
			竞技	健身
基本要求	材种	GB/T 19995.2—2005	选用材种表面不易起刺	
	面层材料外观质量	GB/T 15036.1—2018 GB/T 18103—2022	一等品	
	地板块的加工精度	GB/T 15036.1—2018 GB/T 18103—2022	长度≤ 500mm 时，公称长度与每个测量值之差绝对值≤ 0.5mm； 长度＞ 500mm 时，公称长度与每个测量值之差绝对值≤ 1.0mm； 公称宽度与平均宽度之差绝对值≤ 0.3mm，宽度最大值与最小值之差≤ 0.3mm； 公称厚度与平均厚度之差绝对值≤ 0.3mm； 厚度最大值与最小值之差≤ 0.4mm	
	环保要求	GB/T 18580—2017 GB 50005—2017	E1	
结构		GB/T 19995.2—2005	应仔细考虑场地的主要用途，来决定所需要的木地板场地结构	
性能	冲击吸收	GB/T 19995.2—2005	≥ 53%	≥ 40%
	球反弹率	GB/T 19995.2—2005	≥ 90%	≥ 75%
	滚动负荷	GB/T 19995.2—2005	≥ 1500N	≥ 1500N
	滑动摩擦系数	GB/T 19995.2—2005	0.4~0.6	0.4~0.7
	标准垂直变形	GB/T 19995.2—2005	≥ 2.3mm	N/A
	垂直变形率 W_{500}	GB/T 19995.2—2005	≤ 15%	N/A
平整度		GB/T 19995.2—2005	间隙≤ 2mm 高差场地任意间距 15m 的两点高差≤ 15mm	
涂层性能		GB/T 19995.2—2005	涂层颜色不应影响赛场区画线的辨认，反光不应影响运动员的发挥，并具有耐磨、防滑、难燃的特性	
通风设施		GB/T 19995.2—2005	体育地板结构宜具有通风设施，该设施既能起到良好的通风作用，又要布置合理，不可设在比赛区域内，其颜色和面层相同或相近	
防变形措施		GB/T 19995.2—2005	面层应采取防变形措施，避免地板因外界环境变化而发生影响正常使用的起翘、下凹等各种变形	
特殊要求		GB/T 19995.2—2005	在使用场馆时，噪声的扩散和振动的传播等地板层的特性应符合合同双方的约定	

表 5.82 手球场地检测要求（国际手球联合会规则）

指标	依据标准	测试方法	要求
冲击吸收	国际手球联合会规则 BS EN 14808:2005	质量为 20kg 的重物自由下落到一个铁砧上，铁砧通过弹簧将力传向测力台底部，测力台通过球形底盘安装在地面； 测力台由力值传感器组成，并能在冲击过程中记录下冲击返回力的最大值； 将该最大值与在坚固地面上（如混凝土地面）所测得的数据进行比较，同时计算出合成表面冲击返回作用力的百分比： $R=\left(1-\frac{F_S}{F_C}\right)\times 100\%$	点弹性：25%~75%； 混合弹性：45%~75%； 区域弹性：40%~75%； 组合弹性：45%~75%
垂直变形	国际手球联合会规则 BS EN 14809:2005	质量为 20 kg 的重物下落到弹簧上，通过弹簧将负荷传递到放置在被检测物表面的测力台； 测力台内包含一个力值传感器，传感器可以在冲击过程中记录下力值的增量，通过测力台两侧的变形摄取器的平均数来测量出被检测物表面的变形量	点弹性：≤ 3.5mm； 混合弹性：≤ 3.5mm； 区域弹性：1.5~5.0mm； 组合弹性：1.5~5.0mm
摩擦	国际手球联合会规则 BS EN 13036-4:2011	测试样品时，调节摆动臂的高度，使滑动片与被测表面接触，滑动片从左边缘到右边缘与被测表面接触的距离是 125~127 mm。 把所设置的高度固定在这个位置上并反复摆动滑移片以核定距离。然后，把摆动臂放在水平重物的位置上。 在测试区保持测试样品表面干燥，放开摆动臂使其自由落下，略去第一次指针计数，然后进行 5 次同样的试验。记录每次摆动后指针所得的刻度读数，计算这 5 个读数的平均值，数值精确到小数点后 1 位，即为干燥表面的抗滑值 F	干测：80~110 湿测：55~110
球回弹	国际手球联合会规则 BS EN 12235:2013	调节 3 号手球气压满足从 1.8m 高处自由下落至混凝土地面的回弹高度在（1.050 ± 0.025）m 即可； 在混凝地面上测量反弹高度 H_0； 在场地面层上测量反弹高度 H_1； 按公式 $H_1/H_0\times 100\%$ 计算得到球反弹率	≥ 90%

续表

指标	依据标准	测试方法	要求
耐磨损	国际手球联合会规则 EN ISO 5470—1:2016	对于合成表面，应采用 H18 磨轮和 1 kg 负载； 进行 1000 次磨损循环，称量试样磨损前后变化值	≤ 1000mg
滚动载荷	国际手球联合会规则 BS EN 1569:2020	①测试钢轮直径为 76mm，轮宽为 23mm，倒角半径为 1mm； ②在测试钢轮上加载 1500N（连同测试装置自重）； ③检测滚动速度为 0.3 ± 0.05m/s，且在滚道上往返滚动 150 次	永久压痕小于 0.5mm

四、场地规格画线

手球场地规格画线要求详见图 5.80。

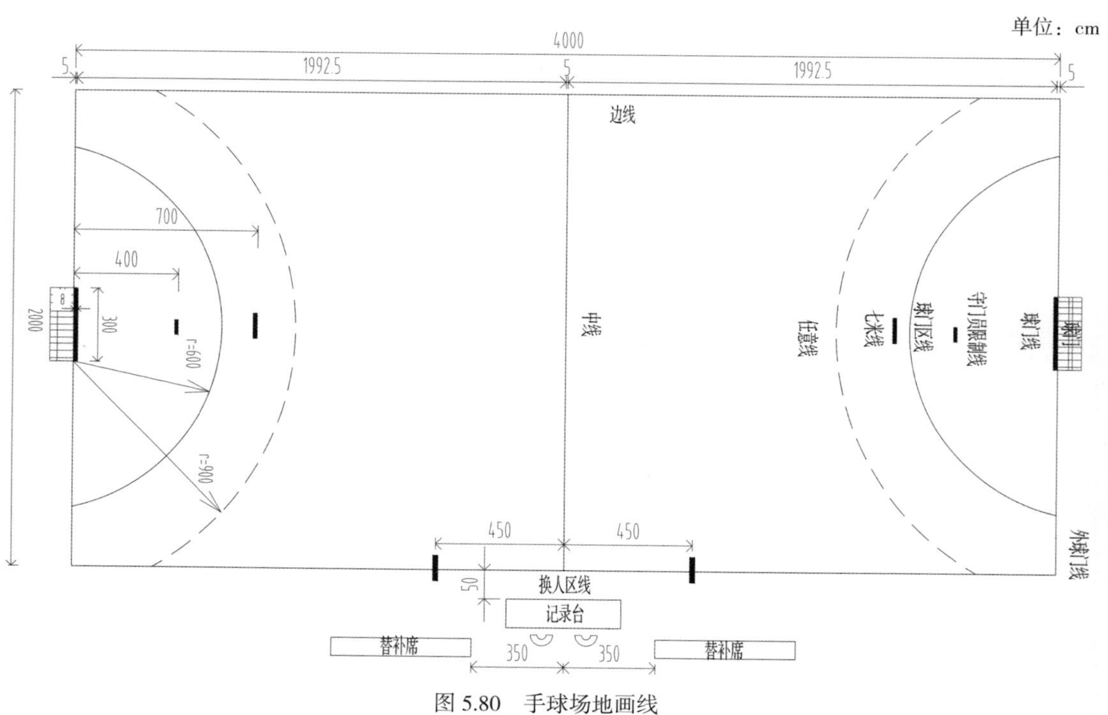

图 5.80　手球场地画线

五、LED 显示屏、标准时钟系统及升降旗的项目指标要求

LED 显示屏、标准时钟系统及升降旗的项目指标要求应分别依据附录 C、附录 D 及附录 E 的相关规定。

5.28 曲棍球比赛场馆的体育工艺检测项目指标

一、扩声系统

曲棍球比赛场馆的扩声系统现场检测程序依据附录A，扩声系统检测要求见表5.83、表5.84。

表5.83 室内曲棍球比赛场馆扩声系统检测要求

检测类别	检测依据	检测内容	指标	级别
扩声系统	JGJ/T 131—2012 体育场馆声学设计及测量规程	最大声压级	≥ 105dB	一级
			≥ 100dB	二级
			≥ 95dB	三级
		传输频率特性	125 ~ 4000Hz：−4 ~ +4dB 100Hz、5000Hz：−6 ~ +4dB 80Hz、6300Hz：−8 ~ +4dB 63Hz、8000Hz：−10 ~ +4dB	一级
			125 ~ 4000Hz：−6 ~ +4dB 100Hz、5000Hz：−8 ~ +4dB 80Hz、6300Hz：−10 ~ +4dB 63Hz、8000Hz：−12 ~ +4dB	二级
			250 ~ 4000Hz：−8 ~ +4dB 200Hz、5000Hz：−10 ~ +4dB 160Hz、6300Hz：−12 ~ +4dB 125Hz、8000Hz：−14 ~ +4dB	三级
		传声增益	125 ~ 4000Hz：≥ −10dB	一级
			125 ~ 4000Hz：≥ −12dB	二级
			250 ~ 4000Hz：≥ −12dB	三级
		稳态声场不均匀度	1000Hz、4000Hz：≤ 8dB	一级
			1000Hz、4000Hz：≤ 10dB	二级
			1000Hz：≤ 10dB	三级
		系统噪声	扩声系统不产生明显可察觉的噪声干扰	一级
			扩声系统不产生明显可察觉的噪声干扰	二级
			扩声系统不产生明显可察觉的噪声干扰	三级

续表

检测类别	检测依据	检测内容	指标	级别
扩声系统	JGJ/T 131—2012 体育场馆声学设计及测量规程	语言传输指数	≥ 0.5	一级
			≥ 0.5	二级
			≥ 0.5	三级
		混响时间	不同容积比赛大厅 500~1000Hz 满场混响时间： 容积＜ 40000m^3，混响时间 1.3~1.4s； 容积 40000~80000m^3，混响时间 1.4~1.6s； 容积 80000~160000m^3，混响时间 1.6~1.8s； 容积＞ 160000m^3，混响时间 1.9~2.1s	—
			各频率混响时间相对于 500~1000Hz 混响时间的比值： 频率 125Hz，比值 1.0~1.3； 频率 250Hz，比值 1.0~1.2； 频率 2000Hz，比值 0.9~1.0； 频率 4000Hz，比值 0.8~1.0	

注：当比赛大厅容积大于表中列出的最大容积的 1 倍以上时，混响时间可比 2.1s 适当延长。

表 5.84　室外曲棍球比赛场地扩声系统检测要求

检测类别	检测依据	检测内容	指标	级别
扩声系统	JGJ/T 131—2012 体育场馆声学设计及测量规程	最大声压级	≥ 105dB	一级
			≥ 98dB	二级
			≥ 90dB	三级
		传输频率特性	125 ~ 4000Hz：−6 ~ +4dB 100Hz、5000Hz：−8 ~ +4dB 80Hz、6300Hz：−10 ~ +4dB 63Hz、8000Hz：−12 ~ +4dB	一级
			125 ~ 4000Hz：−8 ~ +4dB 100Hz、5000Hz：−11 ~ +4dB 80Hz、6300Hz：−14 ~ +4dB 63Hz、8000Hz：−17 ~ +4dB	二级
			250 ~ 4000Hz：−10 ~ +4dB 200Hz、5000Hz：−13 ~ +4dB 160Hz、6300Hz：−16 ~ +4dB 125Hz、8000Hz：−19 ~ +4dB	三级
		传声增益	125 ~ 4000Hz：≥ −10dB	一级

续表

检测类别	检测依据	检测内容	指标	级别
扩声系统	JGJ/T 131—2012 体育场馆声学设计及测量规程	传声增益	125 ~ 4000Hz：≥ −12dB	二级
			250 ~ 4000Hz：≥ −14dB	三级
		稳态声场不均匀度	1000Hz、4000Hz：≤ 8dB	一级
			1000Hz、4000Hz：≤ 10dB	二级
			1000Hz：≤ 12dB	三级
		系统噪声	扩声系统不产生明显可察觉的噪声干扰	一级
			扩声系统不产生明显可察觉的噪声干扰	二级
			扩声系统不产生明显可察觉的噪声干扰	三级
		语言传输指数	≥ 0.45	一级
			≥ 0.45	二级
			≥ 0.45	三级
		混响时间	—	—

二、照明系统

曲棍球场地照明系统现场检测程序依据附录 B，照明系统检测要求见表 5.85。

表 5.85　曲棍球场地照明系统检测要求

检测类别	检测依据	检测内容	指标	级别
照明系统	JGJ 153—2016 体育场馆照明设计及检测标准	水平照度	300 lx	Ⅰ
			500 lx	Ⅱ
			750 lx	Ⅲ
			—	Ⅳ
			—	Ⅴ
			—	Ⅵ
		水平照度均匀度	U_1：—；$U_2 \geq 0.3$	Ⅰ
			$U_1 \geq 0.4$；$U_2 \geq 0.6$	Ⅱ
			$U_1 \geq 0.5$；$U_2 \geq 0.7$	Ⅲ
			$U_1 \geq 0.5$；$U_2 \geq 0.7$	Ⅳ
			$U_1 \geq 0.6$；$U_2 \geq 0.8$	Ⅴ
			$U_1 \geq 0.7$；$U_2 \geq 0.8$	Ⅵ

续表

检测类别	检测依据	检测内容	指标	级别
照明系统	JGJ 153—2016 体育场馆照明设计及检测标准	垂直照度	—	Ⅰ
			—	Ⅱ
			—	Ⅲ
			E_{vmai} ≥ 1000lx；E_{vaux} ≥ 750 lx	Ⅳ
			E_{vmai} ≥ 1400 lx；E_{vaux} ≥ 1000lx	Ⅴ
			E_{vmai} ≥ 2000 lx；E_{vaux} ≥ 1400 lx	Ⅵ
		垂直照度均匀度	—	Ⅰ
			—	Ⅱ
			—	Ⅲ
			E_{vmai}：U_1 ≥ 0.4；U_2 ≥ 0.6 E_{vaux}：U_1 ≥ 0.3；U_2 ≥ 0.5	Ⅳ
			E_{vmai}：U_1 ≥ 0.5；U_2 ≥ 0.7 E_{vaux}：U_1 ≥ 0.3；U_2 ≥ 0.5	Ⅴ
			E_{vmai}：U_1 ≥ 0.6；U_2 ≥ 0.7 E_{vaux}：U_1 ≥ 0.4；U_2 ≥ 0.6	Ⅵ
		色温	≥ 4000K	Ⅰ
			≥ 4000K	Ⅱ
			≥ 4000K	Ⅲ
			≥ 4000K	Ⅳ
			≥ 5500K	Ⅴ
			≥ 5500K	Ⅵ
		显色指数	≥ 65	Ⅰ
			≥ 65	Ⅱ
			≥ 65	Ⅲ
			≥ 80	Ⅳ
			≥ 80	Ⅴ
			≥ 90	Ⅵ
		眩光指数	≤ 55	Ⅰ
			≤ 50	Ⅱ
			≤ 50	Ⅲ

续表

检测类别	检测依据	检测内容	指标	级别
照明系统	JGJ 153—2016 体育场馆照明设计及检测标准	眩光指数	≤ 50	Ⅳ
			≤ 50	Ⅴ
			≤ 50	Ⅵ
		应急照明	≥ 20 lx	Ⅰ
			≥ 20 lx	Ⅱ
			≥ 20 lx	Ⅲ
			≥ 20 lx	Ⅳ
			≥ 20 lx	Ⅴ
			≥ 20 lx	Ⅵ

三、面层系统

曲棍球场地面层材料要求详见表 5.86 至表 5.89。

表 5.86 曲棍球场地面层材料的性能及要求

指标	依据标准	测试方法	要求		
			国际级	国家级	大众级
填充材料	GB/T 22517.11—2014	目测观察产品样品或场地面层材料情况	无	有 / 无	有 / 无
球滚动距离	GB/T 22517.11—2014	现场检测，每个点应在场地长轴和短轴的 4 个方向上进行检测； 将曲棍球从（1000 ± 5）mm 高处沿 45° 斜架滚下，用钢卷尺测量球滚下斜面的落地点至静止后球中心点间的距离，取 5 次距离的平均值为该点球滚动距离，并计算各点的偏离程度	≥ 10.0 m，每个点的检测值与平均值的差不超过平均值的 ± 10%	≥ 8.0 m，每个点的检测值与平均值的差不超过平均值的 ± 20%	≥ 5.0 m，每个点的检测值与平均值的差不超过平均值的 ± 20%
球滚动方向偏转角	GB/T 22517.11—2014	现场检测，每个点应在场地长轴和短轴的 4 个方向上进行检测； 将曲棍球从（1000 ± 5）mm 高处沿 45° 斜架滚下，测量球滚动起点与球停止点前（滚	≤ 3°	≤ 3°	≤ 3°

续表

指标	依据标准	测试方法	要求		
			国际级	国家级	大众级
球滚动方向偏转角	GB/T 22517.11—2014	动方向的反向）2m 位置的距离； 应使用 I 级钢卷尺测量，并取 5 次的平均值计算球滚动方向偏转角度值	≤ 3°	≤ 3°	≤ 3°
球反弹值	GB/T 22517.11—2014	现场检测，让曲棍球从 2 m（球下沿）的高度自由下落，记录曲棍球的反弹高度； 每个点应至少测量 3 次，取平均值作为该点的球反弹高度，并计算偏离程度	100~400 mm，每个点的检测值与平均值的差不超过平均值的 ±10%	100~400 mm，每个点的检测值与平均值的差不超过平均值的 ±20%	75~400 mm，每个点的检测值与平均值的差不超过平均值的 ±20%
滑动摩擦系数	GB/T 22517.11—2014	现场检测；使用便携式阻力检测仪进行检测，调整检测装置的底边，使其各个方向都趋于水平； 让摆锤做 3 次适应性摆动，但不记录读数。当摆锤再次摆动时，记录刻度器上的显示读数，计算滑动摩擦系数	0.6~1.0，每个点的检测值与平均值的差不超过 ±0.1	0.6~1.0，每个点的检测值与平均值的差不超过 ±0.2	0.6~1.0，每个点的检测值与平均值的差不超过 ±0.2
渗水速率	GB/T 22517.11—2014	用两个圆筒体组成渗透速率检测装置，内圆柱体内径为（300 ± 25）mm，形成测定区域；外圆柱体内径为（500 ± 25）mm，形成防止内部圆柱体中的水发生侧流的缓冲区域； 柱体封在面层上，在圆柱体上放置重物。将装置安置完成后，向圆柱体内注入水，直到渗透速度达到稳定，观察测量水位由初始深度（30 ± 1） mm 处下落 20 mm 所用时间。如果在 30 min 后，水位没有下降 20 mm，则记录下此时的下降水位，进行计算	≥ 150mm/h	≥ 150mm/h	≥ 150mm/h

续表

<table>
<tr><th rowspan="2">指标</th><th rowspan="2">依据标准</th><th rowspan="2">测试方法</th><th colspan="3">要求</th></tr>
<tr><th>国际级</th><th>国家级</th><th>大众级</th></tr>
<tr><td>冲击吸收</td><td>GB/T 22517.11—2014</td><td>测量混凝土地面上的冲击力 F_0;
测量木地板场地上的冲击力，按照公式（F_0-F_1）/ F_0×100% 计算得到冲击吸收结果</td><td>40%~60%，每个点的检测值与平均值的差不超过 ±5%</td><td>40%~65%，每个点的检测值与平均值的差不超过 ±5%</td><td>40%~65%，每个点的检测值与平均值的差不超过 ±5%</td></tr>
<tr><td>冲击变形</td><td>GB/T 22517.11—2014</td><td>—</td><td>≥ 40%，每个点的检测值与平均值的差不超过 ±2%</td><td>≥ 40%，每个点的检测值与平均值的差不超过 ±2%</td><td>≥ 40%，每个点的检测值与平均值的差不超过 ±2%</td></tr>
<tr><td>表面光泽度</td><td>GB/T 22517.11—2014</td><td>在实验室内使用 85° 光泽计或更高光角的光泽计进行测量</td><td colspan="3">湿润状态下，≤ 15%</td></tr>
<tr><td>面层颜色</td><td>GB/T 22517.11—2014</td><td>观察面层颜色，必要时可与色谱集（色图集）进行比对</td><td colspan="2">比赛区应为绿色、蓝色或国际曲棍球联合会认可的其他颜色，缓冲区和无障碍区颜色应与比赛区相区别</td><td>宜为绿色，缓冲区和无障碍区颜色应与比赛区相区别</td></tr>
<tr><td colspan="6">注：
1. 申请国际曲棍球联合会相应产品认证的人造草坪草丝、基布和填充物应符合国际曲棍球联合会的相关要求。
2. 冲击变形仅为实验室产品检测时的技术要求，现场场地检测不进行此项。
3. 大众级面层（不含弹性垫层）的冲击吸收宜不小于 25%，冲击吸收宜不小于 15%。</td></tr>
</table>

表 5.87 曲棍球场地要求

<table>
<tr><th rowspan="2">指标</th><th rowspan="2">依据标准</th><th rowspan="2">测试方法</th><th colspan="3">要求</th></tr>
<tr><th>国际级</th><th>国家级</th><th>大众级</th></tr>
<tr><td>朝向</td><td>GB/T 22517.11—2014</td><td>现场观察场地朝向，必要时使用经纬仪进行检测</td><td colspan="2">Ⅰ类Ⅱ类场地长轴方向应为南北向，当不能满足要求时，根据地理纬度和主导风向可略偏南北向，但偏离数值不应超过表 5.88 的要求</td><td>—</td></tr>
<tr><td>面层</td><td>GB/T 22517.11—2014</td><td>—</td><td colspan="3">缓冲区的面层材料应与比赛区面层材料相同；缓冲区外的无障碍区可采用与比赛区面层相似的材料</td></tr>
</table>

续表

指标	依据标准	测试方法	要求		
			国际级	国家级	大众级
标志线	GB/T 22517.11—2014	采用I级钢卷尺或同等精度的测距仪器现场测量场地标志线和规格； 现场观察标志线颜色和外观，使用钢板尺测量标志线宽度	场地内所有标志线应为白色，宽度为75 mm，应笔直、整齐。标志线尺寸和位置偏差应符合表5.89的规定		
平整度	GB/T 22517.11—2014	Ⅰ类场地、Ⅱ类场地平整度应同时符合3m直尺和300mm直尺所规定的要求； Ⅲ类场地平整度应符合300mm直尺所规定的要求	3m直尺：≤ 6mm 300mm直尺：≤ 2mm	3m直尺：≤ 6mm 300mm直尺：≤ 3mm	3m直尺：≤ 6mm
坡度	GB/T 22517.11—2014	在场地的短轴中线和端线上确定5组点，用精度为±1mm的水准仪或更高精度的仪器测出每组点的水平距离和高差，计算场地的纵向坡度； 在场地的长轴中线和边线上确定10组点，用精度±1mm的水准仪或更高精度的仪器测出每组点的水平距离和高差，计算场地的横向坡度	横向坡度：< 0.4% 纵向坡度：< 0.2%	横向坡度：< 1.0% 纵向坡度：< 1.0%	
场地喷淋	GB/T 22517.11—2014	—	Ⅰ类和Ⅱ类场地应配备自动喷淋系统，应保证在8 min内可以对场地进行均匀的喷淋。Ⅲ类场地可根据实际需求确定是否设置喷淋系统。 Ⅰ类和Ⅱ类（无填充料）场地喷淋后场地内任一点积水深度应为3 mm±1 mm，不应有小于2mm的区域。任意一点的积水厚度不应超过相邻检测点的±50%； 喷淋出水应达到生活饮用水标准； 喷淋设施应设置在缓冲区外		

表 5.88 室外曲棍球场地长轴允许偏斜角度

北纬	16° ～ 25°	26° ～ 35°	36° ～ 45°	46° ～ 55°
北偏东	0°	0°	5°	10°
北偏西	15°	15°	10°	5°

表 5.89 曲棍球标志线尺寸和位置偏差

单位：mm

类别	直线长度	标志线宽度	弧线半径	罚球点位置	对角线长度差	300mm 场外标志线位置
偏差	± 50	± 10	± 30	± 30	< 300	± 30

四、场地规格画线

曲棍球场地的规格画线详见图 5.81 和图 5.82。

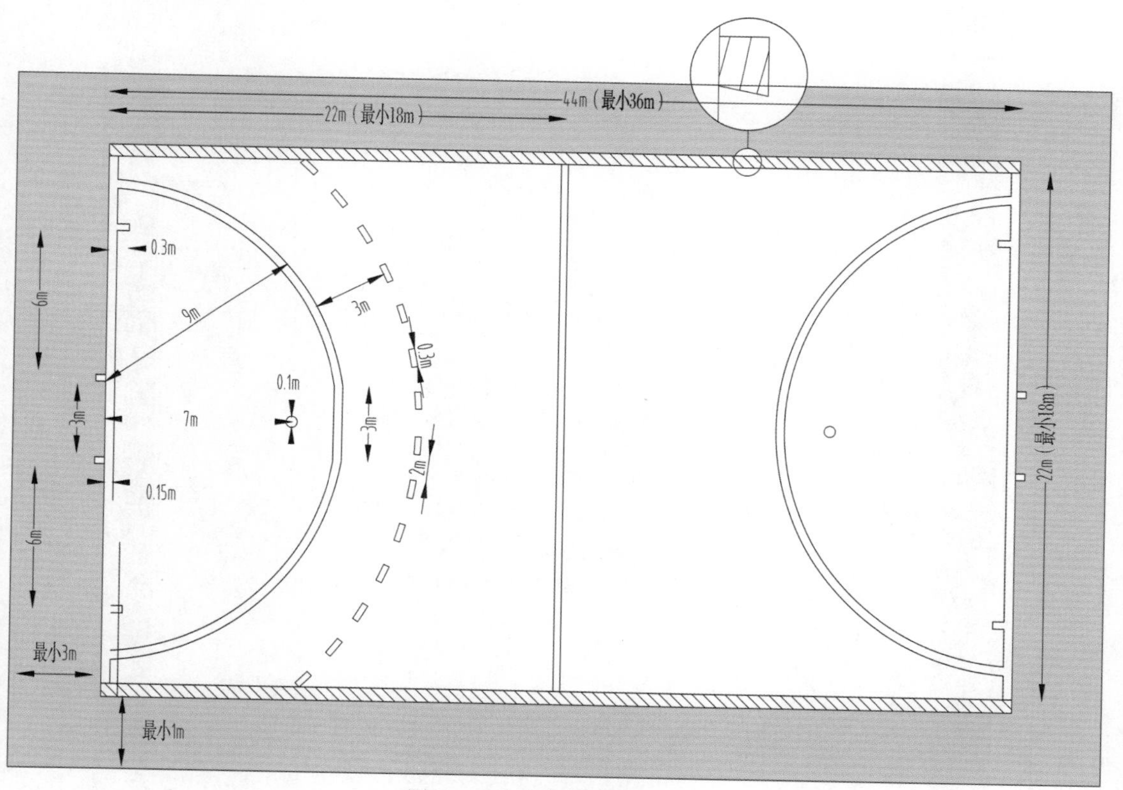

图 5.81 室内曲棍球场地画线

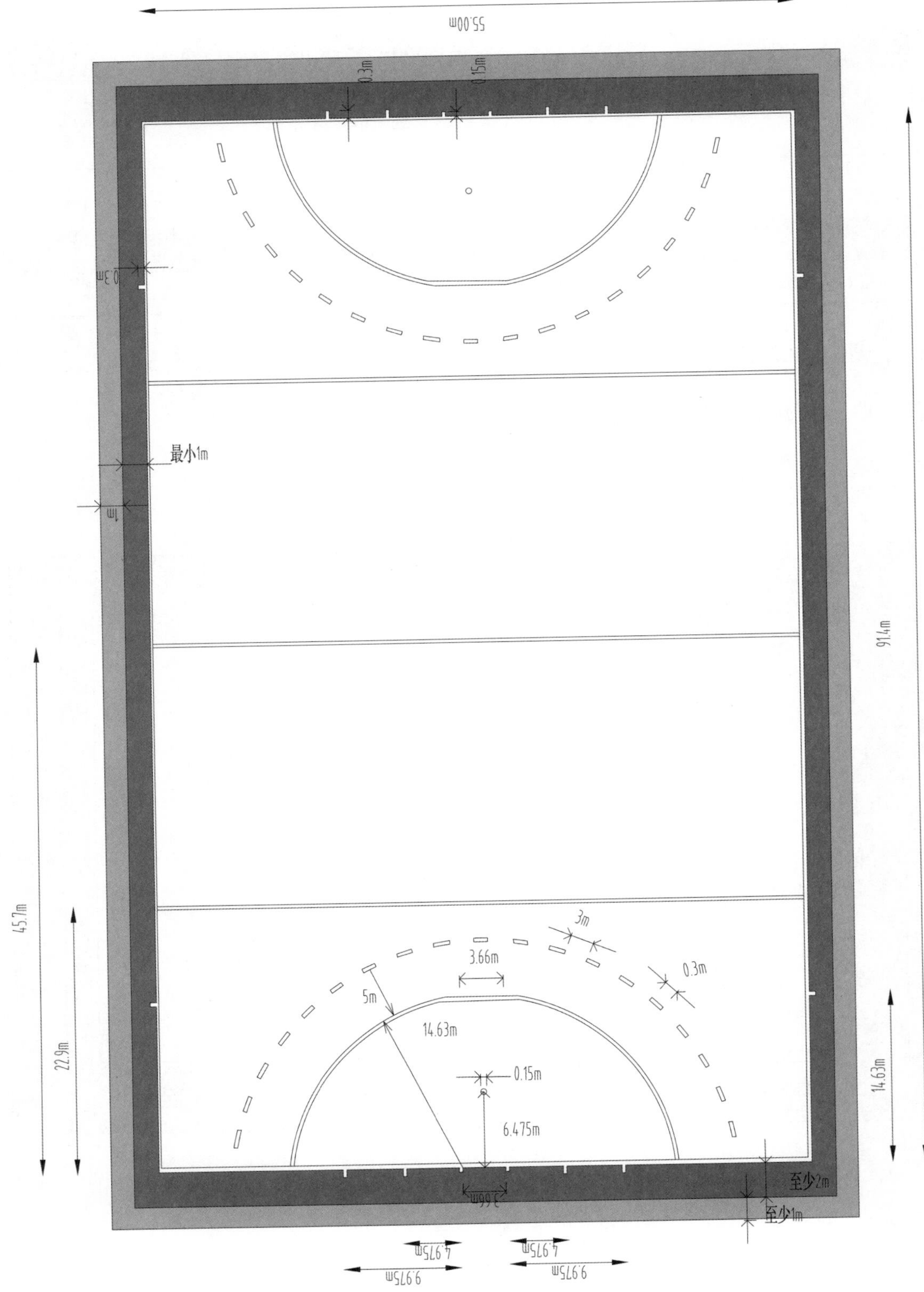

图 5.82　室外曲棍球场地画线

五、LED 显示屏、标准时钟系统及升降旗的项目指标要求

LED 显示屏、标准时钟系统及升降旗的项目指标要求应分别依据附录 C、附录 D 及附录 E 的相关规定。

5.29　七人制橄榄球比赛场馆的体育工艺检测项目指标

一、扩声系统

七人制橄榄球比赛场馆的扩声系统现场检测程序依据附录 A，扩声系统检测要求见表 5.90 和表 5.91。

表 5.90　七人制橄榄球比赛场馆扩声系统检测要求

检测类别	检测依据	检测内容	指标	级别
扩声系统	JGJ/T 131—2012 体育场馆声学设计及测量规程	最大声压级	≥ 105dB	一级
			≥ 100dB	二级
			≥ 95dB	三级
		传输频率特性	125 ~ 4000Hz：-4 ~ +4dB 100Hz、5000Hz：-6 ~ +4dB 80Hz、6300Hz：-8 ~ +4dB 63Hz、8000Hz：-10 ~ +4dB	一级
			125 ~ 4000Hz：-6 ~ +4dB 100Hz、5000Hz：-8 ~ +4dB 80Hz、6300Hz：-10 ~ +4dB 63Hz、8000Hz：-12 ~ +4dB	二级
			250 ~ 4000Hz：-8 ~ +4dB 200Hz、5000Hz：-10 ~ +4dB 160Hz、6300Hz：-12 ~ +4dB 125Hz、8000Hz：-14 ~ +4dB	三级
		传声增益	125 ~ 4000Hz：≥ -10dB	一级
			125 ~ 4000Hz：≥ -12dB	二级
			250 ~ 4000Hz：≥ -12dB	三级
		稳态声场不均匀度	1000Hz、4000Hz：≤ 8dB	一级
			1000Hz、4000Hz：≤ 10dB	二级
			1000Hz：≤ 10dB	三级
		系统噪声	扩声系统不产生明显可察觉的噪声干扰	一级
			扩声系统不产生明显可察觉的噪声干扰	二级

续表

检测类别	检测依据	检测内容	指标	级别
扩声系统	JGJ/T 131—2012 体育场馆声学设计及测量规程	系统噪声	扩声系统不产生明显可察觉的噪声干扰	三级
		语言传输指数	≥ 0.5	一级
			≥ 0.5	二级
			≥ 0.5	三级
		混响时间	不同容积比赛大厅 500~1000Hz 满场混响时间： 容积＜ 40000m^3，混响时间 1.3~1.4s； 容积 40000~80000m^3，混响时间 1.4~1.6s； 容积 80000~160000m^3，混响时间 1.6~1.8s； 容积＞ 160000m^3，混响时间 1.9~2.1s	—
			各频率混响时间相对于 500~1000Hz 混响时间的比值： 频率 125Hz，比值 1.0~1.3； 频率 250Hz，比值 1.0~1.2； 频率 2000Hz，比值 0.9~1.0； 频率 4000Hz，比值 0.8~1.0	

表 5.91　七人制橄榄球场扩声系统检测要求

检测类别	检测依据	检测内容	指标	级别
扩声系统	JGJ/T 131—2012 体育场馆声学设计及测量规程	最大声压级	≥ 105dB	一级
			≥ 98dB	二级
			≥ 90dB	三级
		传输频率特性	125 ~ 4000Hz：−6 ~ +4dB 100Hz、5000Hz：−8 ~ +4dB 80Hz、6300Hz：−10 ~ +4dB 63Hz、8000Hz：−12 ~ +4dB	一级
			125 ~ 4000Hz：−8 ~ +4dB 100Hz、5000Hz：−11 ~ +4dB 80Hz、6300Hz：−14 ~ +4dB 63Hz、8000Hz：−17 ~ +4dB	二级
			250 ~ 4000Hz：−10 ~ +4dB 200Hz、5000Hz：−13 ~ +4dB 160Hz、6300Hz：−16 ~ +4dB 125Hz、8000Hz：−19 ~ +4dB	三级
		传声增益	125 ~ 4000Hz：≥ −10dB	一级

续表

检测类别	检测依据	检测内容	指标	级别
扩声系统	JGJ/T 131—2012 体育场馆声学设计及测量规程	传声增益	125 ~ 4000Hz：≥ −12dB	二级
			250 ~ 4000Hz：≥ −14dB	三级
		稳态声场不均匀度	1000Hz、4000Hz：≤ 8dB	一级
			1000Hz、4000Hz：≤ 10dB	二级
			1000Hz：≤ 12dB	三级
		系统噪声	扩声系统不产生明显可察觉的噪声干扰	一级
			扩声系统不产生明显可察觉的噪声干扰	二级
			扩声系统不产生明显可察觉的噪声干扰	三级
		语言传输指数	≥ 0.45	一级
			≥ 0.45	二级
			≥ 0.45	三级
		混响时间	—	—

注：当比赛大厅容积大于表中列出的最大容积的 1 倍以上时，混响时间可比 2.1s 适当延长。

二、照明系统

七人制橄榄球场地的照明系统现场检测程序依据附录 B，照明系统检测要求见表 5.92。

表 5.92　七人制橄榄球场地照明系统检测要求

检测类别	检测依据	检测内容	指标	级别
照明系统	JGJ 153—2016 体育场馆照明设计及检测标准	水平照度	200 lx	Ⅰ
			300 lx	Ⅱ
			500 lx	Ⅲ
			—	Ⅳ
			—	Ⅴ
			—	Ⅵ
		水平照度均匀度	U_1：—；$U_2 \geqslant 0.3$	Ⅰ
			U_1：—；$U_2 \geqslant 0.5$	Ⅱ
			$U_1 \geqslant 0.4$；$U_2 \geqslant 0.6$	Ⅲ
			$U_1 \geqslant 0.5$；$U_2 \geqslant 0.7$	Ⅳ
			$U_1 \geqslant 0.6$；$U_2 \geqslant 0.8$	Ⅴ

续表

检测类别	检测依据	检测内容	指标	级别
照明系统	JGJ 153—2016 体育场馆照明设计及检测标准	水平照度均匀度	$U_1 \geqslant 0.7$；$U_2 \geqslant 0.8$	Ⅵ
		垂直照度	—	Ⅰ
			—	Ⅱ
			—	Ⅲ
			$E_{vmai} \geqslant 1000lx$；$E_{vaux} \geqslant 750\ lx$	Ⅳ
			$E_{vmai} \geqslant 1400\ lx$；$E_{vaux} \geqslant 1000lx$	Ⅴ
			$E_{vmai} \geqslant 2000\ lx$；$E_{vaux} \geqslant 1400\ lx$	Ⅵ
		垂直照度均匀度	—	Ⅰ
			—	Ⅱ
			—	Ⅲ
			E_{vmai}：$U_1 \geqslant 0.4$；$U_2 \geqslant 0.6$ E_{vaux}：$U_1 \geqslant 0.3$；$U_2 \geqslant 0.5$	Ⅳ
			E_{vmai}：$U_1 \geqslant 0.5$；$U_2 \geqslant 0.7$ E_{vaux}：$U_1 \geqslant 0.3$；$U_2 \geqslant 0.5$	Ⅴ
			E_{vmai}：$U_1 \geqslant 0.6$；$U_2 \geqslant 0.7$ E_{vaux}：$U_1 \geqslant 0.4$；$U_2 \geqslant 0.6$	Ⅵ
		色温	≥ 4000K	Ⅰ
			≥ 4000K	Ⅱ
			≥ 4000K	Ⅲ
			≥ 4000K	Ⅳ
			≥ 5500K	Ⅴ
			≥ 5500K	Ⅵ
		显色指数	≥ 65	Ⅰ
			≥ 65	Ⅱ
			≥ 65	Ⅲ
			≥ 80	Ⅳ
			≥ 80	Ⅴ
			≥ 90	Ⅵ
		眩光指数	≤ 55	Ⅰ
			≤ 50	Ⅱ

续表

检测类别	检测依据	检测内容	指标	级别
照明系统	JGJ 153—2016 体育场馆照明设计及检测标准	眩光指数	≤ 50	Ⅲ
			≤ 50	Ⅳ
			≤ 50	Ⅴ
			≤ 50	Ⅵ
		应急照明	≥ 20 lx	Ⅰ
			≥ 20 lx	Ⅱ
			≥ 20 lx	Ⅲ
			≥ 20 lx	Ⅳ
			≥ 20 lx	Ⅴ
			≥ 20 lx	Ⅵ

三、场地规格画线

七人制橄榄球场地规格画线见图 5.83。

四、LED 显示屏、标准时钟系统及升降旗的项目指标要求

LED 显示屏、标准时钟系统及升降旗的项目指标要求应分别依据附录 C、附录 D 及附录 E 的相关规定。

单位：m

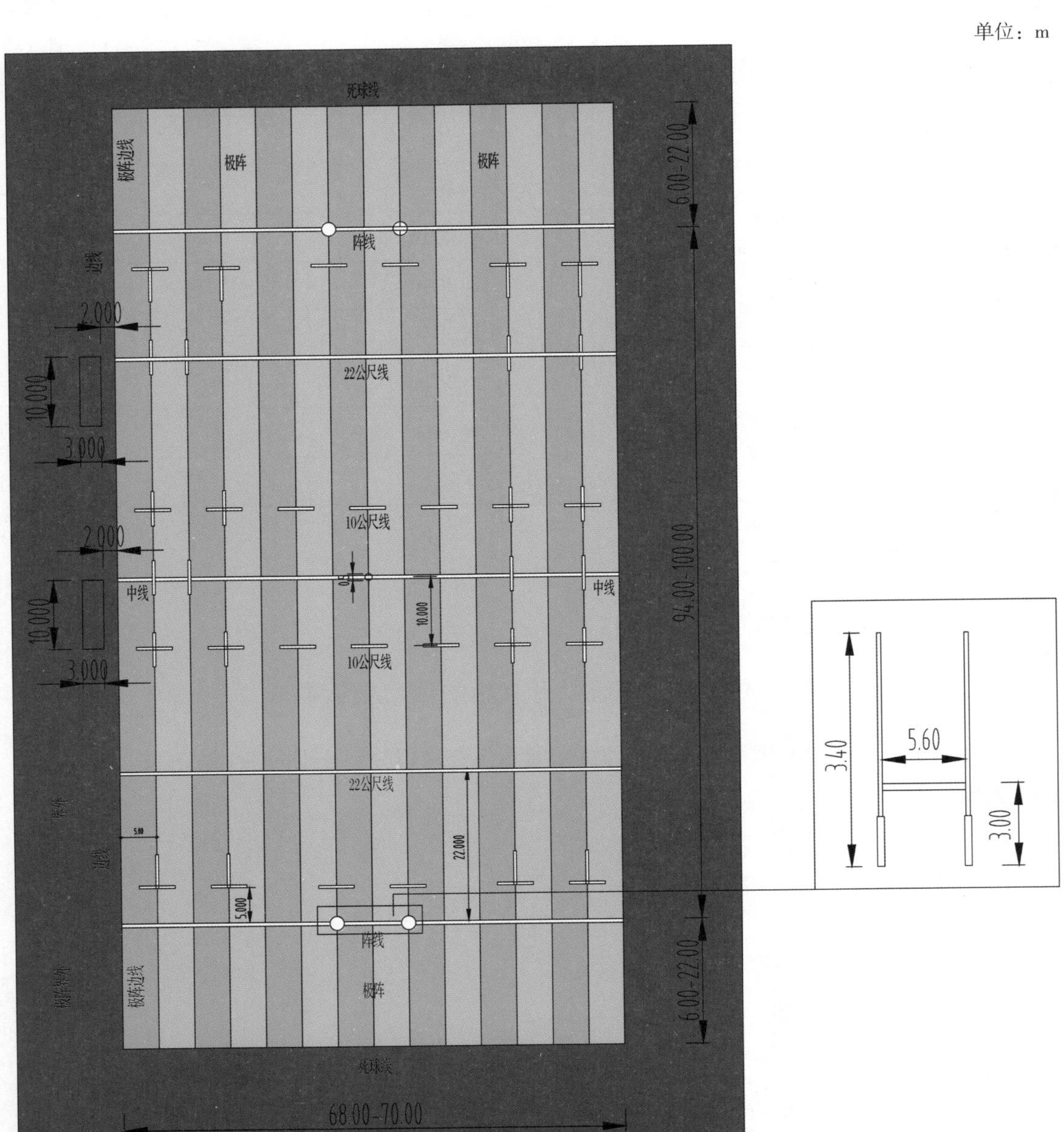

图 5.83　七人制橄榄球场地画线

附录A 体育场馆扩声系统现场检测程序

为保证体育场馆的观众席、比赛场地及有关房间满足使用功能要求的听闻环境，需要测量体育场馆的声学特性。

体育场馆的扩声系统应保证场馆内的观众席、比赛场地及其他系统服务区域内达到相应的声压级，声音应清晰、声场应均匀。同时，在其服务区域所产生的最大声音不应造成人员听力的损伤。

A.1 场馆方现场检测准备

A.1.1 在扩声系统检测条件允许的情况下，委托方应提前4天提供扩声系统的设计说明图纸和场馆信息，其中应包括场馆扩声系统的设计等级、场馆容积、系统设备清单、场馆观众席数量和布置。

A.1.2 扩声系统应处于最终可用状态，已调试至最佳状态；场馆的装饰工程已完成。

A.1.3 做好现场协调工作，测量时应停止场馆内一切施工和可能发出噪声影响的活动。

A.1.4 现场应有扩声系统调试专人配合，应熟悉扩声系统调试。

A.1.5 检测现场不得有闲杂人员，以避免破坏布点或影响检测结果。

A.1.6 主席台处应有220V电源，场馆需准备一支心形指向话筒及相应的话筒支架。

A.1.7 如在实际赛事过程中会展开活动看台，则测试之前需展开活动看台。

A.2 扩声系统的各个检测参数介绍

A.2.1 频率传输特性和声场不均匀度（可同时测量）

（1）确认扩声系统的输入状态：测试信号的调音台的输入端口应将增益调节至0位。

（2）将信号发生器产生的粉红噪声输入系统调音台。

（3）通过调音台调节系统的输出声压级，使测点的信噪比大于15dB。

（4）测点选择：测量点选取测量区域观众席数量的1%（主席台为必测点），在场地均匀分布9个测试点。

（5）测量各个测点1/3倍频程的声压级并记录测量数据。

（6）测量后，对测量数据进行整理分析、计算，与相应的场馆扩声系统等级标准值进行比对。

A.2.2 最大声压级

（1）确认扩声系统的输入状态：测试信号的调音台的输入端口应将增益调节至0位。

（2）将信号发生器产生的粉红噪声输入系统调音台。

（3）通过调音台调节系统的输出声压级，使系统输出声压级达到最大或者高于标准值要求。

（4）测点选择：测量点选取测量区域观众席数量的 5‰（主席台为必测点），在场地均匀分布 9 个测试点。

（5）测量各个测点线性峰值声压级并记录测量数据。

（6）测量后，对测量数据进行整理分析，计算观众席和场地平均峰值最大声压级，与相应的场馆扩声系统等级标准值进行对比。

A.2.3 传声增益

（1）确认扩声系统的输入状态：测试信号的调音台的输入端口应将增益调节至 0 位。

（2）在主席台的位置，将心形指向话筒安装于话筒支架上，并连接至输入调音台。通过调音台，将系统调节至最大用增益位置（啸叫临界点以下 6dB 位置），并在整个测量过程中保持不变。

（3）在话筒前架设测试用标准声源，将粉红测试信号输入标准声源，并调节信号输出至各测点声压级高于环境噪声 15dB 以上。测量过程中，测试信号保持不变。

（4）测点选择：测量点选取测量区域观众席数量的 5‰，在场地均匀分布 9 个测试点。

（5）测量 1/3 倍频程声压级并记录测量数据。

（6）测量后，对测量数据进行整理分析，计算出观众席和场地的平均传声增益，与相应场馆扩声系统等级标准值进行比对。

A.2.4 系统噪声

（1）将场馆产生噪声的其他系统开启（如照明、LED、空调通风系统）。

（2）使扩声系统处于最大可用增益状态。

（3）测点选择：测量点选取在观众席的数量不少于 6 个点，场地测量点取 4 个点以上，均匀取点。

（4）使用声级计测量各测点扩声系统开启时的总噪声声级（应不大于 NR 30），测量过程中应无明显可闻的系统噪声。

A.2.5 语言传声指数（STIPA）

（1）确认扩声系统的输入状态：测试信号的调音台的输入端口应将增益调节至 0 位。

（2）将信号发生器产生的 STIPA 信号输入系统调音台。

（3）通过调音台调节系统的输出声压级，使测点的声压级处于 80 ~ 85dBA。

（4）测点选择：测量点选取测量区域观众席数量的 5‰（主席台为必测点），在场地均匀分布 9 个测试点。

（5）测量各个测点语言传声指数的并记录测量数据。

（6）测量后，计算观众席和场地的语言传声指数平均值，体育馆应≥ 0.5，体育场应≥ 0.45。

A.2.6 混响时间

（1）确认扩声系统的输入状态：测试信号的调音台的输入端口应将增益调节至 0 位。

（2）将信号发生器产生的粉红噪声信号输入系统调音台。

（3）通过调音台调节系统的输出声压级，使测点的声压级高于环境噪声 35dB。

（4）测点选择：测量点选取在观众席的数量不少于 6 个点，场地测量点取 4 个点以上，均匀取点。

（5）测量后，计算观众席和场地的各个倍频程混响时间的平均值。

附录 B　体育场馆照明系统现场检测程序

体育场馆的照明系统，应能保证体育场馆照明符合使用功能要求，做到安全适用、技术先进、经济合理、节约能源。

照明系统应满足运动员、裁判员及观众等各类人员的使用要求，应保证运动员和教练员能够看清比赛场地上所发生的一切活动和场景，观众也必须在舒适宜人的环境条件下观看运动员比赛。有转播要求的比赛，需要满足摄像机及转播的要求。

B.1　场馆方现场检测准备

B.1.1　检测应在体育场馆满足使用条件的情况下进行。

B.1.2　委托方应至少提前 2 天提供产品技术参数、说明书、安装图纸、设计图纸、场地 / 场馆图纸、主辅摄像机位置等资料。

B.1.3　对于有自然光源的场馆，应在天黑后进行检测，并在灯具预热稳定后方可进行检测。

B.1.4　现场不得受其他光源影响。

B.1.5　现场不得有不相关的会产生阴影的障碍物。

B.1.6　灯具电源应保持稳定，输入电压与额定电压偏差不得大于 5%。

B.1.7　系统控制操作现场应有专人配合，可以根据测试要求调节系统。

B.1.8　检测现场不得有闲杂人员，以避免破坏布点或影响检测结果；检测时应避免人员遮挡和反射光线的影响。

B.1.9　产品须安装完成，处于最终可用状态。

B.1.10　现场配备梯子或可接近配电柜等的通道，并保持畅通。

B.1.11　现场应配备 220V 移动电源。

B.2　照明系统分级介绍

体育场馆照明系统应根据电视转播和使用功能要求进行分级，如表 B1 所示。

表 B1　体育场馆照明分级

无电视转播		有电视转播	
等级	使用功能	等级	使用功能
Ⅰ	健身、业余训练	Ⅳ	TV 转播国家比赛、国际比赛
Ⅱ	业余比赛、专业训练	Ⅴ	TV 转播重大国家比赛、重大国际比赛
Ⅲ	专业比赛	Ⅵ	HDTV 转播重大国家比赛及国际比赛

注：表中Ⅳ级、Ⅴ级、Ⅵ级也适用于有特殊要求的其他比赛。

B.3　照明系统的检测参数介绍

B.3.1　一般规定

（1）体育场馆照明检测应满足使用功能的要求。

（2）使用检定有效期内的照度计、眩光测量系统等检测设备。

B.3.2　照度

（1）照度应在规定的比赛场地上进行测量，照度计算和测量网格按 JGJ 153—2016 附录 A 的规定来确定。

（2）测量水平照度时，光电接收器应平放在场地上方的水平面上，测量时在场人员必须远离光电接收器，并应保证其上无任何阴影。

（3）测量主摄像机垂直照度时，光电接收面的法向方向应对准摄像机镜头的光轴，测量高度取 1.5m；测量辅摄像机垂直照度时，可在网格上测量与四条边线平行的垂直面上的照度，测量高度取 1m；测量示意图见图 B1、图 B2。

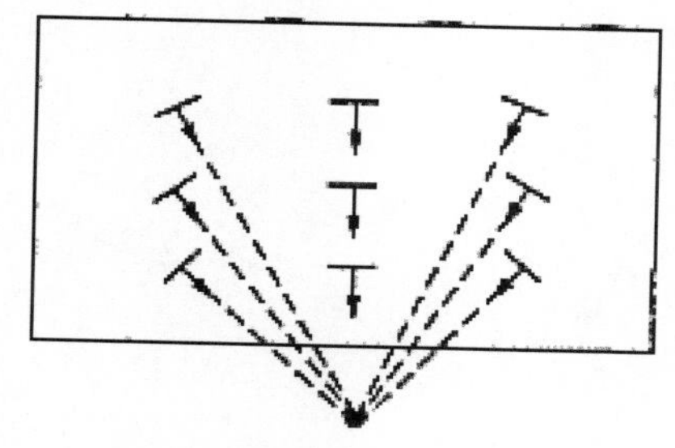

图 B1　主摄像机垂直照度测试示意

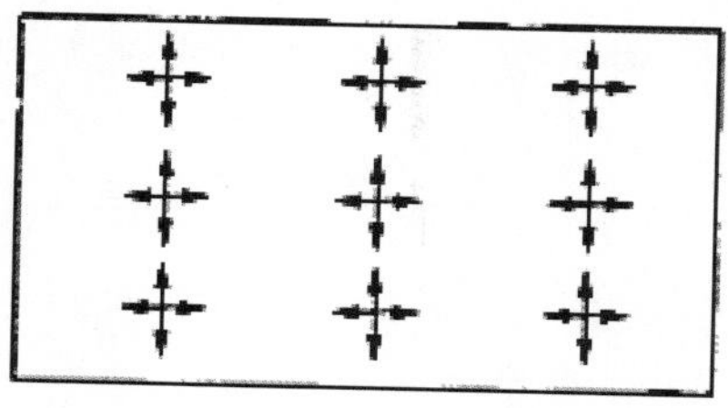

图 B2　辅摄像机垂直照度测试示意

B.3.3　眩光

（1）眩光测量点选取的位置和视看方向应按安全事故、长时间观看及频繁地观看来确定；观看方向可按运动项目和灯具布置选取。

（2）眩光测量应测量各测点上主要视看方向的眩光，眩光指数的计算可按 JGJ 153—2016 附录 B 的规定进行，并应取各测点上的眩光指数中的最大值作为该场地的眩光评定值。

B.3.4　现场显色指数和色温

（1）现场显色指数和色温的测量应在场地上均匀分布的测量点上进行，且不宜少于 9 个测量点。

（2）现场显色指数和色温应为各测点上测量值的算术平均值；现场色温与光源额定色温偏差不宜大于 10%，现场显色指数不宜小于光源额定显色指数的 10%。

附录C 体育场馆LED显示屏现场检测程序

LED 显示屏主要功能：介绍选手资料，直播比赛现场实况。超大、清晰的比赛直播画面，打破了座位的限制，让远距离观看比赛更加清晰；连接裁判系统，计时计分系统，LED 屏幕可实时播放比赛时间和比分；全彩 LED 大屏用于播放比赛场景，包括其他场地或慢动作重播现场特写等。

C.1 场馆方现场检测准备

C.1.1 提前提供 LED 显示屏基本信息，如尺寸、分辨率等。

C.1.2 LED 显示屏应能够正常使用，且配备对应的操作软件，可调节色温等参数。

C.1.3 操作软件应可设置字符大小。

C.1.4 现场测试用式（1）计算最大视距。

$$H=k\cdot d \tag{1}$$

式中：H 为最大视距，单位为米（m）；k 为视距系数，一般取 345；d 为字符高度，单位为米（m）。

C.2 LED显示屏标准要求

C.2.1 亮度

LED 显示屏的亮度应符合表 C1 的规定，并可以调节。

表 C1 LED 显示屏的亮度

使用环境	LED 显示屏和类		
	三基色（全彩色）	双色	单色
室外	≥ 5000	≥ 4000	≥ 1500
室内	≥ 1200	≥ 600	≥ 120

注：单位为坎德拉 / 平方米。三基色（全彩色）屏的亮度是达到白平衡（色温 6500 K）时的亮度。

C.2.2 亮度均匀性

LED 显示屏的亮度应均匀，不均匀性应小于 10%。

C.2.3 对比度

在背景照度为 10 ~ 30 lx 时，全彩色 LED 显示屏的对比度应能达到 1000 : 1。

C.2.4　白场色品坐标

三基色（全彩色）显示屏在色温 5000 ~ 9500 K 范围内标定色温点的白场色品坐标，对照 GB/T 20147—2006 中表 1 的色品坐标值，允差为 |Are| ≤ 0.01，|Ay| ≤ 0.01。通常以 D65（色温为 6500 K，x=0.313，y=0.329）作为默认色温点。

C.3　检测流程

C.3.1　字符

由现场调试人员根据测试要求，设置 LED 显示屏整屏显示字符，显示的字符行数、每行字数均须满足标准要求。

C.3.2　视距

根据字符数量及 LED 显示屏的相关参数，计算出字符高度后，再计算视距。

C.3.3　亮度、亮度均匀性

（1）测试前调试：亮度测量前，应将 LED 显示屏调试为白平衡状态（色温为 6500K），亮度应在白平衡状态下测量。

（2）亮度的测量：将 LED 显示屏均匀分成 9 个区域，如图 C1 所示，使用色彩亮度计测量每个区域的亮度值，再求出 9 个区域的平均亮度作为 LED 显示屏的亮度。

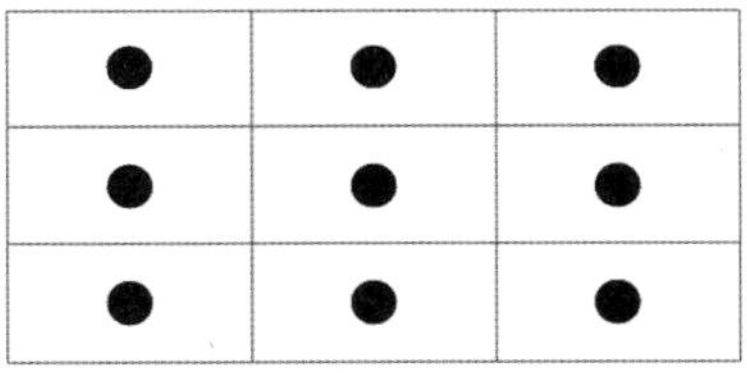

●	●	●
●	●	●
●	●	●

图 C1　LED 显示屏光学性能测量取点示意

（3）测量位置：在距 LED 显示屏对角线长度 4~10 倍距离范围内的最大亮度值处进行测试，且测试时亮度计光轴与 LED 显示屏法线的夹角应小于 10°　。

（4）均匀性计算：找出 9 个亮度值中的最大值、最小值，并求出平均值，然后用下式计算出亮度不均匀性：

$$L_j = \max\left(\frac{\left|L_{\min} - L_{ave}\right|}{L_{ave}}, \frac{\left|L_{\max} - L_{ave}\right|}{L_{ave}}\right) \times 100\%$$

式中：L_j 为亮度不均匀性；$L_{\min}$ 为亮度最小值，单位为坎德拉 / 平方米（cd/m^2）；$L_{\max}$ 为亮度最大值，单位为坎德拉 / 平方米（cd/m^2）；L_{ave} 为亮度平均值，单位为坎德拉 / 平方米（cd/m^2）。

C.3.4　对比度

（1）按照 C3.3 中亮度的方法测量 LED 显示屏亮度平均值。

（2）黑屏时 LED 显示屏亮度测量：将 LED 显示屏调成黑屏状态，均匀分成 9 个区域，测量每个区域的亮度值，再求出 9 个区域的平均亮度作为 LED 显示屏黑屏的亮度。

（3）对比度计算：得出 LED 显示屏正常显示的平均亮度及黑屏的平均亮度后，按下式计算 LED 显示屏对比度：

$$C=\frac{L_{亮}-L_{黑}}{L_{黑}}$$

其中：C 为对比度；$L_{亮}$为 LED 最大亮度平均值，单位为坎德拉 / 平方米（cd/m^2）；$L_{黑}$为 LED 显示屏黑屏时的亮度平均值，单位为坎德拉 / 平方米（cd/m^2）。

测试时应记录环境照明条件和 LED 屏关闭后其表面的垂直照度值。

C.3.5　白场色品坐标

（1）测量条件：测量前，应将 LED 显示屏调试为白平衡状态（色温为 6500K），白场色品坐标应在白平衡状态下测量。

（2）色品坐标测量：采用彩色亮度计进行测量。将 LED 显示屏调至白平衡，按照亮度的测试方法，分别测出 9 个区域中心的色品坐标值并计算平均值。

（3）白场色品坐标值计算：LED 显示屏调整至白平衡时，通常以 D65 作为默认色温点，色温应为 6500K。将测量所得最终色品坐标值与 D 点色品坐标（x=0.313，y=0.329）进行差值计算，所得值的绝对值为最终结果。

附录 D　体育场馆标准时钟系统要求及检测程序

体育场馆标准时钟系统为场馆工作人员、运动员、观众提供准确、标准时间，并为场馆的其他智能化系统提供标准时间源的系统。

D.1　场馆方现场检测准备

D.1.1　在条件允许的情况下，委托方应提前 2 天提供标准时钟的系统配置清单和子钟布置图纸；标准时钟、升旗系统应处于最终可用状态。

D.2.1　现场应有专人配合，应熟悉系统布置和功能演示；应提供母钟和子钟的精度检测或校准报告。

D.2　标准时钟系统的各个要求介绍

D.2.1　标准时钟系统应能为赛场工作人员、运动员、观众提供标准的时间，并可为智能化系统提供标准的时间源。

D.2.2　标准时钟系统应由校时接收设备、中心时钟（母钟）、时码分配器、数字式或指针式子钟、世界钟、系统控制管理计算机、时钟数据库服务器和通信连接线路组成。

D.2.3　标准时钟系统应具备把母时钟产生的时钟信号，经校时后，通过时码分配器传输给分布在场馆中的各个子钟，并按子钟的时间显示方式显示出标准时间的能力。

D.2.4　标准时钟系统应具备联网监控能力，可通过负责控制管理的计算机对时钟系统进行集中管理和监控，并可根据需要对子钟进行必要的操作。

D.2.5　母钟应具备接收校时设备的校时信号的能力，并应具备对校时信号的分析、判断能力及利用正确的校时信号对母钟进行校对的能力；母钟可独立工作，其自身误差在 –0.1~0.1 秒 / 月以内。

D.2.6　子钟应能接收母钟所发出的标准时间信号，进行时间信息显示，显示字符的大小应满足观看最远视距的要求；子钟还应具备独立工作的能力，独立工作时计时误差在 –0.05 ~ 0.05 秒 / 日以内。

D.2.7　根据不同比赛项目的需要，应在比赛场地和热身场地设置子钟。

（1）观众区应在观众出入口处、休息区设置子钟。

（2）接待处、休息室、检录处、赛前准备室等运动员用房应设置子钟。

（3）赛事组织和管理人员用房、赛事服务用房和赛事技术用房应设置子钟。

（4）媒体服务区、媒体工作区应设置子钟。

（5）贵宾服务区和随行人员用房应设置子钟。

（6）场馆运营管理办公室应设置子钟。

（7）赞助商服务区和赞助商包厢内应设置子钟。

（8）安保工作区用房应设置子钟。

D.2.8　标准时钟系统应满足体育建筑赛后运营的使用要求。

附录 E　体育场馆升降旗系统要求及检测程序

对于有颁奖或升旗仪式的体育场馆，应具备升降旗系统。

E.1　场馆方现场检测准备

（1）在条件允许的情况下，委托方应提前 2 天提供升旗的系统配置清单和布置图纸；升旗系统应处于最终可用状态。

（2）现场应有专人配合，其应熟悉系统布置和功能演示。

E.2　升降旗系统的各个要求介绍

E.2.1　升旗控制系统应为赛事组织者提供用于体育赛事或大型活动的开闭幕仪式及发奖仪式时的国旗同步自动升降控制及会标杆、临时灯光、音响吊杆等的控制。

E.2.2　升旗控制系统应由机电部分和远程控制部分组成。机电部分应包括电气部件、机械部件、控制柜、本地控制器，远程控制部分应包括专用控制主机、控制软件、国旗国歌库。

E.2.3　升旗控制系统应保证国旗的上升与国歌播放同步，应设立两级限位开关，并应具有机械防冲顶保护功能。

E.2.4　升旗控制系统应具备国旗管理功能，宜具备国旗自动识别功能。

E.2.5　升旗控制系统应具备远程自动、本地自动、本地手动等控制功能，宜配备人力升旗装置。

E.2.6　远程控制主机应具备系统故障的检测功能，当系统远程控制网络出现故障时，本地控制器可自动同步控制升旗。

E.2.7　远程控制主机宜具备系统集成接口，可控制多套升旗设备分别升降，同步提供符合专业要求的音频输出和国旗国歌库，可通过场馆比赛设备集成管理系统实现统一控制。

E.2.8　在比赛场地的升旗区应设置颁奖旗杆和现场控制台（柜）。

E.2.9　观众席附近的升旗区应设置会标旗杆和现场控制台（柜）。

E.2.10　升旗控制系统应满足体育建筑赛后运营的使用要求。

附录 F　体育场馆运动面层检测程序

运动面层系统应具有优良的承载性能、高吸震性能、抗变形性能，太滑或太涩都会对运动员造成伤害。优良的冲击吸收性能可有效地避免运动员受到运动损伤。

F.1　运动面层类别

F.1.1　木地板（参考标准 GB/T 19995.2—2005）

综合体育场馆木地板场地，按主要使用功能分为：竞技体育用木地板场地、健身用木地板场地。应考虑场地的主要用途，决定需要的木地板场地结构。

F.1.2　合成面层（参考标准 GB/T 22517.4—2017）

用高分子合成材料铺装运动场地表层。合成面层应为高分子合成材料经物理或化学作用铺装而成，如聚氨酯、预制橡胶、聚丙烯塑格地板等。合成面层目前多用于全民健身和业余训练，通常用于室外场地。

F.2　场馆准备工作

F.2.1　在条件允许的情况下，委托方应提前 4 天提供安装图纸（应包括龙骨位置等信息），便于根据结构选择检测点。

F.2.2　地板应处于最终可用状态。

F.2.3　地面保持清洁，不得有杂物。

F.2.4　现场应有专人配合。

F.2.5　检测现场不得有闲杂人员，以避免破坏布点或影响检测结果。

F.2.6　现场应配备 220V 移动电源。

F.3　测试程序

F.3.1　外观质量、结构及标志

（1）场地外观：由测试人员环场一周后目视检查每个区域内板面拼装缝隙宽度、板面拼缝平直、相邻板材高差等；允许偏差应符合 GB 50209—2010 中 7.1.7 的规定。

（2）通风设施：环场一周，目视检查。

（3）防变形措施：环场一周，目视检查，确认是否有防变形的措施（伸缩缝等）。

（4）场地规格与标志：常规测量点位线，确定场地规格标志是否符合运动要求。

F3.2　平整度及高差

（1）平整度的测量：在场地中平均选取 15 个点，每个点用 2 米靠尺测出最大间隙，并记录数据，间隙应不大于 2mm。

（2）高差的测量：在场地沿边线方向选取间距 15m 的 3 组点位，沿端线方向选取相距 15m 的两组点位采用水准仪测量每点标高，并记录数据，差值应不大于 15mm。

F3.3　冲击吸收

测量装置垂直放置，调整设备水平气泡。把落锤高度调整到（55 ± 0.25）mm。在进行一次不做记录的测试后，在每点进行 3 次测量，取平均值，每次测量时间间隔约为 1min。

F3.4　标准垂直变形、垂直变形率 W_{500}（两个项目同时测试）

测试装置垂直放置，调整设备水平气泡。把落锤高度调整到（120 ± 0.25）mm。在进行一次不做记录的测试后，在每个点进行三次测量，取平均值、每次测量时间间隔约为 1min（见图 F1）。

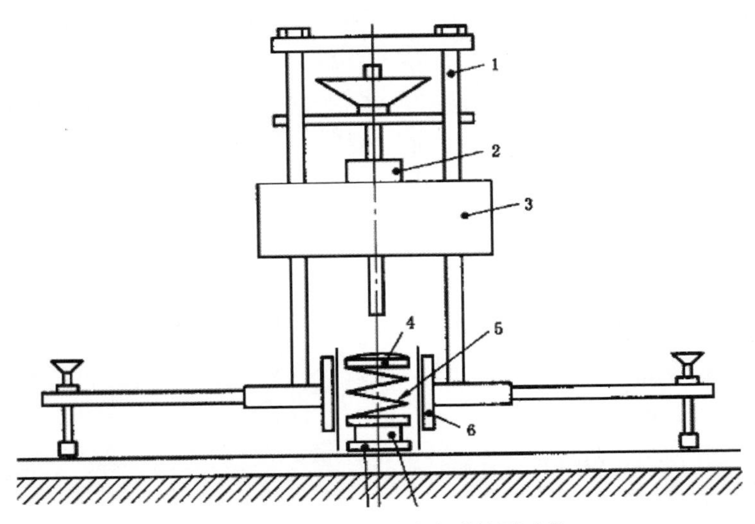

图 F1　冲击吸收、垂直变形检测示意

F3.5　球反弹

装好球反弹测试支架，定高度为 1.8m，在混凝土表面确定反弹基准。

测试点选择：与冲击吸收测试点相同，每个点位至少进行 5 次测量，取平均值。

F3.6　滚动负荷（实验室测试项目，需提前送样）

施工方按照现场施工工艺制作规格尺寸为 1m × 1m 的样品，送到实验室进行检测。

施加载荷 1500N，往返 150 次。

F3.7　滑动摩擦系数（见图 F2）

测试点位选择：在两个半场分别选取 2 个区域，每个区域的测试方向为 0°、45°、90° 三个方向，每个方向至少测试 5 次，取平均值。

（1）调整测试台支脚，保证测试台水平。

（2）调节摆锤松紧，使得摆锤在自由摆动时指针读数为0。

（3）调节摆锤高度，使得摆锤沿摆动弧线移动接触场地表面的距离为（125 ± 1）mm；

（4）摆动摆锤，记录指针读数，重复5次取平均值。

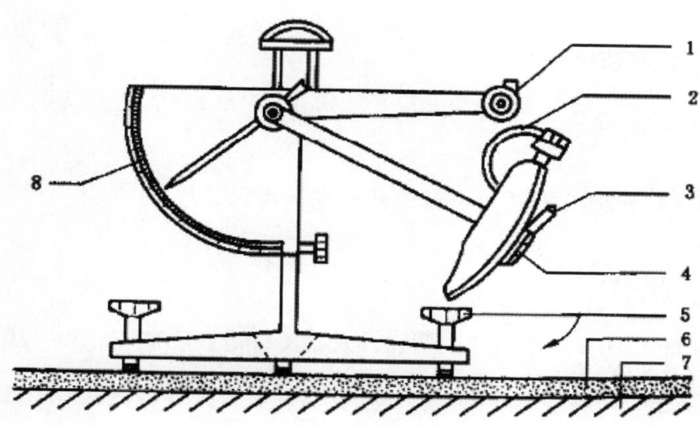

图 F2　摩擦测试

附录 G　体育工艺检测依据标准

常见的体育工艺检测依据标准如下。

G.1　扩声系统检测

主要依据 JGJ/T 131—2012 体育馆声学设计及测量规程等。

G.2　照明系统检测

主要依据 JGJ 153—2016 体育场馆照明设计及检测标准，GB/T 38539—2020 LED 体育照明应用技术要求等。

G.3　LED 显示屏检测

主要依据 GB/T 29458—2012 体育场馆 LED 显示屏使用要求及检测方法；SJ/T 11141—2017 发光二极管（LED）显示屏通用规范等。

G.4　标准时钟系统检测

主要依据 JGJ/T 179—2009 体育建筑智能化系统工程技术规程等。

G.5　升降旗系统检测

主要依据 JGJ/T 179—2009 体育建筑智能化系统工程技术规程等。

G.6　智能化系统检测

主要依据 GB/T 50312—2016 综合布线系统工程验收规范等。

G.7　运动面层检测

主要依据以下标准：

GB/T 19995.2—2005 天然材料体育场地使用要求及检测方法　第 2 部分：综合体育馆木地板场地。

GB/T 20033.3—2006 人工材料体育场地使用要求及检测方法　第 3 部分：足球场地人造草面层。

GB/T 22517.3—2008 体育场地使用要求及检测方法　第 3 部分：棒球、垒球场地等。

GB/T 22517.6—2020 体育场地使用要求及检测方法　第6部分：田径场地。

GB/T 22517.7—2018 体育场地使用要求及检测方法　第7部分：网球场地。

GB/T 14833—2020 合成材料运动场地面层。